西方音乐美学史稿
（修订本）

何乾三 著

·北京·

图书在版编目(CIP)数据

西方音乐美学史稿/何乾三著. —北京：中央音乐学院出版社，2004.10（2025.4重印）

ISBN 978-7-81096-041-0

Ⅰ.西... Ⅱ.何... Ⅲ.美学史—西方国家 Ⅳ.B83-95

中国版本图书馆 CIP 数据核字（2004）第 076562 号

西方音乐美学史稿（修订本） 何乾三著

出版发行：中央音乐学院出版社
经　　销：新华书店
开　　本：A5　　印张：13.75
印　　刷：三河市金兆印刷装订有限公司
版　　次：2004 年 10 月第 1 版　　印次：2025 年 4 月第 3 次印刷
书　　号：ISBN 978-7-81096-041-0
定　　价：138.00 元

中央音乐学院出版社　北京市西城区鲍家街 43 号　邮编：100031
发行部：(010) 66418248　　66415711（传真）

目 录

前　言 ……………………………………………………（1）

第一编　古希腊时期 ……………………………………（1）
　古希腊时期简况 ………………………………………（1）
　第一章　毕达格拉斯学派 ……………………………（10）
　　第一节　活动简况 …………………………………（10）
　　第二节　哲学思想 …………………………………（13）
　　第三节　美学与音乐美学思想 ……………………（17）
　　第四节　小　结 ……………………………………（24）
　第二章　德谟克利特 …………………………………（30）
　　第一节　活动简况 …………………………………（30）
　　第二节　哲学思想 …………………………………（33）
　　第三节　美学与音乐美学思想 ……………………（41）
　第三章　柏拉图 ………………………………………（47）
　　第一节　活动简况 …………………………………（47）
　　第二节　哲学思想 …………………………………（49）
　　第三节　政治、伦理、教育思想 …………………（58）
　　第四节　美学思想 …………………………………（62）
　　第五节　音乐美学思想 ……………………………（71）
　　第六节　小　结 ……………………………………（83）
　第四章　亚里斯多德 …………………………………（95）
　　第一节　哲学思想 …………………………………（95）

  第二节 政治、伦理思想 …………………………………（106）
  第三节 美学与音乐美学思想 ………………………（109）
  第四节 小 结 ………………………………………（141）
 第五章 亚里斯托克森 ……………………………………（146）
  第一节 活动简况 …………………………………（146）
  第二节 音乐美学思想 ……………………………（147）
  第三节 小 结 ………………………………………（153）
 第六章 恩匹里克 ……………………………………（156）

第二编 中世纪时期 ………………………………………（159）
 中世纪时期简况 ………………………………………（159）
 第七章 奥古斯丁 ……………………………………（178）
  第一节 活动简况 …………………………………（178）
  第二节 哲学思想 …………………………………（180）
  第三节 政治、伦理思想 …………………………（184）
  第四节 美学思想 …………………………………（187）
  第五节 音乐美学思想 ……………………………（192）
  第六节 小 结 ………………………………………（201）
 第八章 鲍埃修 ………………………………………（204）
  第一节 活动简况 …………………………………（204）
  第二节 音乐美学思想 ……………………………（206）
  第三节 小 结 ………………………………………（209）

第三编 文艺复兴时期 ……………………………………（213）
 文艺复兴时期简况 ……………………………………（213）
 第九章 廷克托里斯 …………………………………（220）
  第一节 活动简况 …………………………………（220）
  第二节 音乐美学思想 ……………………………（220）

第十章　扎尔林诺 …………………………………… (223)
  第一节　活动简况 ………………………………… (223)
  第二节　音乐美学思想 …………………………… (224)
  第三节　小　结 …………………………………… (228)

第四编　17、18世纪（巴洛克、古典主义时期）……… (231)
第十一章　马泰松 …………………………………… (231)
  第一节　活动简况 ………………………………… (231)
  第二节　音乐美学思想 …………………………… (232)
第十二章　歌剧史上的第一、二次争论 …………… (238)
  第一节　以卢梭为中心的第一次歌剧之争 ……… (238)
  第二节　以格鲁克为中心第二次歌剧之争 ……… (264)
第十三章　卢梭 ……………………………………… (276)
  第一节　活动简况 ………………………………… (276)
  第二节　哲学、政治思想 ………………………… (277)
  第三节　美学与音乐美学思想 …………………… (281)
  第四节　小　结 …………………………………… (294)

第五编　19世纪（浪漫主义时期）………………… (299)
第十四章　黑格尔 …………………………………… (299)
  第一节　活动简况 ………………………………… (299)
  第二节　哲学思想 ………………………………… (301)
  第三节　美学思想 ………………………………… (306)
  第四节　音乐美学思想 …………………………… (314)
  第五节　小　结 …………………………………… (332)
第十五章　李斯特 …………………………………… (352)
  第一节　活动简况 ………………………………… (352)
  第二节　音乐美学思想 …………………………… (356)

第十六章　以瓦格纳为中心的第三次歌剧之争……… (361)
　第一节　瓦格纳…………………………………………… (361)
　第二节　歌剧改革情况…………………………………… (366)
　第三节　争论情况………………………………………… (375)
第十七章　汉斯立克………………………………………… (384)
　第一节　活动简况………………………………………… (384)
　第二节　音乐美学思想…………………………………… (386)
　第三节　争论情况………………………………………… (394)
　第四节　音乐美学思想的渊源…………………………… (401)
　第五节　小　结…………………………………………… (409)

附　录
《西方音乐美学史》教学大纲…………………………… (419)

整理者后记……………………………………………… (423)
修订本说明……………………………………………… (425)

＊这份目录是根据何乾三遗留的讲稿（不全）编排而成的，何乾三本人拟定的讲稿目录，见附录"教学大纲"。

前　言

音乐美学史是音乐美学研究中的一个重要组成部分，是从历史发展的角度来研究音乐美学。在整个音乐学领域中，音乐美学史是体系的音乐学①与历史的音乐学相结合的学科，也就是我们通常所谓史和论相结合的学科。

一、研究音乐美学史的意义

音乐美学是以研究音乐艺术的基本规律，特别是音乐艺术的特殊性、音乐的美与美感为总目标的一门基础性的理论学科。它所研究的主要问题包括：1.音乐的本质，2.音乐的形式与内容，3.音乐美的构成，4.音乐的审美感受，5.音乐的创作和表演，6.音乐的社会功能，7.音乐美学思想发展史。其研究的对象和范围基本上分为三个方面，一是哲学方面：主要研究音乐的本质是什么？音乐的内容是什么？音乐同现实的关系怎样？什么是音乐美？这是决定性的方面。二是心理学方面：音乐创作、表演、欣赏的心理过程是怎样的？人们如何感受音乐？音乐以什么样的方式作用于欣赏者？三是社会学方面：音乐的社会功能，音乐的价值标准，音乐的阶级性因素，音乐的持续存在和继承性等。音乐美学以研究音乐区别于其它艺术的特殊性为总出发点，以弄清音

---

① 系统的音乐学（Systematic Musicology），或称体系的音乐学、分类的音乐学。这类学科是按其自身的性质和结构而分类的，也就是从不同角度对音乐艺术进行研究，并多少带有独立性。它包括可应用于音乐不同领域的法则的学问，例如音乐声学、音乐生理学、音乐心理学、音乐美学以及音乐社会学等。

乐艺术的本质和规律为目标。

虽然音乐美学属于社会科学范畴，而且它同其它社会科学一样，随着不同时代、不同民族的社会生活，包括文化艺术、音乐生活而变迁。但是人们的认识在这个领域中是相对的、暂时的，而且就个人思维来说，需要改善的因素比正确的因素要多得多。从人类的思维来说，属于真理的认识总是在一系列的谬误中实现的。正因为如此，任何一个时代，或者任何一个人的音乐美学思想及其对音乐美学的研究，都不可能是终极永恒的真理，它必须在世代相继的、无限延续的思维活动中得到实现。

也就是说，从有音乐艺术活动以来，就有音乐美学思想出现，哪怕一开始是极为简单而模糊的。随着社会历史的发展，音乐美学思想也以每个时代所特有的内容和形式在发展着，而且每个时代，总是自觉不自觉地继承和发展、或者扬弃过去时代的主张和成就。现代音乐美学思想是对过去音乐美学思想的扬弃和发展。

音乐美学属于理论思维的历史性学科，它有着不可否认的历史延续性。它和其它学科一样，不能离开历史发展而单就某一横断面作出全面的结论。因此音乐美学的研究离不开音乐美学史的研究。音乐美学问题只有在历史发展中逐步探讨，才能获得解决。研究音乐美学史就可以通过对不同历史时期音乐美学思想的调查、研究，探讨音乐美学思想发展的规律，从而有助于为音乐美学问题的研究提供丰富的思想资料，以便批判地吸取前人一切有价值的成果和经验教训，作为今天研究音乐美学问题的借鉴，促进今天音乐美学问题的解决。

恩格斯批评理论自然科学家不重视学习和研究哲学史，不熟悉哲学史，以至给自然科学带来危害。他说："熟知人的思维的历史发展过程，熟知各个不同的时代所出现的关于外在世界的普遍联系的见解，这对理论自然科学来说是必要的，因为这为理论自然科学本身所建立起来的理论提供了一个准则。但是在这里常常很明显地表现出对哲学史的不熟悉。在哲学中几百年前就已经提出了的、早已在哲学上被废弃了的命题，常常在研究理论的自然科学家那里作为全新的智慧出现，而且在一个时候甚至成为时髦的东西。热之能动说曾经以新的例证支持能量守恒原理，并把这一原理重新置于最前列，这肯定是它的巨大成果；但是，如果物理学家们记得笛卡尔早就提出了这一原理，那么它还能作为某种绝对新的东西出现吗？"[①] 在美学上也是如此，如果不熟悉美学史，连一些基本概念在历史上的变迁也不清楚，那么这会给研究工作带来很大不便。

例如"艺术"一词（Techne[②]）在古希腊时期概念十分宽泛，包括建筑、绘画、雕刻以及木匠活和纺织业等。即，凡是精细的生产，属于创造性（而非认识性）的，利用技能（而不是灵感），有意识地依靠共同的规范（而不仅是经验）的人类劳动（相对于自然之创造）都归之于"艺术"。希腊人深信，艺术中的技能是相当重要的元素，因此他们把艺术（包括木匠和纺织工的技艺）看成是精神性的活动。他们非常重视作为艺术先决条件的知识，又因为知识而分外重视艺术。

又如"美"这个概念，本身就有一个发展变化的过程。在古希腊，柏拉图在《大希庇阿斯篇》中对美的看法是，美和美的东西是结合在一起的，分不开来。例如说"美是一个瓦罐"，"美是一个漂亮的小姐"，"美是一匹马"等等；美与好也分不开，如"美就是家里钱多，身体好，全希腊人都尊敬，长寿不老，自己替父母举行过隆重的丧礼"等等。"美"这个字在古希腊就常有

---

① 《反杜林论》旧序，《马克思恩格斯选集》3卷466页。
② "Techne"艺术，相当于今天的"技艺"概念，一直保留到古代末期，并在欧洲语言中长期使用，所以欧洲语言在强调绘画和雕刻的特点时，即称为"美的艺术"，只是到了19世纪，这一形容词才开始省略。

好的意思。如果用我们现代人关于"美"的理解去理解希腊人的"美"就有出入了。

在古代,"美"往往指道德品质,而不是美感性质,而"和谐"、"均衡"、"协调"等往往是与"美"的观念同属一类。希腊人用"Kalon"表示一切招人喜爱、引人注意和使人赞赏的东西。它的使用范围很宽泛。即"美"不仅仅是"美"、"好",还有其他道德和品质方面的含义,如预言家得尔福的名言:"最公正之物便是最美之物"。对于狭义的"美",希腊人早期使用了其他名称:如诗人描写能使人感到欢愉的"魅力",颂歌所赞美的宇宙的"和谐",雕刻家的"对称"、"均衡",演说家的"协调"、"合适的节奏"等。

把美这个概念抽象出来,成为一个独立的概念,经过了漫长的历史,同时,把艺术与美联系起来也是历史的产物。在柏拉图与亚里斯多德那里美和艺术是两个领域,并没有结合在一起,没有"艺术的目的在于表现美"的提法。自新柏拉图主义的普洛丁(Plotinus 205—270)开始,才把美和艺术混在一起。他把美的问题作为艺术的基本问题提出来,美作为艺术的追求。从此,把美作为艺术的标准,成为一种传统的看法。

音乐的概念也是经历了变迁的。"Musike"原指"缪斯"女神庇护的活动,而不是单指组合音符的艺术。每个受教育的人都叫"Musikos"。而"Architekon"原是指生产的主要领导者;"Architektonike"则泛指"主要的艺术"。随着时间推移,才逐渐演化为较狭窄的意义,才开始代表诗歌、音乐和建筑。

柏拉图时代,音乐这个概念的内涵比较广泛,文学是包括在音乐里面的(古希腊人把抒情诗包括在音乐里面)。到中世纪,鲍埃修把音乐分为三类,并且认为主要的两类即:宇宙音乐与人类音乐,都是听不见的,只能意会,不可言传。而他视为低等的所谓"器乐",或译"应用的音乐"才是我们现代人所理解的音乐。然而他的这种学说却统治了好几个世纪。

甚至我们今天所争论的一些问题,在音乐美学史上也能找到它们的痕迹,虽然在论点上已经前进了许多。

二、音乐美学史的对象与范围

一般认为音乐美学史的对象和范围有广义和狭义之分。广义上,应包括音乐作品中体现出来的对象、规律,与社会生活、特别是音乐生活方面所体现出来的音乐审美意识的发展史,以及同这种审美意识相适应的音乐美学理论的发展史。狭义的对象,则只是包括那些已经上升为理论形态的音乐美学思想的发展。

美学史家不仅注意美学家的著作,还必须从艺术家的著作中去寻找材料,同时注意那些虽不见于名著,却广泛流传于民间的看法和见解。美学史不只是包含美学的理论,也应包含那些显示出美学理论的艺术创作。即一种是明显表现在典籍中的美学思想,一种是隐含在趣味和艺术品中的美学思想,如民众的美学趣味。例如,古希腊雕刻家按不正常的比例雕出较大的头部,而这雕像是准备安放在一根很高的柱头上的,这时,雅典的民众都不以为然,对这种做法群起而攻之。柏拉图指出,艺术不应只考虑到人类知觉的规律,而改变自然去迁就它们。雅典民众站在柏拉图一边,不赞成为了顺应人类知觉规律而去改变自然的面貌。

从西方音乐美学史来看,对这门学科的研究从 20 世纪才开始。我们接触到的少有的几本音乐美学史,都是以音乐美学思想的发展为主要内容,也就是说,是狭义的音乐美学史。我们国家还没有现成的音乐美学史著作,我们接触这个领域也还是刚刚开始。我们也只能以狭义的西方音乐美学史为对象,探讨各个不同历史时期的音乐家、美学家们对音乐的本质、音乐的特殊规律等方面的论述,及其对音乐生活的影响;各个历史时期不同流派的音乐美学思想的产生及其发展与相互影响等，以便总结出音乐美学思想发展的规律。

三、研究音乐美学史的方法

一般来说，研究音乐美学史可以有两个着眼点：一是研究和阐明各种哲学世界观与美学观点怎样运用，以便来解释音乐艺术现象；一是研究各个时代、各种流派的音乐艺术曾经得到怎样的理论概括和指导。

我们认为两种着眼点都是可行的，各有特色，一般来说，哲学家、美学家的音乐美学思想往往属于前者，而音乐家对音乐美学问题的论述，则往往属于后者。但无论前者还是后者，我们希望注意以下几点：

（一）力求历史和逻辑的统一

文艺现象，包括音乐现象是整个社会生活的曲折的反映。文艺思潮是整个时代社会思潮的组成部分，音乐美学思潮又往往与文艺思潮、社会思潮分不开。不同时代、不同国家、不同民族的音乐美学思想，总是与当时的政治、哲学、文学艺术有着直接、间接的联系和影响，同时又都以经济的发展为基础，并对经济基础起反作用。所以我们应该注意历史地探讨音乐美学思想的社会根源，要把音乐美学思想放在当时社会实际的横断面来分析。

只做到这一点还不够，又必须通过音乐美学史料之间纵的关系，通过音乐美学思潮及其前后继承、发展、对立、斗争的关系来探索音乐美学历史发展的规律，总结和发现各个历史时期之间音乐美学思想的联系和发展的规律。可以说，音乐美学史本质上是研究音乐美学思想发展规律的历史科学。

（二）注意音乐美学思想的理论形态与音乐艺术实践的结合

美学理论（包括音乐美学理论）总是对一定的文学艺术，包括音乐艺术现象进行哲学概括的结果。每个时代的音乐美学著作，总是以那个时代丰富的、生动的音乐生活作为后盾，总是与那个时代的音乐创作、表演、欣赏活动有着千丝万缕的联系。

亚里斯多德的《诗学》在某种意义上可以说是对古希腊戏剧的总结；莱辛的美学著作也是讨论艺术和戏剧作品的；黑格尔的《美学》有着非常丰富的文学艺术史材料，甚至在论音乐部分也可看出，黑格尔对西方音乐历史的发展是熟悉的，对当时的音乐生活也是了解的。

至于李斯特、舒曼、柏辽兹、瓦格纳这些音乐家的音乐美学思想更是与当代的、历史的音乐实践、与他们自己的创作实践密切地联系在一起的。

历史上那些有价值的美学见解包括音乐美学见解，往往产生于为一种新艺术（包括新音乐）的生存而作的艺术斗争之中；或是产生于对各个历史时期各种风格流派的音乐艺术实践的钻研、总结和思考之中，例如亚里斯多德、黑格尔等人的音乐美学思想等。这从 19 世纪各个民族乐派的音乐美学思想特征、俄国民主主义革命时期音乐美学思想、我国新民主主义革命时期的音乐美学思想为革命音乐的生存和发展所作的斗争都可以得到证明。

当然，历史总是复杂的，同一种文艺思潮（包括音乐美学思潮）不一定同时在不同的国家盛行。例如：法国 17 世纪流行古典主义，而在英国则是在 18 世纪流行。不同国家也可能有相同的思潮，例如浪漫主义。另外，音乐美学思潮与艺术实践脱节，甚至对立的情况也是常有的。

但总的说来，音乐美学理论形态与音乐艺术实践之间的相互关系是不可截然分割的。

（三）重视两类文献

就西方音乐美学史来说，其文献是相当广泛的，大体说来不外乎两大类：

第一类是哲学家们写的（美学一直是哲学的一部分，而许多哲学家论及美学时，总是涉及音乐），甚至是数学家、天文学家、物理学家们写的。从古希腊、罗马直至17世纪，都把音乐看作一门科学理论学科，和算术、几何、天文、医学等并列，只是到了18世纪，音乐才和思辨的传统完全脱离，彻底摆脱数学和天文学而独立。我们不仅从大量哲学论文中发现有关音乐的探讨，还往往从数学、天文学等的专题论文中发现有关音乐的论述。

而哲学家们、科学家们往往从他们的哲学或科学体系出发，把音乐作为他们体系中的一部分来描述。他们大都从其所建立或假定的前提去推论音乐美学原则，他们当中有的对音乐比较精通，例如卢梭等，但总的说来，真正精通音乐艺术的人并不多，他们的著作往往趋向于高深的理论，论述也比较抽象。

这类文献如毕达格拉斯学派、柏拉图、亚里斯多德、凯普勒、狄德罗、卢梭、康德、黑格尔、叔本华等。哲学家们关于音乐的论述在音乐美学的文献中占相当大的分量，对于这些文献我们不可不读。

第二类是指19世纪以来，大多是音乐家们包括作曲家、音乐评论家、表演家等等写的音乐美学文献。他们在音乐艺术方面有丰富的实践经验，但往往缺乏哲学的思维训练和修养，他们更多涉及实际的价值标准问题、音乐的表现、音乐的特殊性等。他们与哲学家们相反，通常只涉及音乐特殊的专业技巧和具体作品。例如瓦格纳、李斯特、汉斯立克、舒曼、柏辽兹所写的美学论文、音乐评论等就是如此。

值得注意的是由于心理学家投入音乐心理学的研究，丰富了音乐美学的文献，诸如费克纳、利普斯、普劳伦、奥特曼等的著作。

还应提及的是，在哲学家与音乐家之间还有不少诗人、文学家、艺术家对音乐有广泛而生动的论述，例如托尔斯泰、巴尔扎克、罗曼·罗兰等。

第一编 古希腊时期

古希腊时期简况

音乐美学史从古希腊开始的理由如下：

1. 从古希腊时期起才有了或已经有了史料根据。

2. 从这个时期起，欧洲音乐开始创立了自己的理论体系，对当时的音乐实践有了一定水平的概括，形成了自己的美学体系。

3. 古希腊音乐思想对欧洲以至世界音乐文化发展有着重要影响和渊源关系。正如中国的先秦文化是中国传统文化精神之母，古代希腊文化是欧洲文化精神之母。

希腊神庙

整个古希腊罗马音乐美学经历了漫长的历史阶段，一般划分为三个阶段：1.古希腊罗马美学发展的神化阶段：公元前6、7

世纪以前；2.古希腊罗马古典作家时期：希腊奴隶制繁荣期，公元前6世纪——公元前4世纪；3.希腊化时代：公元前4世纪末——公元1世纪末。

这里主要涉及第二个时期，即古典作家时期。这一时期音乐的文献范围广泛多样，包含在不同的领域中，如哲学、伦理学、教育学、宗教、数学、演说术、医学、宇宙论、天文学等。专题的音乐论文也有，例如：亚里斯托克森、斐罗德谟、普鲁塔赫、阿里斯蒂德·昆蒂连、尼考玛赫等人的论文。

一、古希腊的基本情况

（一）地理状况

希腊是欧洲最早的文明古国。它的文化对欧洲各国以至其它国家都有很大影响。人们称古希腊文化为"古典文化"。

希腊位于欧洲南部，包括希腊半岛和附近的一些岛屿。它伸入地中海中，地中海以此分为两个小海；东为爱琴海，西为爱奥尼亚海。希腊半岛本身就是巴尔干半岛的一部分，它东面隔海与土耳其相邻，北与保加利亚、南斯拉夫、阿尔巴尼亚相接，西面隔海与意大利南部相望，南面渡海经克里特岛就可到达埃及。

希腊海岸线曲折多弯，全境山岭连绵，群山把各地分割成小块，耕地有限。希腊地理位置使它易于与古代东方文明接近，埃及、巴比伦（今伊拉克）、波斯（今伊朗）的文化都对它有良好的影响。

（二）历史状况

公元前11至9世纪这几百年间，希腊由原始社会过渡到阶级社会、由原始公社过渡到奴隶制社会。这段时期的主要史料，是古希腊的两部史诗《伊里亚特》和《奥德赛》，传说是荷马所作，这时期也称为"荷马时期"。

对于原始社会来说奴隶制是一大进步。恩格斯说:"只有奴隶制才使农业和工业之间的更大规模的分工成为可能,从而为古代文化的繁荣,即为希腊文化创造了条件。没有奴隶制,就没有希腊国家,就没有希腊的艺术和科学;没有奴隶制就没有罗马帝国。没有希腊文化和罗马帝国所奠定的基础,也就没有现代的欧洲。"①

古希腊奴隶制是建立在奴隶主奴役、剥削和压迫广大奴隶的基础上的。由于希腊各城邦废除了债务奴隶制,本城公民及家属不会由于经济原因而沦为奴隶,因此各城邦的奴隶都是外地人,奴隶的主要来源是战争俘虏和拐卖人口。

奴隶不仅使用于工农业生产,成为生产劳动的主力。社会生活主要劳力例如家务、工艺、商业、航运等等甚至政府部门的差役、警卫等也依靠奴隶。

奴隶们以各种形式的斗争争取生存,反抗奴隶主。公元前412年伯罗奔尼撒战争期间,雅典手工业奴隶两万人集体逃亡,使雅典经济受到极大损失。公元前640年和公元前464年两次奴隶大起义震撼了斯巴达国家。

荷马时代之后,希腊逐渐建立起许多以一个城市为中心,包括附近一些村落的小国,即"城邦"("城市国家")。在只有几万平方公里的希腊半岛上,遍布着二百多个希腊城邦。这些城邦都是奴隶占有制,其中最大、最典型的是雅典城邦与斯巴达城邦。

1. 雅典城邦约在公元前8世纪开始形成

雅典城邦早期主要是农业生产,城邦主要由氏族贵族阶级统治,实行共和政体。公元前六世纪左右(美学起源时代),由于

---

① 《反杜林论》,220页。

交通的发达,特别是手工业作坊以及商业、对外贸易和航海业的发展,农业经济日渐转到工商业经济。自由居民增加,形成了城市平民,如手工业作坊和商店主人、水手、教工等。氏族贵族奴隶主阶级日渐衰落,新型的工商业奴隶主阶级日益上升,他们代表着进步力量,开始与贵族奴隶主争夺政权,形成民主党与贵族党的对立。公元前五世纪雅典经济主要靠工商业,民主党占优势。希腊各城邦大半环绕着斯巴达和雅典,贵族党和民主党两个阵营的斗争很尖锐。结果在雅典城邦,工商业奴隶主掌握了政权,得以实现一系列政治改革,由共和政体逐渐演变为实行民主奴隶制政体的城邦。

公元前594年,雅典执政官梭伦进行改革,其中包括按照财产资格把全体公民分成四个等级:工商业奴隶主和氏族奴隶主属于第一、第二等级,一般小农和手工业者大部分属于第三等级,雇工和贫穷公民归第四等级。一、二等级可担任官职,三等可担任低级官职,四等不能担任官职。设立四百人会议,由各部落各选一百人组成,除第四等级外,其他各等级都可以当选。"四百人会议"负责准备和审议人民大会的提案,把原来属于贵族会议的权利转移过来。另外还设立陪审法庭,全体公民皆可被选为陪审员,打破了贵族垄断法庭的权利。并采取了一些鼓励工商业的措施,例如改革币制,奖励外地工匠移居雅典并给予公民权,提倡公民学习手工技术等等。

公元前509—508年实行克利斯提尼改革,由原来按照部落选举改为按照选区选举,把全雅典分为十个选区,彻底打破了部落的界限,肃清了氏族制度的残余。十个选区选出五十人组成"五百人会议",代替梭伦的"四百人会议"。这一改革使雅典城邦民主形式的国家制度最后确立下来,标志着平民反对贵族斗争的胜利。

2. 雅典城邦的极盛时期——伯利克里时代

公元前492年,波斯军队侵入希腊,开始了希腊和波斯的战争。这场战争延续了半个世纪，至公元前449年双方订立和约而结束。战争的胜利使雅典的军事实力和政治威信都大为提高，取得了称霸希腊的地位。

在希波战争中，雅典联合其它城邦，建立了海上同盟——提洛同盟，后来入盟的城邦达二百多个，雅典控制了大多数希腊城邦，建立了自己的霸权。在冶金、造船、武器、陶器、皮革和建筑等行业居希腊首位，产品远销海外。

雅典掌权者多属工商业奴隶主阶级，推行民主政治。伯利克里于公元前443—429年连任首席将军，成为雅典的最高统治者。此时经济繁荣、文化昌盛、势力强大。

雅典的伯利克里时期是政治、文化上高度繁荣的时期，是雅典奴隶主民主制发展的成熟时期。从梭伦以来，雅典公民深深感到，要保持公民这样一个自由民阶层对奴隶主的优势，在当时条件下，只有采取民主制形式。他们相信，只有在最大程度上发挥每个公民在经济、政治、文化上的创造能力，才能抑制贵族和大家族的势力，不致引起公民内部的变化。

从公元前487年塞米斯托克勒时期就实行的由抽签选举的执政官，此时向全体公民开放，为了使贫穷的公民也可以担任政府职务，伯利克里实行了"公职津贴"，这样加上全体公民参加的人民大会，民主体制就比较完善了。人民大会是最高权力机关，每月开会二至四次，决定国家大事。公民满20岁就可参加，在人民大会上发言，提出议案和参加讨论。

伯利克里的理想是把人们改造成具有"美德"的人。美德的主要品质是勇敢、正直、虔诚和美。肉体的美和精神的美一样受重视，他们的理想是追求一种美丽而朴素的生活。雅典民主制吸引了许多外邦人来到这里，集中了大量人才。这种政治经济条件为文化艺术的发展开辟了广阔天地，提供了前提。民主制带来了新的世界观、新的精神世界、新的理想和新的情感。

3. 希腊城邦的没落和马其顿的扩张

公元前431—404年雅典与斯巴达城邦发生伯罗奔尼撒战争，战后双方经济都衰落了，农民破产，贵族专权，豪富横行，希腊城邦制从此走向衰落。这次战争是古希腊城邦历史的转折点。公元前4世纪时，希腊的大奴隶制经济逐渐兴盛起来，它是在排挤、破坏小农经济和小手工业作坊的基础上壮大的。公元前5世纪末，小农经济在伯罗奔尼撒战争中受到严重破坏，农民贱卖土地，流入城市，手工业几乎停顿。大奴隶主乘机兼并土地，放高利贷，发战争财。贫富分化愈加剧烈。当时雅典人说："现在有的人拥有广大的地产和财富，有的人却死无葬身之地。"

奴隶制发展，奴隶反抗斗争异常激烈。破产农民、手工业者和劳动群众反对大奴隶主斗争也非常尖锐。几乎每个城邦，都分成了两个敌对部分，一个是穷人的，一个是富人的。穷人负债累累，充满愤恨，他们随时准备反抗夺去他们财产的富人。

奴隶主阶级寄希望于更强有力的专政，觉得城邦民主政体已不能更好保障其利益。

此时在希腊北部兴起马其顿王国。国王腓力二世（公元前359—336年）接受希腊文化，与希腊各城邦来往密切，势力日盛。希腊大奴隶主阶级想依靠这个王国来镇压人民，保护奴隶主专政。各城邦分成亲马其顿与反马其顿两派。公元前338年，腓力二世击败反马其顿联军，整个希腊置于大奴隶主阶级亲马其顿派统治之下，希腊城邦名存实亡。

马其顿控制希腊后与希腊大奴隶主阶级合谋向东方侵略。入侵活动在腓力二世死后，由其子亚力山大完成。公元前334年开始攻入统治着西亚和埃及的波斯帝国，至330年灭波斯，后侵入印度（公元前327年），受到强烈反击，停止远征。由此建立了地跨欧、亚、非三大洲的大帝国。

亚力山大死后，马其顿统治的地区分裂为几个独立的王国，如埃及的托勒密王国，叙利亚的塞琉古王国，中亚的大夏王国等。此时期由于东方各地（埃及、叙利亚、巴比伦、小亚细亚等）处于马其顿统治下，希腊与东方联系加强，经济文化中心逐渐转移到东方，希腊本土反而趋于衰落。

从历史发展来看，马其顿统一希腊，建立了一个庞大的帝国，是进一步巩固并发展奴隶制生产关系所需要的，有其历史必然性。从此希腊历史开始了一个新的阶段。

二、古希腊哲学及其他状况

从古希腊历史发展来看，希腊自然科学、哲学、文学艺术发展到顶峰时期，主要是古希腊实行城邦民主制度的时期。正是这种城邦民主制度，为希腊的文学艺术、科学和哲学的高度繁荣提供了良好的社会条件。

由于人类历史上分工的出现，脑力劳动与体力劳动的分离，奴隶主阶级有的人才有条件从事脑力劳动。当时具有进步意义的奴隶制城邦民主政治的实施，自由民的权利在扩大，社会地位在提高，经济上有一定保障，各种劳动都由奴隶承担，所以这些人才有一定的闲暇。这是从事数学、哲学等研究的必要条件。

列宁在《哲学笔记》中说："亚里斯多德说，只有在一切必需的东西都具备以后……人们才开始谈哲学。他又说，埃及祭司的闲暇，是数学这门科学的开始。"

希腊哲学开始兴盛的公元前6至5世纪，正是希腊文明从小亚细亚中心向雅典中心西移，希腊城邦民主制度逐步走向全盛的时代。在当时条件下，有利于培养古希腊人的独立自由的精神。这种精神曾经被黑格尔在《美学》中高度赞扬过。他还在《历史哲学》一书中指出："希腊精神具有两大特征，一是构成希腊性格中心的美的个性，一是那种追求真理、酷爱独立、自由的性格。"

古代希腊哲学具有以下几个特点：

1. 注重研究自然规律，探索宇宙的内在的本原。希腊人把自然界看作一个整体，从宏观进行观察。希腊哲学研究从自然哲学开始，探索自然的普遍原理。他们的哲学体系大都建立在探索宇宙现象的本质的基础上；而哲学家们有不少人精于数学或某些自然科学门类。希腊哲学的开创者是米利都学派的泰勒斯、阿那克希曼德、阿那克西美尼。另外如毕达格拉斯、柏拉图、欧几里德、亚里斯多德等都在数学或其它自然科学方面有卓著的贡献。

2. 推崇与神话、宗教相对立的理性主义，确信人类理性能够解答宇宙存在之迷。

希腊哲学从开始就以与古代神话和宗教相对立的形态而出现。公元前6世纪以前，希腊人相信以宙斯为主宰的奥林帕斯山上诸神的神话，相信大自然和人类都是由诸神所创造和统治的。但从泰勒斯开始，大多数哲学家都对神话体系表示不同程度的怀疑，试图用物理或物理元素对世界重新进行解释。苏格拉底被处死的罪状之一就是因为不信神。他曾说："理性的人是万物的尺度。"充分表现出他对人的理性的高度评价。

3. 探索形式逻辑的规律，力求建立一种统一的原理，来解释自然现象的多样性。他们普遍倾向于在哲学的思辨中演绎、推理，力图建立一种严密的公理化系统，为亚里斯多德建立的严密的形式逻辑体系创造了条件，打下了基础。

古希腊科学文化的简况：

科学方面，当时许多哲学家同时又是科学家：泰勒斯，天文学家，曾准确预测公元前585年的日蚀；毕达格拉斯，精于几何与数学，几何中的"毕达格拉斯定理"据说是他发现的；德谟克利特，研究天文、地质、物理、气象和生物，在数学几何学方面提出圆锥体、角锥体和球体的体积计算法；希波格拉底，被称为

"医学之父";墨东,比较准确地测算了太阳年的周期,改进了希腊历法;阿里斯塔克,天文学家,曾提出太阳中心说;欧几里德,数学家,公元前3世纪初写了《几何原本》,至今仍有参考价值。

史学方面,希腊史学著述从公元前5世纪开始逐步成熟,这与城邦政治的发展有关。其中的希罗多德,是伯利克里的朋友,他所著的《历史》,被称作"历史之父";修昔底德,曾任雅典将军,参加了伯罗奔尼撒战争,写了《伯罗奔尼撒战争史》,一定程度上摆脱了宗教迷信影响。

希腊剧场

第一章 毕达格拉斯学派

第一节 活动简况

毕达格拉斯

研究毕达格拉斯学说的前提,首先是要以一个学派来看待它,即如达达科维兹认为的,这一学派的学术成就要归功于那些生活在公元前5至4世纪的毕达格拉斯时代的继承者。

毕达格拉斯(Pythagoras 约公元前580—约前500)是数学家,唯心主义哲学家,又是西方第一个音乐学家。关于他的生平事迹流传下来的很少。他是爱琴海萨摩斯岛(Samos)人。有人说他是一个殷实人家(姆奈萨尔克)的儿子,另有人说他是阿波罗神的儿子(这与有人把他当传奇人物看待有关)。他曾经游历过伊奥尼亚(Ionia,今之小亚细亚);腓尼基(今叙利亚、黎巴嫩一带),巴比伦(伊拉克)等地。据说还有人认为他到过印度和中国,但无证可考。但他定居在意大利南部的克罗顿(Kroton)是确定的,当时意大利是希腊殖民地,克罗顿是意大利南部两大城市之一。

毕达格拉斯作为最早的数学家，发现了著名的毕达格拉斯定理（我国称勾股定理）。据说，毕达格拉斯还提出了奇数、偶数与质数的区别方法。著名的黄金分割率是他发现的，至今还在沿用的数的平方、立方等术语也是从他那里来的。

毕达格拉斯的生平虽然所知不多，但对它的争论却不少。哲学史上认为他是最难理解的人物之一，原因是从传说中的一些内容来看，他既是数学家又是一个神秘主义者。人们称他是真理与荒诞的混合体。

据罗素援引的康福德所著《从宗教到哲学》中记载："毕达格拉斯代表着我们所认为与科学倾向相对立的那种神秘传统的潮流。"并认为毕达格拉斯自己曾说过："既有人，又有神，也还有象毕达格拉斯这样的生物。"就是说他认为自己具有一种半神明的性质。毕达格拉斯主张灵魂轮回说。据狄凯阿克斯说：毕达格拉斯认为"首先，灵魂是个不朽的东西，它可以转变成别种生物；其次，凡是存在的事物，都要在某种循环里再生，没有什么东西是绝对新的；一切生来具有生命的东西都应该认为是亲属"。①

据苏格拉底的弟子、历史学家色诺芬说：毕达格拉斯有一次在路上走过，看见一只狗受人虐待，他就说"住手，不要再打它，它是一个朋友的灵魂，我一听见它的声音就知道"。以此嘲笑毕达格拉斯的灵魂轮回说。

另外，莎士比亚《第十二夜》中有这样一段对话："丑：毕达格拉斯对于野鸟有什么意见？马伏里奥：他说我们祖母的灵魂也许曾在鸟儿的身体里寄住过。丑：你对他的意见觉得怎样？马：我认为灵魂是高贵的，绝对不赞成他的说法。丑：再见，你

---

① 罗素《西方哲学史》上卷，58-59页。

在黑暗里往下走吧,等到你赞成了毕达格拉斯的说法之后,我才可以承认你的头脑健全。"①

毕达格拉斯在克罗顿建立了一个社团。这个社团是政治、宗教、哲学三位一体的,同时又是一个卓有成效的数学学派。它遍布于希腊大部分繁荣城市,在意大利一些城市也有。据说有的地方控制权已经掌握在社团手中。另传说这个社团是为了实现毕达格拉斯的理想而建立的。他的理想是要在门徒中间发扬政治品德,教诲他们要为国家的利益而活动,使自己服从整体。因此,他强调道德训练的必要性;个人必须懂得约束自己,抑制情欲,使灵魂旷达;应该尊重师长和国家权威。社团的成员培养友爱的美德,训练自我检查的习惯以提高品性。他们形成一个公社,象一个大家庭,同吃同住,穿同样的衣服,专心从事天文、艺术和工艺,研究音乐、医学,特别是研究数学。

这个社团所持的宗教教义指出灵魂未来的命运取决于人们在尘世生活中的行为,因此制定了一些规章,正如原始的禁忌,来约束、掌管社团成员的行为。

历史学家分析,这种社团实际上是当时希腊大规模流行的宗教复兴形式之一。

更重要的,在政治上这个学派维护奴隶主贵族的统治,他们不仅帮助立法,治理城邦,还在一些学说上成为奴隶主贵族的思想代表。例如,他们尽力把贵族统治的"人间秩序"描绘得与"天国秩序"完全一致。他们公开反对奴隶主民主派,并与之进行斗争。这个社团有一个时期在克罗顿很有影响,但后来,在克罗顿以及其他地方,因政治倾向与城市居民发生矛盾,遭到严重迫害。约在公元前5世纪初,这个社团被奴隶主民主派摧毁并驱逐出意大利。据说毕达格拉斯逃到吕加尼亚(Luca-

---

① 朱生豪译《莎士比亚戏剧集》卷二,218页。

nia）的梅塔邦顿（Metapontum，意大利南部），并于公元前500年死于该地。

相传与苏格拉底同时代的菲罗劳伊（Philolaus，公元前5世纪）、基帕斯（公元前5世纪）、阿尔希特·塔林纳（公元前4世纪）等，就是这派的继承者和组织者。到公元前4世纪时，这个学派才逐渐消失，但其宗教势力却延续到基督教时代，并有新毕达格拉斯学派产生。公元1世纪小亚细亚人泰阿那（Tyana）、阿波罗尼阿斯（Apollonius）就是这个新派的哲学家、预言家。

毕达格拉斯学派的理论体系吸引了整个上古时代和相当多的近代哲学家。

第二节 哲学思想

如前所述，希腊哲学，特别是第一阶段上古时期，它的主要研究对象是自然现象。当时哲学家们普遍有一个企图，就是要在自然界杂多现象中，找出统摄一切的原则或元素。

与此同时，毕达格拉斯也已开始转向对社会、对人的研究。

一、数是万物的本原

毕达格拉斯学派认为：万物的本原不是物质而是数，事物的本质是由数构成的。数目本身先于自然中的一切其他事物。数学的本原就是万物的本原。亚里斯多德认为：毕达格拉斯学派"由于陶醉于数学，他们便认为数学的原则就是万物的原则。"①

毕达格拉斯学派发现量度、秩序、比例和始终一致的循环可以用数来表示。他们断定，没有数就不会有这样的（相互）关系和一致性，就没有秩序和规律，所以数一定是万物的基础、事物的实体和根基。一切东西都是数的表现。

据传统的说法，毕达格拉斯关于"万物都是数"或者"数"是万物的本原的学说，首先是从他对音乐的考察中得来的。毕达格拉斯认为琴弦发出的声音和谐与否，取决于弦的长短是否符合简单的数的关系，如 $1:\frac{2}{3}:\frac{1}{2}$ 时产生的便是 C—G—C 和弦，也就是"和谐音"。和谐现象是由比例、尺度和数造成的，而和谐本身则是以各个组成部分的数学关系为基础的。他把这种比率作为音乐中的和谐与不变的因素。毕达格拉斯推测，与音乐这种比率相似的比率会在宇宙各处发现，无论在行星的距离、事物的结构、人们的心灵中都会有或者应当有音乐音程中所发现的比率，都有与音乐结构相类似的现象。而音乐之所以处于一个非常崇高的地位，因为它是唯一发现这种比率的领域，而其他领域还仅仅是一种假定和推测。公元前4世纪数学家因此借用"音乐"这个词来研究比率的理论。在数学比例中类似"调和中项"，"调和级数"等术语，仍然保存着毕达格拉斯为音乐和数学之间所建立的联系。

音乐因为体现了作为宇宙万物本原的数的规律，因此被赋予了宇宙意义，而认为音乐应当是一套方程式中可以确定的"抽象"的关系的学说，也就是说从数学角度来考察音乐本质的学说，从此萦绕在音乐美学领域。

数既被认为是物的本质，那么凡是数所具有的特性，事物也有。

物质世界有数的性质，万物的本原是一。从一产生出二，二

---

① 亚里斯多德《形而上学》第一卷，第五章。

从属于一。从一与二中又产生各种数目；从数产生出点；从点产生出线；从线产生出面；从面产生出四种元素：水、火、土、气。这四种元素以各种不同的方式相互转化，于是创造出有生命的、精神的、球形的世界。

同样，他们用数来描述和概括自然元素的形态和结构。宇宙的基本元素土是立方体，火是四面体，气是八面体，水是二十面体等等。物体线、面是独立存在并高于物体的，没有线、面就没有物体。反之，没有物体则可以设想线、面，而线面是用数表示的，数是终极原因。

对于非物质的事物，他们也同样推论：认为爱情、友谊、正义、德性、健康等也是建立在数上的。爱情与友谊用数字"八"来表示，因为爱情和友谊是和谐，而八个一组的东西是和谐的。

数构成整个宇宙的秩序，而宇宙秩序是社会秩序的原型，所以要认识世界，归根到底要认识构成世界的数。也就是说：没有数，人就不能认识事物，也不能思考什么。

毕达格拉斯学派就从这一原则出发去解释自然现象，并且把所有能找到的数目与各种和谐之间的类似之处都拼凑起来，归纳成一个完整的体系。

例如，他们认为"十"这个数是完满的，包括了数目的全部本性，是神圣的一旬，是计算的基础和整个数的奥妙的基础。他们认为神圣的"一"（"单子"、"一元"）是众神之母，是普遍的始源，是一切的开始，是一切自然现象的基础。"二"（"二元"）是自然界中对立性和否定性的原则。自然界构成物体（"三元"），是始源以及始源的矛盾方面的三位一体。四元是自然界四种元素的形象。

我们不妨认为，毕达格拉斯学派关于数的学说是科学思维的萌芽同宗教、神话之类的幻想的一种混合。

二、万物由对立面组成

毕达格拉斯学派不仅把数看作为事物存在的本质,又是事物的状态,而且他们还把数目的元素描写成奇数和偶数,并认为前者是有限的,后者是无限的。"一"这个数目是由两个元素合成的(因为它既是奇数又是偶数),并且由这个数目产生出其他一切的数目,整个的宇宙都只不过是一些数目。

这个学派拟定了十个对立面的结合,把它们排成平行的行列:有限——无限;奇——偶;———多;右——左;阳——阴;静——动;直——曲;明——暗;善——恶;正方——长方……① 至少我们可以从这里得出一点,就是:对立是存在物的始基。

毕达格拉斯学派认为有限和无限这个对立面具有基本的哲学意义。有限是火,无限是空气("虚空");世界是一片"虚空",它是由火和空气的相互作用构成的。毕达格拉斯学派这一古老的自然哲学论点最初是和原初物质的观念有联系的,后来这个联系没有了,只剩下神秘的数。

黑格尔从哲学史中寻求辩证的东西时,引述了毕达格拉斯的见解:

"一加于偶数,则成奇数(2+1=3),加于奇数,则成偶数(3+1=4);它有造成偶数的特性,所以它自己应当是偶数。因此,单一自身包含着不同的规定。"②

由此可见,古代的毕达格拉斯学派对现象的看法也包含着某些自发辩证法的因素。

---

① 亚里斯多德《形而上学》第一卷,第五章,985 页。
② 列宁《哲学笔记》1956 年版,251 – 252 页。

第三节　美学与音乐美学思想

毕达格拉斯学派的哲学观点直接影响他们的美学观点和音乐美学观点。更确切地说，他们的哲学观点、美学观点、音乐美学观点是相辅相成、互为影响的。

在毕达格拉斯学派之前，美学建立在神话的基础上，也就是建立在对自然和社会的幻想性的理解之上。毕达格拉斯学派开始运用自然科学的规律来研究艺术，研究音乐，开创了建立在自然科学基础上的音乐美学的历史。毕达格拉斯被称作西方历史上第一个音乐学家；毕达格拉斯学派的音乐哲学是西方文明中最早的音乐哲学。

毕达格拉斯和他的学派的可靠资料没有流传下来，在很晚的文献中才转述了他们的学说的一些片断，而且已经有半传说、半神话性质。他们关于音乐的论述，是在4世纪的哲学家雅姆夫里赫的专题论文《关于毕达格拉斯的生涯》中发现的。在其他哲学家如普鲁塔赫、昆蒂连等有关音乐专题论文中也有所提及。音乐美学史家们就是依据这些为数很少而又是残缺不全的片断记载来研究毕达格拉斯学派的音乐美学观点的。

一、美是和谐，音乐是对立因素的和谐统一

毕达格拉斯说："什么是最智慧的呢？是数，什么是最美的呢？是和谐"。毕达格拉斯学派认为和谐是宇宙的一种属性，那时还没有"美学"这个学科，他们仅仅从宇宙论的角度来对"和谐"进行考察。他们不用"美"这个术语，而用"和谐"。认为和谐是一种数学的数量的体系，它取决于数、尺度和比例。"和

谐"是事物结构之中内在秩序的表现。凡是和谐的秩序，恰当的比例，不仅是有价值的、美的和有用的，而且也是客观事物的属性。他们认为宇宙、人体美、音乐的美是最高的美，而且美就在于宇宙、人体、音乐中的和谐。

毕达格拉斯学派首先从数学与声学的观点研究音乐中的和谐，发现声音的质的差别（长短、高低、轻重等）都是由发音体方面数量的差别所决定的。

据说，毕达格拉斯有一次路过铁工作坊时，被那和谐而有节奏的敲击声所吸引，便征得铁匠们的同意，测量了铁锤的尺寸，经过试验、研究，发现和谐的声音之间的差别决定于发声体之间一定数量的比例关系。后来经过实验找出了琴弦长短与确定音高的数量比例关系，从而找出造成音乐和谐的最佳比例关系。他用数学方法在独弦琴上试验，研究乐律，发现弦长的比数愈简单，发出来的声音就愈和谐。他所计算出来的五度相生律，世称毕达格拉斯律。

毕达格拉斯学派在音乐音程数量比例关系的研究中，体现出他们关于万物由对立面组成的辩证的思想。《法规》的作者波里克勒特转述说：从音乐里数量关系的研究中，毕达格拉斯学派说（柏拉图往往采用这派的话），"音乐是对立因素的和谐的统一，把杂多导致统一，把不协调导致协调"。音乐的美就是不同高低、强弱、快慢的声音的对立因素的和谐统一。

和谐并非各部分完全一样，亦非无差别，而是把多样导致统一，把不协调导致协调。这是在西方美学史上辩证思想的最早的萌芽，也是美学中"寓整齐于变化"原则的最早的萌芽。

毕达格拉斯学派把音乐中和谐的道理推广到建筑、雕刻等其他艺术中去。

希腊的雕塑艺术体现出各部分之间对称、适当的比例。同时也体现了寓多样于统一的和谐原则。对称、比例、多样、统一本身就是密切关连的。正因为各部分按适当的比例,才显出其杂多,又因为是按比例,才可能统一,取得和谐的效果。

例如:米隆的著名雕塑《掷铁饼者》(或《掷铁饼的运动员》),就是一个典范。在运动员正在投掷铁饼的瞬间动作中,他弯腰扭身,右腿相应地拖后点地。右手扬起,所持铁饼平托于身后,作出即将掷出之势,左手则自然轻扶右膝。整个人体动作表现得复杂多变,两腿、两臂动作有实有虚,有变化对比;但它们又围绕一个轴心展开,互相补充、互相协调,从而形成一个寓多样于统一的和谐的整体。特别是人物动势激烈紧张,面部表情却平静从容,正是在这种相互矛盾的处理中,达到了巧妙的统一与和谐,表达出掷铁饼者的镇定的意志和满怀胜利的信心。

这派学者又把数与和谐的原则应用到天文学的研究,认为天体的运动服从于一定的数学关系,认为整个的天体是一个和谐,一个数目,这样就形成了所谓"诸天音乐"或"宇宙和谐"的概念。就是说天上诸星体在遵循一定轨道运动时,也产生一种和谐的音乐。苏联美学史家阿斯木斯在《古代思想家论艺术》绪论中说:"音乐和谐的概念原只是对一种艺术领域研究的结果,毕达格拉斯学派把它推广到全体宇宙中去……因此,连天文学即宇宙学在这派看来,也具有美学的性质。"

毕达格拉斯学派认为天体运动形成了美妙的音乐,整个宇宙是一个结构和谐和发出音乐声响的物体。雅姆夫里赫在《关于毕达格拉斯的生涯》中转述:"当太阳、月亮、许多这样大的星球非常迅速地旋转时,不可能不产生具有非凡力量的声音。假定了这一点,并且认为由距离所左右的星球运动速度具有和音的关系,他们说,由星球的旋转产生了和谐的声音。但奇怪的是:我们听不见这个声音,他们解释说,原因是刚产生了宇宙时就有了这个声音,声音和它相对立的寂静完全区分不出来。就好象铜匠一样,他们因为习惯了,所以觉得寂静和工作时的敲打声没有什么区别,所有的人在听宇宙的和谐的声音时也常常是如此。"①

正因为宇宙和谐与音乐和谐是相通的,是一个原理,毕达格拉斯派相信音乐具有宇宙意义,就是说音乐的和谐中体现了宇宙万物的本原,即由于数的比例而显出的和谐,由杂多导致统一的和谐。

关于宇宙和谐的学说是长期流行的学说。从初期的毕达格拉斯学派至后来出现的新毕达格拉斯学派,中世纪、文艺复兴时期都在流传。17世纪德国天文学家、物理学家凯普勒(J. Kepler, 1571—1630)在《世界的和谐》(1616)一书中把乐音和音程与行星的运动以及它们的星占学的功能互相关联起来,并用自己天文学的观察和计算补充了毕达格拉斯学派关于宇宙和谐的理论。

二、比例与尺度——造型艺术的规范

和谐、秩序、恰当的比例(均衡)不仅是有价值的、美的和有用的,而且是事物的客观属性。和谐是一种数学的数量体系,它取决于数、尺度和比例。毕达格拉斯学派以声学上发现的比例关系为基础,形成数学哲学,又据此去探寻各种事物中的数、比例和尺度。

噶伦是希腊著名的医学家,在他所著《医书》② 中转述了毕达格拉斯派的观点:

---

① 雅姆夫里赫《关于毕达格拉斯的生涯》,转引自舍斯塔科夫《从美育论到主情论》(张泽民译稿)。

② 《医书》卷一,第九章。

"（认识的）方法正是这样。要学会在一切种类动物以及其它事物中很轻便地就认出中心，这不能凭仗初次接触，而是要经过极勤奋的工夫，长久的经验以及对于一切细节的广泛的知识。对于雕塑家、雕刻家、写生画家以及凡是按照每一种类事物去刻、塑、或画出最美的形象的人来说，情形至少是如此。例如，就马、牛或狮作出最美的形象，都要注意每一种类的中心，人们都称赞波里克勒特的叫做《法规》的论文（所以叫做'法规'是因为它定出事物各部分之间的精确的比例对称）……他说，健康的身体是由于体内寒热湿燥的平衡。而在各部分之间的对称——例如各指之间，指与手的筋骨之间，手与肘之间，总之，一切部分之间都要见出适当的比例……实际上按照许多医学家和哲学家的学说，身体美确实在于各部分之间的比例对称。"

关于美是对称、适当比例的思想，不仅体现在对人体美的看法上，还贯穿在对一切艺术美的思想中。

首先是著名的"黄金分割"[①]的理论。

据说毕达格拉斯经过反复试验，把一条直线分成长短两节，进行比较，最后得出一个他认为最优美的比例关系，即在这两条直线中，短节与长节之比，恰恰等于长节与全线之比，比值约为 $1:0.618$……经实验证明，用这种比例作长宽组合的长方形，被公认为是耐看的美的长方形。从此，黄金分割比例关系便成为一条著名的美学规律。

毕达格拉斯学派还把美是适当比例的规律运用到建筑、雕塑、音乐等各门艺术中去，取得很有价值的成果。后世的戏剧把高潮放在全剧长的黄金分割点；音乐作品的高潮，例如协奏曲中的华彩乐段，往往出现在黄金分割点，而不是全曲正当中。直到近现代，研究巴托克作品的专家兰德威还用黄金分割的原理，分

---

① "黄金分割"，是柏拉图所称呼的。

析总结巴托克音乐结构的特征。

毕达格拉斯学派之所以把比例和对称确定为美的法则，是和希腊人对人体美的重视以及雕刻艺术的高度发展有密切的关系。

古希腊社会尚武成风，城市公民以善战为荣。出于实际需要，希腊人非常重视体育锻炼，重视人的体格的健美。自公元前776年起，每四年一次的奥林匹克竞赛会，受到人们普遍支持和欢迎。优胜者享有很高荣誉，视为神的恩宠；不仅姓名要记录下来，还要由雕刻家雕塑成纪念像安放在神殿里。这种对人的体格锻炼的重视，促进了雕塑艺术的发展，也促进了人们形成有关人体美的审美观念。普遍认为最矫健、最匀称的人体是最美的人体。许多著名雕刻家往往把运动员和竞技士等人物作为他们表现的主要对象。希腊雕塑艺术鼎盛时期的米隆、菲底亚斯和波里克利特三位大师许多不朽的作品，在艺术形式上体现了追求比例、对称、变化、统一的法则。

实际社会生活以及雕塑培养和促进了人们的审美观念，反之人们的审美观念又影响和促进了雕刻艺术的发展，把人们关于形式美的法则——对称、比例、和谐付诸实现。

三、音乐"净化"论

首先，毕达格拉斯学派认为人体就象天体，都由数与和谐的原则统辖着。人有内在的平衡、内在的和谐，当它与外在的和谐相遇的时候，"同声相应"就会欣然契合。正因为如此，人才爱美和欣赏艺术。同时，他们还认为人体内在的和谐，人的心理状态、感情、性格等都会受外在和谐的影响。

其次，毕达格拉斯学派认为音乐特别能促进灵魂的净化。后来的亚里斯托克森（Aristoxenus）说："毕达格拉斯学派用医学净化身体，用音乐净化灵魂。"为什么如此？毕达格拉斯学派认为，动作和声音与情感具有同源关系。所以，动作和声音才能表达感情，反过来又能激发情感，作用于人的灵魂。声音在灵魂中得到反响，灵魂与声音是和谐一致的，就像两个并排而立的竖琴一样，弹拨其中一个的时候，另一个便会发出共鸣。

再者，他们认为音乐反应出作为宇宙本质的数的关系，所以音乐是最神圣而崇高的艺术。正因为音乐是数，是和谐、秩序、规律，所以音乐具有一种力量，能影响人的灵魂。他们把音乐风格大体分为刚、柔两种，不同的音乐风格可以在听众中引起相应的心情，从而引起性格的变化，例如性格偏柔的人听刚性的音乐可以使他的心情由柔变刚；反之亦然。

他们认为好的音乐能改善灵魂，坏的音乐能败坏灵魂。希腊人把这种作用称为"灵魂的统率"（Psychagogia），他们相信歌舞，特别是音乐可以把人的灵魂带入好的或坏的境界（Ethos）之中，这种看法比对音乐的数学理解的看法还要流行。

正因为如此，毕达格拉斯学派及其门徒和后来的注释者，特别强调把好、坏音乐区分开，有的还要求好的音乐成为法律——从某种意义上说，毕达格拉斯学派影响了音乐的命运。据雅姆夫里赫叙述："毕达格拉斯确定了音乐的首要的净化作用，用音乐，用某些旋律和节奏可以教育人，用音乐，用某些旋律和节奏治疗人的脾气和情欲，并恢复内心能力的和谐……他还认为适当地享用音乐，可以大大有助于人的身体健康。他把这种净化的作用，称为音乐治疗……有用来医治心中情欲的旋律，有医治忧郁和内心病症的旋律……还有别的：医治愤怒、生气、内心变化的旋律，还有另一种歌曲可以治疗人的色欲"。

雅姆夫里赫还叙述了一个传说来证实毕达格拉斯关于音乐治疗的学说。据说有一个少年正在大发脾气，毕达格拉斯把弗里几亚调式的音乐改为均匀不迫的多利亚调式，用这个方法使少年平静下来。

这个传说辗转叙述,在西欧音乐论文中达十几个世纪之久。音乐"净化"作用问题在以后许多哲学家和音乐家的研究中成为一个重要问题。究竟"净化"的含义是什么,众说纷纭。音乐美学史家们认为从毕达格拉斯学派来说,他们把音乐与医学并列,"净化"的含义更多是从生理学角度提出来的,而不象后来的哲学家们更多从伦理学和美学方面去解释"净化"的含义。

最后,因为人们只能借助声音来抒情,通过声音而感染灵魂,而这种作用只能通过听觉来进行,不是通过别的感官,从而大大抬高了音乐的作用,认为这门艺术是诸神对人类特殊的恩赐。毕达格拉斯学派还认为节奏蕴含于自然之中,人天生固有节奏,不能自己杜撰,只能适应天生的节奏。他认为音乐是灵魂的自然表现,节奏是心灵的"肖像"(Homoiomata),是人性格的"标记"或"表现"。

无论如何,毕达格拉斯学派关于音乐对人能起作用,能有影响这一点应该肯定,外在的和谐美可以对内在的和谐美起效应和感化作用。这对后来研究音乐的社会作用问题也很有意义。这一主张成为著名的"Ethose"[①]原理,亦即美育论。这样,毕达格拉斯就成为音乐治疗学的首创者。

第四节 小 结

毕达格拉斯学派的思想体系影响了整个上古时代,并且吸引了近代许多哲学家、美学家和音乐学家。

[①] 可译为"伦理"、"道德"或"美育"。

一、关于世界的设想与演绎推理的思维方法

希腊人把整个世界看成一个整体，他们探索世界的性质与构造，设想了各种假说。一切支配着近代哲学的各种假说，差不多最初都是希腊人想到的。毕达格拉斯学派关于整个世界的本原就是数、就是和谐的设想也影响了后世哲学的研究。包括毕达格拉斯学派在内，希腊人比较突出地体现出来抽象思维能力，至今还是令人叹服的。虽然他们所创造的理论免不了幼稚，但两千多年来证明他们的理论是能够存在和继续发展的。

以毕达格拉斯学派为代表的希腊人发现了数学和演绎推理法的最初形式（亚里斯多德把它完整起来），这是对后来科学文明发展的巨大贡献。但是这种演绎法是根据哲学家头脑中的公理而进行的演绎推理，不是根据已观察到的事物而进行的归纳推理，因此往往走向歧途。它是从自明的公理出发，根据演绎的推理，去达到那些远不是自明的定理。如果用这一切去套在实际事物上，而实际事物又不符合他的公理，就不得不进行编造。毕达格拉斯学派用数学的知识推演一切事物，当然就会出现谬误。数学的知识看来是可靠的、准确的，而且可以应用于真实的世界，因为它是纯粹思维获得的，并不需要观察。因此人们就以为它提供了日常经验的知识所无能为力的理想。其结果是人们把思维抬高了，根据数学设想出思想高于感官，知觉高于观察，从而相信数学，贬低感官世界。人们以各种不同的方式寻求更能接近数学家的理想的方法，必然出现各种谬误。公理和定理被认为对于实际空间是正确的，而实际空间又是经验中所有的东西。这种首先注意到自身的东西，然后再运用演绎的方法，好象就能发现实际世界中一切事物了。这种观点影响了从柏拉图到康德以及他们之间的大部分哲学家。中世纪的经院哲学也受其影响。所以罗素说：

"个人的宗教得自天人感通，神学则得自数学；而这两者都可以在毕达格拉斯的身上找到。"①

这种根据自明公理演绎推理的思维方法，也体现在以后的哲学家们研究、论述音乐的问题当中，同样显出它的利弊。

二、美学与音乐美学方面的影响

毕达格拉斯学派的美学思想与音乐美学思想提出了一些有价值的东西，例如"和谐美"，美是对称、适当的比例，形式美的法则等。他们以和谐作为美的理想，重视形式美的特征，这种影响从上古时期直到 20 世纪。人们对建筑、雕塑、音乐等仍然使用平衡、对称的形式美法则。

毕达格拉斯学派关于音乐体现了数的原则，响应或体现了自然的规律、宇宙的规律，这种类似观点甚至在一些文明古国都有，例如中国和巴比伦。

关于音乐具有"净化"人的灵魂的作用问题，也流传了十多个世纪，为研究音乐的社会作用开创了最初的设想。

和谐是寓杂多于统一的思想，具有朴素的辩证法萌芽，成为后世哲学家和音乐家们不断探索的重要法则。

毕达格拉斯是西方最早的音乐学家，也是音乐音响学的开门鼻祖。

直至 19、20 世纪仍有音乐学家着重考察音乐作品中"数"、"秩序"的问题，而且有不少音乐学家认为音乐作品中必定有某种秩序，而现代音乐美学已经能够从学术上将这种秩序作出某种程度的说明。当然不少音乐美学家认为，无论对音乐作品从数学上作出多么精密的测定和画成图表，但毕竟数字和图表不是音

---

① 罗素《西方哲学史》中译本，164 页。

乐。这里可以看出从数学的角度研究音乐现象也只是研究音乐的一个侧面。

20世纪，毕达格拉斯学说又以新的形式复活了，并成为20世纪音乐美学几大体系之一，如以下一些著作就受他的影响：

Fr. 柏森贝尔格（Fr. Bosenberg）：《谐和感与黄金分割》（1911）；汉斯·凯塞尔（Hans Kayser）：《和声学教程》（1950）；庇乌斯·塞尔维安（Pius Servien）：《对音乐事物的科学认识引论》（1929，法国）。

三、对毕达格拉斯学派学说的分析

（一）哲学方面

毕达格拉斯学派注意到了世界上各种事物的形式和彼此之间关系的事实，发现了事物的量度、比例和始终一致的循环可以用数来表示。从历史发展的眼光看，数的确是事物所具有的一种属性，数的确能够体现事物的量度、事物之间的某些关系，它与秩序、规律是有联系的。这种发现是应该肯定的。但是，毕达格拉斯学派认为万物的本原不是物质，而是数；数是非物质的东西，又是先于一切自然界之物；而数的原则统治着宇宙的一切现象。这种把事物的一种属性（数）加以绝对化，并把它看成是一种先于一切而独立存在的东西，是一种客观唯心主义的观点，并且带有神秘主义色彩。

正如亚里斯多德指出的，毕达格拉斯学派把数看作万物的本原，而数学所研究的实在，如果把天文学所研究的实在除开的话，都是没有运动的。"他们也没有告诉我们，在运动和变化之外，怎样可能会有生、灭或天体的运行"。①

---

① 《形而上学》第一卷，第八章，989页。

也要看到：一方面毕达格拉斯学派关于"数"的学说是客观唯心主义的；另一方面，它是最早提出自然现象的数量方面的作用和意义问题的尝试之一，其中包含有益的数学思想和自然科学思想。正如恩格斯在论及毕达格拉斯学派时所说："数服从于一定的规律，同样宇宙也是如此。于是宇宙规律性第一次被说出来了。"①

（二）音乐方面

音乐从结构上说基本是数学的，但是音乐多于数学。"数"只是音乐的一种偏重于形式方面的属性，而毕达格拉斯学派却把它绝对化了，当做了音乐美的根源。事实上，作曲家意识到一定的音调组合表达一定的情感，但他并不是因为所运用的音调组合中，一定的数学关系才使他得到预期的效果。

如果音乐美的根源是数或者仅仅是数的话，那么音乐就会成为一门科学，像数学本身那样确切。作曲家可以用精确的计算的方法表达这种情绪，音乐就不再是一门独特地表达情感的艺术了。

毕达格拉斯学派相信一切运行体，特别是天体都产生音响，而且人类的耳朵感觉不到这些音响。20世纪的科学进展，在某种程度上是把星球运动中所产生的所谓天体和谐的印象带给我们了，研究表明，现代人的听觉听起来与其说它是天体和谐，不如说它更象朴素的不和谐音。

毕达格拉斯学派还认为行星间的间距以及固定的星球之间的间距在数学上相当于八度音符之间的音程。实践中，迄今为止，没有证明任何希腊调式或我们的音阶体系是按照相当于行星之间的关系的音与音的关系建立的。

---

① 《科学历史摘要》全集，20卷527页。

毕达格拉斯学派把数当成一切事物的本原，而数又是先于自然事物而存在。他们把数的概念绝对化，把数和物质的东西分割开来，结果就是走向唯心主义。在这种唯心主义基础上又产生了迷信数的神秘主义。毕达格拉斯学派把数看作音乐的本原，音乐的基本法则也是"数"的关系，音乐的美与和谐只能到数中去寻求，这就排除了音乐与社会生活的关系，排除了音乐与音乐之外的事物的联系，把属于形式方面的属性绝对化，可以说是后来形式美学，亦即"音乐自律论"的萌芽。

第二章　德谟克利特

德谟克利特

德谟克利特（Demokritos，约公元前460—370年）是古代最伟大的唯物主义者之一，他所继承、发展和阐述的原子论学说是古希腊科学的伟大成就，这种大胆而革命的见解，预见到了许多世纪以来的科学发展。列宁把他在哲学方面的唯物主义学说与柏拉图唯心主义路线相对立，称之为"德谟克利特路线"。策勒尔说他："在知识的渊博方面要超过所有古代的和当代的哲学家，在思维的尖锐性和逻辑正确性方面要超过绝大多数的哲学家。"[①] 马克思和恩格斯称他为"经验的自然科学家和希腊人中第一个百科全书式的学者"。

第一节　活动简况

德谟克利特的故乡是希腊东北部色雷斯的大商业城市——阿布德拉（一说他出生在雅典）。他轻视名利，一心追求知识、真

---

① 罗素《西方哲学史》。

理。他说："我宁肯找到一个因果的解释，不愿获得一个波斯王位"。

为求知识，他把从父亲继承的财产用来旅行，周游了当时的半个世界，在埃及向祭司学几何学，到印度向裸形智者学习，到波斯向星相学家学天文，还有记载说他到过埃塞俄比亚。他在国外度过大半生。也曾到雅典听苏格拉底讲学，未露姓名，他不赞成苏格拉底的观点。晚年回到家乡阿布德拉。他时常到荒凉的地方去，并住在墓地之中，以各种各样的方式尝试他的想象，传说他为了避开眼前所见而向往无限和增强理智的敏锐，竟弄瞎了自己的眼睛。

德谟克利特在学术领域中进行多方面的研究，自然科学和社会科学领域他都涉猎过，他还进行过动物尸体解剖，历史学家说他掌握了当时所有的丰富的知识。他的博学多才使后来的许多思想家，例如亚里斯多德、西塞罗、普鲁塔赫等感到惊讶。

他的著作很多，据说有52部，著名的有《大宇宙秩序》（一说留基伯著）、《小宇宙秩序》、《论自然》、《论人性》、《论心》等，并留有残篇。他的著作阐述了哲学、逻辑学、伦理学、教育学、物理学、生物学、心理学、语言学、艺术、社会生活等等多方面的问题。

在数学上他首次提出圆锥体的容量等于同底同高的圆柱体的容量三分之一的定理。

在逻辑学方面，他是归纳逻辑的奠基人（亚里斯多德是演绎逻辑的奠基人），写有专著《论逻辑》（或《规范》），其中研究了归纳法则，可惜未流传下来（他在书中把大部分注意力放在假设和类比上），他把逻辑学看作认识自然现象的工具。亚里斯多德说，在哲学家中德谟克利特是第一个给概念下定义的人。

在天文学方面他也有很高的成就："德谟克利特说当月亮直接面对着太阳时，它就被照亮了，以致就象它自己在发光一样，并且使太阳光一直照到我们。"① "德谟克利特说月亮上的影子是由于它的表面有些隆起的部分而形成的,因为月亮是有许多山脉和山谷的。"② "德谟克利特说银河是无数很小而相连的星所发的光的焦点,这些是因为仅仅挤在一堆而彼此照耀着。"③

在艺术方面,据史料记载他写过:《节奏与和谐》、《论音乐》、《论诗的美》、《论绘画》等,可惜流传下来的仅是一些残篇,或从后人转述中看到他的观点和论述。

德谟克利特在政治上属于奴隶主民主派,反对贵族奴隶主,支持工商业发展,积极参加政治斗争,并从理论上论证奴隶主民主共和国比贵族专制优越。他曾说:"在民主国家里受穷,胜于在专制国家里享福,正如自由胜于受奴役一样。"④ 他颂扬自由民的友谊、节制、理智和谋求公益的精神。他的政治观点表明他是工商奴隶主阶级的思想代表,是奴隶主国家民主形式的拥护者,是主张采用选举制度的共和政权的理论家,当时是具有进步意义的。他说:"应当认定国家的利益高于一切,以便把国家治理好。决不能让争吵破坏公道,也不能让暴力损害公益。因为治理得好的国家是最可靠的保证,一切都系于国家。国家健全就一切兴盛,国家腐败就一切完蛋。"

在社会伦理观上,他宣称幸福为人生的目的,但真正的幸福不在于感官享乐而在于心神宁静。幸福不在神的赐予,理性发达的人自能达到幸福的境界。

在教育上,他强调要遵循自然,注重练习。认为教育"可以改变一个人"。"本性和教育有某些方面相似:教育很可以改变一

---

① 普鲁塔克《论月亮的轨道》十六章。
② 艾修斯,第二卷,二十五章。
③ 同上,第三卷,第一章。
④ 著作残篇,载《西方哲学原著选读》上卷,53页。

个人，但这样做了，它就创造了一种第二本性"。① 当然，德谟克利特有他时代和阶级的局限，当民主派奴隶主获胜以后，他反对贫民阶层参加管理国家。他认为奴隶是奴隶主手中的简单工具。他说："统治权自然属于上等人"，"你要像使用四肢一样使用奴隶，让这一些干这种活，让那一些干那种活。"②

第二节 哲学思想

一、原子论

原子论的创始者是留基伯（Leukippos）③和他的弟子德谟克利特。他们通常被相提并论，他们的著作也往往被混在一起。但是原子学派却因德谟克利特而闻名。

德谟克利特与留基伯一样，以承认世界的物质性为出发点。他运用留基伯的原子论学说解释自然现象，为物质构造的原子论学说形成了一套理论。

德谟克利特认为万物的本原是原子和虚空，万物都是由原子构成的，原子不是在数学上不可分，而是在物理上不可分。原子之间存在着虚空，一切原子都在性质上相同。它们既不是土、气、水或火，也不是特殊的胚种。相反，土、气、水、火是由原子在运动中集合而成的。太阳、月亮、我们的灵魂、身体，总之，万物都是由虚空运动的原子构成的。原子只是极小而结实的物质单元。原子是不可毁灭，也不能改变的。原子的数目是无限

---

① 著作残篇，载《西方哲学原著选读》上卷，53页。
② 同上，54页。
③ 留基伯的生卒年不详，鼎盛年约在公元前440年，著有《大宇宙秩序》、《论心》，已失传。

的，甚至种类也是无限的。

德谟克利特强调万物的本原是原子和虚空，原子是存在，虚空也是存在，只是虚空对有形体的东西来说，它是空洞的，不存在的，但存在着的东西如物体并不比不存在的东西如空洞更实在。没有形体的东西可以是实在的，虚空就是实际存在的空间。也就是说空间并不是在有形体的意义上是存在的，但它却无形体地存在着。

"德谟克利特假定了充满和虚空，他说，一个是作为存在者而存在，一个作为不存在者而存在"。① 肯定了虚空的存在是极为重要的，因为有了空间，才有可能运动。如果没有空洞的空间和虚空，没有所谓非存在的这种存在，运动和变化是不可想象的，而物质运动的原则是德谟克利特原子论观点的基础。原子过去、现在和将来都在运动着。

运动同原子一样，不是创造出来的，原子从来就处于运动状态，从未静止。

关于原子如何运动，有两种意见：

1. 策勒尔认为原子是被想象为永远在降落着的，愈重的原子就降落得愈快，于是它们就赶上了较轻的原子，就发生冲撞，并且原子还会折射回来。

2. 罗素同意伯奈特和贝莱《希腊原子论者与伊壁鸠鲁》所采用的解释，认为留基伯和德谟克利特并不把重量作为原子本来的性质。他认为更有可能是原子起初在杂乱无章地运动着，正象现代气体分子的运动理论那样。德谟克利特在论及虚空时说过，在无限的虚空里既没有上也没有下，他把原子在灵魂中的运动比做没有风的时候的尘埃在一条太阳光线之下运动。

由于冲撞，原子群就形成了旋涡。有时当原子恰好具有能够

---

① 亚里斯多德《物理学》。

互相契合的形状时,结合在一起。原子由于冲撞就形成了旋涡,旋涡就产生了物体,并且终于产生了世界。这样有着许多世界,各有中心,并形成球形体,有的没有日、月,有的有较大的或较多的行星。有些世界在生长,有些则在衰亡,每个世界都有开始和终了。一个世界可以由于另一个更大的世界相冲撞而毁灭。这种宇宙论可以总括在雪莱的诗里:世界永远不断地在滚动,自它们的开辟以至毁灭,象是河流里面的水泡,闪烁着,爆破着,终于消逝。

"同那些人一样,留基伯和德谟克利特把元素之间的区别看成其他一切事物的原因。这些区别有三种:形状、次序、位置。因为他们说,事物的不同仅仅在于形态、相互关系和方向。形态属于形状,相互关系属于次序,方向属于位置。所以说,A 与 N 是形状不同,AN 与 NA 是次序不同,Ⅱ 与 H 是位置不同。"①

在德谟克利特看来,原子是永恒存在的,质是相同的,只是在量上,即在形状("排列")、次序("接触")和位置("转变")上有所区别。万物都是由原子构成,正如悲剧、喜剧都由字母构成一样。

按照他的意见,构成宇宙的无数世界的产生和消灭,自然界中所发生的一切变化,都应当归结为在虚空中运动着的原子的不同配合——结合和分离,而这些原子是受自然必然性所制约的。

地球是这样造成的物体之一。从湿土或粘泥中产生生命。炽热的原子遍布于整个有机体,从而物体有热。这种原子在人类灵魂中特别丰富。灵魂是有最细微、最圆、最灵敏和炽热的原子所组成。这种原子散布于整个身体,促成身体运动。每两个原子之间夹杂一个灵魂原子。身体的某些器官掌管特殊的精神作用。脑是思想的器官,思想也是一种运动,从而也可以造成别的地方的

---

① 亚里斯多德《形而上学》。

运动。心是愤怒的器官，肝是欲望的器官。无论有生物或无生物都能抵制周围的压力，就是因为它们有这样的灵魂。我们呼吸灵魂原子，只要这种过程继续不断，生命就存在。死亡时，灵魂原子分散；盛灵魂的器皿破碎，灵魂则溢出。死亡不是灵魂脱出肉体，而是肉体原子和灵魂原子的自然分离，灵魂也是会死亡的。这是建立在唯物主义基础之上的生理心理学粗浅的开端。

德谟克利特关于运动和物质是不可分离的这一推测特别有价值。按照他的看法，原子的运动是永远存在的，而且在时间上是没有开端的。他竭力想从自然界本身来解释自然界。

在古希腊科学史上，德谟克利特最先提出了空间和时间问题。空间，这首先是"广袤的虚空"，原子就在其中不断运动。空间也指物体内部的空隙，物体由于这些空隙而有可能收缩和膨胀。

罗素对有关原子论提出的看法是正确的。他认为：原子论者提出的理论的理由并非完全是经验的。原子理论在近代的复活，用以解释化学上的事实，在古希腊人那里是不知道的。在古代，经验的观察与逻辑的论证二者之间没有象现代科学这样有很显著的区别。古希腊时代哲学家们几乎都认为一套完整的形而上学和宇宙论体系是由大量的推理与某些观察相结合就可以建立起来的。他们认为原子论者非常幸运地想出了一种假说，而在两千多年后，人们为这种假说发现了一些证据。但是他们的信念在当时却是缺乏任何基础的。[①]

二、朴素的唯物主义认识论

艾修斯转述："留基伯、德谟克利特和伊壁鸠鲁主张感觉和思想是由钻进我们身体中的影象产生的；因为任何一个人，如果

---

① 参阅罗素《西方哲学史》上卷，100－101页。

没有影象来接触他，是既没有感觉也没有思想的。"

按照德谟克利特的理论，人们认识事物的过程是先感觉，后认识，先感性认识后理性认识。感觉的产生是由于类似被知觉的物体的影象（或流出物）在灵魂中引起变化，才有感官知觉。他认为产生感觉的原因就是客观对象的"流射"。正如磁石吸引铁一样，客体对象表面会产生纤细的波流，这些波流通过空气携带着事物本身的形象。这种影象从物体飞出，把它们的形状加给介于中间的空气，它们改变物体附近分子的排列，如此推进，一直接触到来自感官的流出物（原子）。感官与其同类的物体的原子相互发生作用，即产生感觉。

物体对象→改变分子排列→ 改变更远的分子排列⇌人体感官流出物
（二者相似，
则人体感知）

只有来自一物体的影象同由感官流出的影象相似，人才有所感觉（在原则上同近代科学的波动说相仿）。例如物体产生波流，通过空气与眼睛的流射相互作用，或说物体产生的波流通过空气作用于眼睛，产生了视觉；对象在空气中运动，发出声音，为耳朵所接受，产生了听觉。而且被认识对象的原子的形态、大小、次序和位置的多样性，也是感官多样性的原因。

但感官知觉不可能给予我们关于事物的真知识，它只告诉我们事物如何影响我们。而各种物体所具有的可感觉的性质，如颜色、声音、味道和气味等，并不在它们本身之中，只是原子相结合对我们感官所起的影响。

"在名叫《规范》的著作中，德谟克利特逐字逐句说：'有两种认识，真实的认识和暗昧的认识。属于后者的是视觉、听觉、嗅觉、味觉和触觉。但是真实的认识与这完全不同。'他指出真实的认识优于暗昧的认识，接着又说：'当暗昧的认识在无限小的领域中再也看不到，再也听不见，再也闻不出，再也尝不到，再也摸不到,而研究又必须精确的时候,真实的认识就参加进来了,它有一种更精致的工具.'"① 这工具就是理性思维。

也就是说:感官知觉是含糊的知识,超越感官知觉和现象而达于原子的思想是唯一真正的知识,亦即理性的认识。我们不能看见原子的本来面目,却能对它们进行思维。但是思想理性又不是脱离感官知觉而独立的。理性从感官中获得自己的"证明"。感觉是由于外部世界的物体作用于感觉器官而产生的;并且只有借助理性才能认识原子,因为感觉直接提供的只是存在于"一般意见"中的知识,即"约定俗成"的知识。而理性才能获得真实的认识。

第欧根尼曾说,照德谟克利特的主张,有三种真理标准:(1)现象是对可见事物的了解的标准……(2)概念是研究的标准……(3)情感是应当选择者和应当逃避者的标准。凡是合乎我们本性的是应当寻求的,凡是违反我们本性的是应当避免的。②

德谟克利特在研究唯物主义的认识论上花了不少功夫,提出了许多关于感性直观和理性的作用的卓越推测。关于客观对象与感觉的关系,他肯定了人们的感觉来源于客观世界,感觉是客观世界的反映。关于感性认识与理性认识的关系,他认为感觉给理性认识提供基础,理性认识高于感性认识。这是最早的朴素的唯物主义认识论。虽然,比起现代科学来说,流射的理论显得幼稚。总之,德谟克利特在哲学史上的巨大功绩在于,他专门研究了认识论,提出并唯物地解决了关于认识的对象、作为认识的初级阶段的感觉作用以及思维在认识自然的过程中的作用等问题。

---

① 塞克斯都·恩匹里克《反数学家》,第七卷,139页。
② 同上,140页。

三、反对目的论,主张决定论

德谟克利特反对目的论,承认自然现象的因果制约性和规律性的决定论。与苏格拉底、柏拉图和亚里斯多德不同,留基伯与德谟克利特力图引用目的的观念来解释世界。

亚里斯多德写道:"德谟克利特抛开有目的的(原因),把自然界的一切都归结为必然性。"

当然德谟克利特的决定论存在简单化的现象,他只承认必然性,否定偶然性,错误地确定偶然性是没有原因的现象,认为偶然是掩饰人类无知的主观概念,这样使必然性具有了先决性的抽象性质,从而使因果性概念简单化。哲学史家们认为纵然原子论者在决定论方面有一种机械论的特点,但是它们的理论得到了科学知识的证明,而目的论者解释问题,通常很快就达到一个创世主,或者至少是一个设计者,而这位创世主的目的就体现在自然的过程之中。

四、无神论

德谟克利特在哲学上主张无神论,在历史上起了很大的作用。他认为人们是在威严的自然现象影响下,错误地相信神的存在。

塞克斯都提供了证明:"依照某些人的意见,我们所以得出神的观念,是(由于)世界上的奇异现象;看来,德谟克利特的意见就是如此。也就是说,他认为古代人在看到打雷、闪电、雷霆、星星的接近、日蚀和月蚀等天象时,感到惊惧,因此认为造成这些现象的祸首是神。"①

他借助物体"流射"学说从自然科学上解释关于神的观念的产生,他借助来自各处物体的影响来解释梦、先知的幻象等。

他用"偶像"(形象)流出论解释关于神的观念的产生。他认为:"某些偶像(形象)向人们接近,其中一些偶像是善的,另一些是恶的……根据这些现象,古代人推断出神的存在,而(实际上)除了这些现象以外,并不存在任何具有不死的本性的神。"②

在他看来,神是自然现象或人的特性的化身;宙斯是太阳的化身,雅典娜是人的理性的化身。"德谟克利特说太阳是白热的铁或一块燃烧着的石头。"③ 认为灵魂和理性是同一个东西,灵魂同理性、火一样,是由最根本的、不可分的球形的物体形成的。由于它的精致和形状是能动的,肯定了灵魂的物质性。认为死亡不是灵魂脱出肉体,而是灵魂原子与身体原子的自然分离。

从柏拉图的叙述中可以看出原子论者关于无神论的主张。柏拉图说:"我的亲爱的,首先这些人(德谟克利特的信徒)断言:神的存在是一个狡猾的臆造;实际上神是不存在的,神(只是)靠某些法规才被认为是存在的;神是因地而异的,这是由于每一个(民族)在建立自己的风俗习惯时创立了自己的神……由此可见,支配青年人的是这样一些渎神的(思想):神是不存在的,法律使人承认神。"④

---

① 《古希腊唯物主义者》俄文版,143 页。
② 同上,146 页。
③ 艾修斯,第二十章,7 页。
④ 《古希腊唯物主义者》俄文版,147 页。

第三节 美学与音乐美学思想

德谟克利特关于万物的本原是原子和虚空以及他关于一切原子都在运动、变化之中的观点，特别是他关于感觉、理性认识问题的唯物的反映论萌芽，给美学的发展，奠定了朴素的唯物主义的基础。

一、强调人的灵魂美甚至人体美

德谟克利特生活的年代，随着三大悲剧作家的出现，特别是欧里庇德斯的悲剧走向刻画人的性格和心理；悲剧矛盾冲突的命运因素向性格因素转化；雕塑用衣饰掩饰人体，强调表现人的心灵；从表现神的尊严、刚健，逐步转向表现人的秀美，因而，产生了处于顶点、技巧圆熟的"爱奥尼亚式"的优雅美。例如普拉克西吕利的作品《赫尔美斯与小酒神》。赫尔美斯神是常任使者兼司商业的神，被表现为一个温柔的美少年。他正提起一串葡萄，逗引身边的婴儿——小酒神，而脸上却显出一种朦胧的幻想和恬静的深思。[①]

德谟克利特把美的形象从自然转向人，"人是一个小宇宙"，把人的灵魂、理性、思想都看成物质构成的，而且是运动的。

他认为人的灵魂是人的美的主要体现，重视人的灵魂超过人体美。

他说："身体的美，若不与聪明才智相结合，是某种动物性的东西"，"驮兽的优越性在于它们体格的强壮，但人的优越性在

---

① 《世界美术全集》第二卷，82页。

于他们性格的良好禀赋"。"人们比留意身体更多地留意他们的灵魂,是适宜的,因为完善的灵魂可以改善坏的身体,至于身强体壮而不伴随着理性,则丝毫不能改善灵魂"。"只有天赋很好的人能够认识并热心追求美的事物。"

因此他对只表现人体美而不表现灵魂的雕塑不满意,他说:"那些偶像穿戴和装饰得看起来很华丽,但是可惜,它们是没有心的"。"少说话对于女人是一种装饰,而装饰简朴,在她也是一种美"。"坚定不移的智慧是最宝贵的东西,胜过其余的一切"。"永远发明某种美的东西,是一个神圣的心灵的标志。"①

此外,他还提倡高尚的生活美。

德谟克利特在伦理学方面是最早的快乐主义者,他认为人生的真正目的是幸福,他所谓的幸福不是依靠财富或感官享乐,而是依靠快乐适度和生活协调。只有灵魂平静、和谐和无畏而来的内心满足或愉快才是幸福。节制与修养是获得快乐的最好手段。理性发达的人自能达到幸福的境界。

"生活的目的是灵魂的安宁,这和某些人由于误解而与它混同起来的快乐并不是一回事。由于这种安宁,灵魂平静地、安泰地生活着,不为任何恐惧、迷信或其他情感所扰。"他也把这种状态叫做"幸福"以及许多别的名称。② 他提倡高尚的享乐:"不应该追求一切种类的快乐,应该只追求高尚的快乐"。并说:"大的快乐来自对美的作品的瞻仰"。

二、强调艺术创作中的热情与灵感

德谟克利特说:"一位诗人以热情并在神圣的灵感之下所作

---

① 著作残篇,载《西方哲学原著选读》。
② 《第欧根尼·拉尔修》,第九卷,第七章,44-45页。

成的一切诗句,当然是美的。"①

西塞罗《神性论》第一卷说:"德谟克利特不承认有某人可以不充满热情而成为大诗人"。"荷马,赋有一种神圣的天才,曾作成了惊人的一大堆各色各样的诗。"(狄欧,第三十六章)

他承认灵感、天才对艺术创作的重大作用,同时又强调研究与学习。他说:"任何艺术,任何科学知识,都不能不经过研究而获得。"

"如果儿童让自己任意地不论去做什么而不去劳动,他们就学不会文学,也学不会音乐,也学不会体育,也学不会那保证道德达到最高峰的礼仪。礼仪其实是这一切东西共同产生出来的"。"很多博学的人是并不聪明的"。

三、朴素的唯物主义的音乐观

(一)德谟克利特认为声音是带有物质性质的。据罗塞夫著《古代音乐美学》中记载"伊壁鸠鲁、德谟克利特和斯多噶学派信徒都说:声音就是物体"。德谟克利特认为,每一个声音是用各种方式划分成部分的空气凝结体。他说:"空气分解成具有同样形状的物体,并且凝结成音块。"

同解释感觉的产生一样,德谟克利特也用原子在虚空中运动的原理来解释听觉。

德奥弗拉斯特在《论感觉》中叙述道:"关于听觉,他(德谟克利特)也用和别的感觉一样的方式来解释。掉在虚空中的空气产生一种运动,虽然它也同样渗入全身各部分,但它尤其最大量地进入耳朵,因为这里空间最广,并且可以毫不停留地穿过。因此这种感觉就只在这地方而不在身体的其它地方产生。一进入

---

① 克雷门《基本问题》第六卷,168页。

耳朵里面之后，它的速度就使它散开了。因为声音是由于一种密集而且很强的力量进入的空气的结果。因此，他对于在里面产生的感觉，也和触觉在外面所产生的感觉一样来解释。"

他把人的听觉器官视作一个"容器"，而声音是一种物体，一种声音原子凝结的声音块，它流射入听音乐的人的耳朵，并在耳朵内的虚空中运动，使人听到声音。这是对于发声体振动而产生音波，以及音波在耳朵里震动，使听觉听到高低、长短的声音的一种原始的推测。但比起古代对声音以及听觉的神秘解释来说，它与现代科学理论比较接近。

（二）模仿论。从朴素唯物主义的认识论出发，德谟克利特提出了朴素的现实主义观点，在音乐艺术的来源问题上，提出艺术产生自人对自然的模仿。这个观点在美学史上是有名的。

"在许多重要的事情上，我们是模仿禽兽，作禽兽的小学生的。从蜘蛛我们学会了织布和缝补；从燕子学会了造房子；从天鹅和黄莺等歌唱的鸟学会了唱歌。"

这些提法当然比较幼稚、原始，但从根本上发现了艺术与现实生活的关系，艺术是模仿现实事物，从现实生活派生出来的，这是朴素的唯物主义思想。在他之前，赫拉克利特已提出艺术是自然的模仿的说法。在他之后，模仿论更成为希腊人对文艺的普遍看法。

（三）"剩余精力说"的萌芽。斐罗德谟说道："德谟克利特说……音乐是一种相对地说较年轻的艺术，其原因是在于使音乐产生的并不是必需，而是奢侈。"[①]

联系他曾提出的："动物只要求为它所必需的东西，反之，人则要求超过这个"，可以看出，他从基本社会发展的眼光来看待音乐艺术在一定程度上是超功利的性质。音乐比起其它物质生

---

① 斐罗德谟《论音乐》四卷，31章。

活条件来说，并非必需，只有当人们生活必需有所满足，人们追求更高的精神性的东西时，音乐因而产生。奢侈是对"必需"而言。

朱光潜先生认为，这种看法多少含有后来席勒和斯宾塞的"余力说"、"游戏说"的萌芽。依这种余力说，人们在满足直接生活需要而有余力时，才进行自由的艺术活动，创造出多少是超功利的美的作品。这里，功利是指直接的功利，并非指艺术的社会作用。

四、历史上对德谟克利特的褒贬

作为古代一个伟大的唯物主义思想家，德谟克利特的哲学观点与政治观点都与柏拉图相对立。一些哲学史家指出，柏拉图的著作差不多引证到古代所有的哲学家，但从来没有提到过德谟克利特，甚至在该反对他的地方也没有提及。

另据古希腊音乐理论家阿里斯多西尼在他的《历史回忆录》中记载：

"柏拉图想把他所能收集到的德谟克利特的全部作品都用火烧光，但毕泰戈拉派的阿米克拉和克利尼亚劝他改变了主意，认为这是无用的企图，因为这些著作已经在很多人手中了。"[①]

列宁在阅读黑格尔的《哲学史讲演录》过程中，注意到黑格尔用大量篇幅讲述柏拉图，而对德谟克利特只写了三页，他很生气，说："黑格尔对待德谟克利特完全象后母对待继子那样，全部的话都在第 378 至 380 页上！唯心主义者忍受不了唯物主义的精神！"[②]

---

① 转引自《古希腊罗马哲学》，95 页。
② 《哲学笔记》，271 页。

马克思23岁时,在柏林大学撰写的论文题目是《德谟克利特的自然哲学与伊壁鸠鲁的自然哲学的差别》,并以此获得了博士学位。同样,在研究音乐美学这个特殊领域时,忽视了德谟克利特是不合适的。

德谟克利特在美学包括音乐美学上的贡献首先在于他朴素的唯物主义的认识论,给后世建立辩证唯物主义的反映论提供了最早的理论设想;他的素朴的唯物主义的音乐观,现实主义的模仿论,以及最早有关艺术的"余力说"的萌芽都对后世产生深远影响。

第三章　柏拉图

柏拉图（Plato，公元前427—347）是建立包罗万象的唯心主义哲学的第一个希腊思想家。他和亚里斯多德是西方古代、中古和近代最有影响的哲学家。

第一节　活动简况

一、柏拉图原名亚里士多克勒（Aristokles），出身于雅典的贵族阶级，在青少年时代曾经从最著名的智者们那里获得被视为一个雅典人应具有的关于艺术的各种教育。

柏拉图

当他20岁时，开始在苏格拉底那里学习，共8年（公元前407—399年），他还研习了赫拉克利特、爱利亚学派、特别是毕达格拉斯学派的学说。

当苏格拉底被当政的民主派处以死刑以后，他和同门弟子一起，逃离雅典，投奔到梅加拉（雅典西面一个城市）的欧几里德那里，继续讨论哲学。

在这三年期间，他游历过局勒尼，在那里他从有名的数学家德奥多罗那里学数学,并达到很高的成就。后来到埃及学了天文学,考察了埃及的制度文物。又到"大希腊"认识了著名数学家、毕达格拉斯学派的塔仑丁的阿尔基塔,研究了毕达格拉斯学派的哲学,并高价收买毕达格拉斯学派的老一辈著作。公元前396年,开始写他的对话集。

公元前388年他曾去意大利,应西西里岛叙拉古的国王(僭主)狄奥尼修的邀请进行讲学。他希望通过狄奥尼修实现他改革政治、建立理想国的企图,但均告失败。40岁回到雅典,建立学园,授徒讲学,达41年之久。81岁生日那天逝世。

二、柏拉图的著作都保存下来了,约有35篇对话,13篇信札,一本定义集。信札和定义集被认为是伪作。对话集中真品数量说法不一,黑尔曼认为有28篇,施莱尔马赫认为有23篇,策勒尔认为有24篇,鲁托斯拉夫斯基认为有22篇,黑格尔认为有40篇,朱光潜、汝信等说有36篇。

柏拉图的著作时间难以确定。约可如下划分:

早期的以苏格拉底为主的一组,未超出老师苏格拉底的观点:《申辩篇》、《小希庇阿斯篇》、《查密迪斯篇》、《拉里斯篇》、《吕锡篇》、《尤息弗罗篇》、《克里托篇》、《普罗塔哥拉篇》。

第二组,开始发挥他的观点,制订出方法论。策勒尔认为属于这一组的有:《斐德罗篇》(其中包括这一时期论点的摘要)、《高尔吉亚篇》、《美诺篇》、《尤息莫斯篇》、《泰阿泰德篇》、《智者篇》、《政治篇》、《巴门尼德篇》和《克拉底鲁篇》。

后期,完成体系:《会饮篇》、《斐多篇》、《斐列布斯篇》、《理想国》、《蒂迈欧篇》、《克力锡亚斯篇》和《法律篇》。

策勒尔认为《伊璧诺米篇》、《阿克拜第篇》(上、下)、《恩特拉斯篇》、《希巴克篇》、《塞亚各篇》、《米诺斯篇》、《克力托封篇》、《大希庇阿篇》、《伊安篇》、《米纳仁纳篇》是伪作。

柏拉图对话中的人物,如苏格拉底、普罗塔哥拉、巴门尼德、希庇阿斯等，差不多是真实的，但经过了加工，与真实的人物已有一定距离，他往往通过苏格拉底这个人物讲述他自己的思想。

第二节 哲学思想

柏拉图思想体系是希腊著名思想学说的融合和变种，他吸取了各派哲学的不同论点，加以体系化，建立了客观唯心主义的哲学体系。

柏拉图所受的那些纯哲学的影响，注定使他偏爱斯巴达。他从毕达格拉斯那里受到奥尔弗斯主义的影响，即宗教的倾向、灵魂不朽的信仰、出世的精神、僧侣的情调和他那洞穴的比喻中所包含的一切思想，以及对数学的尊重、理智与神秘主义的密切交织。

从巴门尼德那里得到如下信仰：实在是永恒的、没有时间性的；根据逻辑的理由来讲，一切变化都必然是虚妄的。

从赫拉克里特那里认识到：感觉世界中没有任何东西是永久的。与巴门尼德学说结合，就达到了知识并不是由感官得到的而只是由理智获得的这一理论，这一点又反过来和毕达格拉斯主义密切吻合。

从苏格拉底那里柏拉图认识到伦理问题的重要性，并以"善"为主导，为世界寻找目的论的解释而不是机械论的解释。

柏拉图哲学中最重要的东西：第一，乌托邦（是最早提出的）；第二，理念论，是意欲解决迄今仍未解决的共相问题的开山鼻祖；第三，灵魂不朽的论证；第四，宇宙起源论；第五，认识论——回忆说，即把知识看成回忆，而不看作是知觉的知识观。

一、理念论①

柏拉图认为理念有无数个,有桌椅、床、颜色、声调的理念;有健康、静止和运动的理念,有大小和相似的理念,还有真、善、美的理念;有事物、关系、性质和行动的理念等等。

柏拉图认为人们生活的现实世界中各种事物或者自然界叫作"可感觉的实物世界",但是这世界的各种事物都不是真实的,它们只是一种影子、一种摹本,是什么的影子?什么的摹本?是"理念"的影子,或者摹本,或者复制品。

例如,"猫"这个概念,它包含了猫之所以为猫的道理,它概括了猫的特性,它是带有普遍性的猫,比如"有的人喜欢猫","猫是一种动物","猫能捉老鼠",这时所说的猫就是上述这种含有共相的猫,或共性的猫、一般的猫,是各种猫的总称。而说:"一只花猫","×××家里那只猫","这只小黑猫"等,是我们眼见的,具体的作为个体的猫,它具有猫的属性,又是一只活生生的具体的猫。那么"猫"就是一个概念,它并不随着任何一个具体的猫的死亡而消失,是人们对各个具体的猫的抽象,它体现在具体的猫身上。同时这个概念是人为的,是人们运用逻辑推理总括出来的概念,不是什么神圣的神秘的东西。如果没有像"猫"这种一般的词,一般的概念,人类的语言就无法沟通。

柏拉图把表现共性的"猫"称为理念,认为它是永恒的,而

---

① 理念也可译成"理式",朱光潜持此主张,认为理式(eidos,即英文 idea)是真实世界中的根本原则,原来具有"范形"的意义,如一个"模范"可铸出无数器物。例如"人之所以为人"就是一个理式,一切个别的人都从这个"范"得到他的"形",所以全是这个"理式"的摹本,而最高的理式是真、善、美。理式概念近似佛家所谓"共相",它似概念而又非概念;"概念"是理智分析的结果;理式则是纯粹的客观的存在。所以相信这种"理式"的哲学,属于客观唯心主义(柏拉图《文艺对话集》,127 页)。

且是先于各种具体的猫而存在的。"猫"的理念是真实的，而活生生的、眼见的猫则是不真实的。"猫"是理想的猫，个别的猫都只分享了"猫"的性质，它们的猫性都不如"猫"这个理念完全。"猫"是本质，是实在的，个别的猫是"猫"的摹本或影子，是不实在的。柏拉图认为凡是若干个体有着一个共同名字的，它们就有一个共同的"理念"。例如有许许多多的猫，但只有一个"猫"的理念，正如镜子里所反映的猫仅仅是现象而非实在，所以各个不同的猫也不是实在的，而只是理念的摹本，而理念才是一种实在，并且是由神创造出来的。

总括起来，柏拉图所谓的理念就是：

理念（或理式）涵括或者集合了许多个别事物所共有的基本特征，它的本质就是事物的必然模式。理念不是人的单纯的思想，它是先于事物而存在、脱离事物而存在、独立于事物而存在的，它不象事物那样受变化的影响。它们是自在自为的、实在的，是永恒的，是超越具体事物的，是万物的始原。我们感官所能感觉到的个别事物是这些永恒模型（"理念"）的不完全或不完善的复制品或反映，个别事物有生有灭，而理念或模式则永存不息。个别的人有生有死，而人的理念或人类却永远常在。

根据这种理论，自然界就是不变的永恒不动的精神世界、即理念（"真实存在"）的派生物，自然界是由理念派生出来的。

柏拉图经常把理念与神联系起来，或者就说成神，例如《国家篇》最后一卷关于三张床的比喻，干脆把理念说成"神"。并且认为现实世界之外，有一个理念世界，称之为"上界"、"上天"、"天界"或"彼岸世界"。

柏拉图还认为理念虽然无数，但不是乱成一团，而是有秩序的。各种理念按照逻辑的次序排列，构成一个彼此有关系、有联系的有机整体，也就是一个很有条理的宇宙，或有理性的宇宙。

在众多的按逻辑秩序排列的理念中，位于最高的理念就是善的理念。其他理念都在善的理念之下。善的理念是至高无上的,没有什么东西再比它高了。善的理念是一切理念的源泉。而真和善是同一的。善的理念是逻各斯(logos),即宇宙的目的。

二、认识论

(一) 关于"意见"与"知识"

认识事物有两种:意见和知识(或科学 Wissenschaft)。

柏拉图认为感官知觉不能揭示事物的真象,只能显露现象,形成"意见"。①

"意见"是属于感官所接触的世界,它涉及个别的美的事物,而不涉及美的自身。感性事物只能作为"意见"的对象,而不是"知识"的对象,或只是类似"知识"的对象。

"知识"则以理性为基础,是属于超感觉的永恒的世界的。知识是涉及美的自身的,而不涉及具体的美的事物。感性事物(自然现象)不是知识的对象,知识的对象是精神实质。

柏拉图反对古代思想家关于感觉给我们提供事物的知识这一唯物主义的学说。他认为大多数人思维,而不知道为什么那样思维,他们的观点是没有根据的。一般德性也如此。人们不知道为什么那样做,他们根据本能、遵循风俗习惯而行动,如蚂蚁、蜜蜂那样。他们的行动是自私的,只是谋求快乐和利益。由感官知觉和意见达到真正的知识是不可能的,除非我们有一种欲望,或者对真理的爱,所谓厄洛斯(Eros)本能,即由探索美的观念所激起的爱慕之情,才可能由探索美过渡到探索真理。

柏拉图认为特殊的事物永远具有着相反的特性,也就是一切

---

① 朱光潜认为:"意见"是和"知识"相对的,前者只是对于现象的未经证实的了解,后者才是对真实本体的理性的认识。(柏拉图《文艺对话集》123 页注①)

个别的可感觉的对象都具有这种矛盾的性质，例如美的事物在某些方面也是丑的；正义的事物在某些方面也是不正义的，等等。可以设想有一种事物可以是既美而又不美，或既正义而又不正义，个体事物似乎是结合了这些矛盾的特性，所以个体事物是不真实的。它们就适于作意见的对象，而非知识的对象。

"像能认识真理的那种思想，我们可以很正当地叫做知识；但另一种就是意见。知识建筑在真实存在上面；意见与知识正相反，不过意见的内容并不是虚无（虚无即是无知），它意味着一定的东西。意见是介于无知与知识之间的中间物，它的内容是'有'和'非有'的混合物。感官的对象、意见的对象、个别的事物，只是分有美、善、公正（等理念），分有共相。但它们同样也是丑的、恶的、非公正的。一倍也同样是一半。个别不仅是大或小、轻或重，不仅是这些对立面之中的一面；而且每一个别事物既是其一，复是其他。个别、意见的对象就是这样的'有'与'非有'的混合体。

在这种混合体中，对立的两面还没有消溶在共相中。共相就是认识的思辩理念。我们通常意识的方式便属于意见"。[①]

（二）认识论

1. 感官只能把握理念的复制品，不能认识理念的本质

柏拉图认为宇宙是理念的逻辑体系。它构成一个有机的精神统一体，由善的理念统辖着，因而是一个有理性的精神整体。感官不能把握这精神整体的意义，不能把握理念的意义，感官只能感知理念的复制品，是理念的不完善的和流动的反映，永远不能提高到理解完善和不变的整体的地步。也就是说感官知觉只能认

---

① 柏拉图《国家篇》五卷，476－479 页，转引自黑格尔《哲学史讲录》二卷，181 页。

识和把握现象，不能把握本质、共相，而一般人只能认识和把握现象，只有哲学家才能认识理念，认识和把握真和善。因此，要取得真知识，必须认识事物常住不变的本质。只有运用概念的思维，才能把握永恒不变的存在；它认识必然的存在，在万变和繁杂中保持始终如一的东西，即事物的根本形式。

总之，要证明知识的确实性，柏拉图认为要求助于形而上学，求助于他的世界观。感官知识提供给我们流动、变化、个别和偶然的东西，那不是真知识。它不指明真理，不能抓住实在的核心。概念的知识揭示事物中的一般、不变和基本的因素，因而是真知识。哲学的任务就是要用逻辑思维来了解理念世界内在的秩序和关联，思索其本质。它的目的在于认识一般、不变和永恒的东西。

柏拉图认为哲学乃是"对真理的洞见"。

柏拉图在《国家篇》第七卷写了一个比喻：

在这个比喻里，柏拉图把他认为缺乏哲学（素养）的人比作关在洞穴里的囚犯，他们只能朝一个方向看，因为他们是被锁着的，头部不能转动；他们的背后燃烧着一堆火，他们的面前是一座墙。在他们与墙之间什么东西都没有，他们所看见的只有他们自己和他们背后的东西的影子，这些都是由火光投射到墙上来的。他们不可避免地把这些影子看成是实在的，而对于造成这些影子的东西却毫无观念。最后有一个人逃出了洞穴来到光天化日之下，他第一次看到了实在的事物，才觉察到他此前一直是被影象所欺骗的。如果他是适于做卫国者的哲学家，他就会感觉到他的责任是再回到洞穴里去，回到他从前的囚犯同伴那里去，把真理教给他们，指示给他们出来的道路。但是，他想说服他们是有困难的，因为离开了阳光，他看到的影子还不如别人那么清楚，而在别人看起来，他仿佛比逃出去以前还要愚蠢。

由这比喻看出：感性事物只不过是理念的影子；人们虽然竭力想认识自然现象，但他们看到的只是影子，感受不到太阳光

(即真理或善的理念)的照耀。哲学家则可以感受到太阳光,可以获得真正的知识,可以认识理念世界。

2. 辩证法

柏拉图认为辩证法是用概念进行思维的艺术,思维的根本对象是概念而不是感觉或影象。例如,除非我们有一个关于正直的观念或概念,知道什么是正直,否则我们就不能说一个人正直或不正直。

辩证法首先在于用一个理性概念来涵括零散的个别事物,其次,在于把这种理性概念划分为类别,这就是概括和分类的过程。在推理过程中,判断表示概念彼此之间的关系,把概念同概念联系起来,而三段论法则把判断和判断联结起来。

柏拉图认为辩证法是使理念的回忆得以实现的一种方法。首先是指为了解决哲学问题而善于提出问题和作出回答的一种本领。也就是一种生动的交谈的方法,是进行论证的工具,这与苏格拉底的方法相近。

柏拉图的辩证法[①]与其客观唯心主义哲学密切联系,是一种超自然知识的逻辑理论。他认为像正直这样的观念或概念并非起源于经验,不是通过归纳,由个别的情况演绎出来的;个别的情况只是一种手段,用它把已经模糊或隐晦地存在于灵魂中的正直的观念清理一下,使人意识到它,把它弄得明显起来而已。当这个观念引申出来以后,可以从中演绎出其他的观念。我们展开它的含义或意义,从而取得绝对确实的新知识。人是万物和一切真理的尺度,因为在人的灵魂中蕴藏着一切知识起点的某些普遍的

---

① 柏拉图的辩证法问题同逻辑问题交错在一起,他探讨了概念、判断和推理等问题。探讨了由种向类(理念)上升的途径以及由高级的类(理念)推到种的途径。前者接近于苏格拉底的"归纳法",后者企图唯心地解决演绎法问题。在研究由类的理念推到种的理念这一途径时,他阐明了哪些理念可以彼此结合起来,哪些是互相抵触的等等。柏拉图还试图给判断下定义,给范畴即高级的类(理念)作分类,并试图定出同一性和矛盾的原则。

原理、观念或概念。

经验不是观念的来源，在经验或感官世界中没有同真、善、美这样的观念相符的东西；任何具体的东西都不是绝对地美或善。我们根据真、善、美的理想或标准来考察感官世界。除去这些观念以外，数学概念和某些逻辑概念或范畴是天赋或先验的。例如，存在和非存在、同一和差别、统一和杂多。

柏拉图否认感性认识是理性认识的基础，他所论及的认识过程，不是以个别具体事物为基础，由感性到理性，由局部到全体的上升过程。相反，他的认识论是唯心主义、神秘主义的，是以不死的灵魂事先就具有关于理念世界的知识这一点为基础的。个别具体事物只是理念世界的摹本，只是使人回忆起理念世界的一种手段，其本身是没有价值的、不实在的虚假的幻影。

柏拉图的辩证法是在唯心主义基础上提出来，并和形而上学的体系一起存在的。但柏拉图对哲学中的一些范畴，如一般和个别（即共相问题）作了一些辩证的探索，虽然作了错误的解决，却提出了不少发人深思的问题，这对哲学、美学理论的进一步发展是有好处的。他把美的认识看作一个过程，虽然是神秘的过程①，却也包含着辩证的因素。

他在唯心主义辩证法中提出了一般概念在认识过程中的作用问题，提出了双分法，即考察把概念对立起来的方法，从而发现了相反意见对比的方法，也就是双分法或二分法。他认为，在考察任何哲学问题时都必须把相反的意见彼此对立起来，例如"运动是存在的"，与"运动是不存在的"这两种意见对立起来，进行论证。他认为要认识真理只能从某物存在和某物不存在这两个假定出发。这种双分法在认识真理过程中是有很大意义的，他的辩证法在古代世界辩证法的发展中起了相当大的作用。

---

① 如《会饮篇》著名的"第俄提玛的启示"。

(三) 回忆说

柏拉图认为感官知觉不是知识的基础,知识不是感性认识的上升,而是对理念的回忆。认识论的基础是"回忆说"。

柏拉图认为只有认识理念才能获得真知识。人们怎样才能认识理念呢?就是通过"回忆"。人们什么时候见过理念世界呢?从何回忆起呢?他认为人的灵魂是不死的,是永恒的,而灵魂是能思维的,思维又是自由的。人的灵魂在附到具体的人身上与肉体结合以前,它就随着神灵游历,就经历了一切,并且直观理念世界,望见了理念,即世界真正的本体。所以在灵魂思维内早就有关于"美本身"、"善本身"或者诸如此类的本体知识。

他说:"人应当通过理性,把纷然杂陈的感官知觉集纳成一个统一体,从而认识理念,这就是一种回忆,回忆到我们的灵魂随着神灵游历时所见到的一切;那时它高瞻远瞩,超出我们误以为真实的东西,抬头望见了那真正的本体。"①

"当灵魂投生到具体人身上以后,人们就忘记了这些知识,人们只能通过回忆,来记起灵魂原来所经过的事物,恢复原有的知识。所以回忆也就是学习、研究。通过学习来发现事物,通过回忆来认识事物,而一切研究,一切学习都只不过是回忆罢了。"②

"因此我们有理由说,只有哲学家的心灵长着翅膀,因为他时时刻刻尽可能地通过回忆与那些使神成为神的东西保持联系。一个正确地运用这种回忆的人,不断地分享着真正的、完满的神秘;只有这样的人才成为真正完善的人"。③

---

① 《斐德罗篇》。
② 柏拉图《美诺》篇,80E—82D 页。
③ 《斐德罗》篇,250B 页。

柏拉图的"回忆说"是和他的"理念"论和"灵魂不死说"紧密相联的。它不仅具有浓厚的宗教神秘主义色彩,而且还显露出他蔑视人民群众的奴隶主贵族观点,因为在他的《理想国》或《国家篇》中,只有居于统治地位的哲学家才能够"回忆"知识,具备见到真理的本领。

第三节　政治、伦理、教育思想

一、理想国——西方最早的乌托邦

柏拉图站在维护贵族奴隶主统治一边,对实行奴隶主民主制的雅典城邦甚感不满,对当时的道德风尚也极为不满。他把目光转向了由贵族奴隶主掌权的斯巴达城邦去寻求他的理想国蓝图,并且三次去西西里岛,企图说服那里的统治者、叙拉克的僭主小狄奥尼修斯实行他的"理想国"的设想,最后终于失败,被狄奥尼修斯赶了出来。

他的有关政治的《国家篇》（或译《理想国》）大体包括三部分：第一部分：1—5卷,理想国的组织,历史上最早的乌托邦；第二部分：6—7卷,统治者必须是哲学家；第三部分：8—10卷,讨论各种体制及其优缺点。

其中,他认为国家组织包括三个等级：

第一等级：卫国者或执政者——懂政治的哲学家或懂哲学的政治家,他们代表理性,应当成为统治阶级。

第二等级：军事人员、武士——代表生气勃勃的因素或意志,职务是防御。

第三等级：农业劳动者、手工业者、商人,即自由民,以生产物质财富为其职能。

柏拉图强调统治者必须是哲学家："除非是哲学家们当上了王，或者是那些现今号称君主的人象真正的哲学家一样研究哲学，集权力和智慧于一身，让现在的那些只搞政治不研究哲学或者只研究哲学不搞政治的庸人统统靠边站，否则国家是永无宁日的，人类是永无宁日的。不那样，我们拟订的这套制度就永远不会实现，永远不可能实现，永远见不到天日，只能停留在口头。这话我踌躇很久不敢说出，因为我知道这样说会犯众怒；说只有那样才能使国家和个人幸福，是很难为人理解的。"①

二、伦理道德思想

柏拉图特别推崇哲学家，他认为只有哲学家才能认识理念世界，才能掌握真理。他认为各阶级之间的关系相当于健康灵魂中各种功能之间的关系。哲学家统治者相当于理性、智慧；军人武士相当于高尚的冲动，即意志；农、工、商人则是情欲，是卑下的，应服从理性的统治，也就是服从于统治者的指挥和武士的管辖。当粗俗的多数人的欲望由少数人的欲望和才智所统御，统治者和被统治者对谁应该统治的意见一致时，国家是有秩序的。每个人都应该在国家中有一种适合他能力的职业。所谓正义就是占有自己应该有的，做自己应该做的，守本份，不管闲事。

柏拉图列举了四种美德：

第一种美德是智慧和知识。这知识不是一般群众所有的炼铁、耕地等杂多的知识，而是能够统筹全局的领袖人物的知识。②

第二种美德是勇敢。"勇敢是对于正当的合理的意见的坚持，

---

① 《国家篇》五卷，437D－E页。
② 《理想国》四卷，430页。

对于有威力的伟大的东西的畏惧,是不为情欲、享受所动摇的坚定精神。"①

第三种美德是节制。"节制是对于情感欲望的克制,节制有如和谐,其力量遍及全体,能使得柔弱的人和坚强的人,不论理智高下、力气大小、人数多寡、财产贫富,以及其他方面情形如何不同,都要一起调协起来向着同一目标,并且要彼此相互一致。这一美德不像智慧和勇敢只限于一部分人(第一等级),而是统治者与被统治者共同分享的谐和,是一切人应具有的美德。"② 但他又强调这个美德特别适合于第三等级,即农民、手工业者、手艺匠、商人,因为这一等级的人的性格就是重情欲,所以需要节制。

第四种美德是正义。正义就是在国家中作正当的事,就是各自安分守己,奴隶当好奴隶,农民、手工业者当好农民、手工业者。总之,在"理想国"中,各个阶级的人都各自站在自己岗位上,应统治的统治,应服从的服从,就完成了自己的使命,形成一个和谐的有机整体。

柏拉图的"理想国"等级森严,从经济、政治到人的品德都作了严格区分,其目的在于维护奴隶主贵族的统治。一旦"这三个等级的互相干预,彼此替代"就成了"国家的大害,应该说是最大的坏事"。③

三、建立在血统论基础上的教育思想

柏拉图划分三个等级的理论根据是血统论。

"我们要对我们的公民说:你们彼此虽是兄弟,但是神还是

---

① 《理想国》四卷,429-430页。
② 同上,430-432页。
③ 《国家篇》四卷,429D-434C页。

用不同的东西把你们造出来的,你们之中有些人具有统治的能力而适于统治人,在创造这些人的时候神用了金子,因此这些人也就是最珍贵的。另一些人是神用银子做成的,这些人就成为统治者的辅助者。再有一些人是农夫和手艺人,这些人是神用铜和铁做成的。一般说来,一个人属于哪一种,他所生下来的子女也就属于哪一种,但是由于你们都是出自同一祖先的,因此金的父母有时也会生出银的儿子,而银的父母有时也会生出金的儿子。其余的有类似的情形,有时可以互相产生。因此神给统治者所作的第一条重要的指示便是要教他们特别注意保护种的纯洁性,注意他们的子孙的灵魂里面掺杂着什么样的金属。因为如果金的或银的父母生出来具有铜铁杂质的儿子,那么就应当毫不姑息地把他们放到适合于他们的性质的地位上去,把他们降到农夫和手艺人的队伍中去。另一方面,如果农夫和手艺人中间产生了一个金的或银的儿子,那么就应当按照他的价值把他提升为监护者或辅助者。统治者应当把这个神谕引以为戒,即:一旦铜铁作成的人掌握了政权,国家便要倾复。"①

柏拉图强调理想国中的教育与文化。他认为国家是一个教育机构,是文化工具,而教育与文化必须建立在最高的知识——哲学的基础上。但是教育仅仅是针对高贵阶级的儿童而言,也就是针对金、银质的儿童而言,因为未来的统治者和卫国者是出自他们当中。而他们又有责任培养整个国家的风俗礼教。至于对工、农、商阶层的教育,他并不关心。"因为如果鞋匠变得很坏和堕落,没有真正成为他们应该的那样,这对于国家并不是很大的不幸"。② 对于统治者的教育才是全体中最重要的部分,才是教育的基础。

---

① 《国家篇》,引自《古希腊罗马哲学》,232–233页。
② 《理想国》六卷,42页。

第四节 美学思想

一、美是美的理念

（一）美本身就是美的理念

在《大希庇阿斯篇》中，柏拉图以苏格拉底与大希庇阿斯对辩的方式，讨论"美是什么"，"什么是美"？

希说："美就是一位漂亮小姐"，苏格拉底反驳他说，如果一个漂亮的年轻小姐的美就是使一切东西成其为美的话，那么一匹漂亮的母马不也可以是美的？另外还谈到"一个美的竖琴，一个美的汤罐也可以是美的"。这里他们探讨了：1.美是具有美的属性的事物，例如漂亮小姐、美的母马、美的汤罐、美的竖琴等，但是美的小

苏格拉底

姐、母马、竖琴、汤罐都只是美的东西，它不能回答美是什么，或什么是美的问题。对辩的结果，苏格拉底指出应该把"什么是美的东西"和"美是什么"两个问题区别开。前者是指美的事物，后者是要追求美的本质，就是"一切美的事物有了它就成其为美的那个品质"。因此他们又进一步探讨，2.美是使事物显得美的质料和形式，例如金子装饰雕塑。3.美是恰当，例如菲狄阿斯塑的雅典娜女神，不用金子而用云石雕她们的眼珠就很恰当；盛汤用木匙就比金匙恰当。4.美是有用的，有用的东西就美。例如交通工具、器皿、乐器、制度、习俗等等。5."从眼见

耳闻来的快感——就是美的"。例如图画、雕刻、音乐、诗文等。
6. 赚了钱，自己享受，又可周济亲友就是美。

辩论结果认为这些都不能回答什么是美。最后以苏格拉底说的一句谚语"美是难的"结束了这场辩论。

后来经过相当长时间的摸索，柏拉图在《国家篇》、《斐多篇》、《会饮篇》等中，明确回答了什么是美的问题：美就是美本身，美本身就是美的理念。它不依赖于任何具体的美的事物，是先于或者超越于具体的美的事物的。

(二) 具体事物的美是由于有了美的理念

具体事物又怎么会美呢？

苏格拉底说："我只是简单、干脆、甚至愚笨地认定一点：一件东西之所以美，是由于美本身出现在它上面，或者为它所分有，不管是怎样出现、怎样分有的。我对出现或分有的方式不作肯定，只是坚持一点：美的东西是美使它美的。"①

柏拉图认为，"美本身"应该是"一切美的事物有了它就成其为美的那个品质"，"这美本身，加到任何一件事物上面，就使那件事物成为美，不管它是一块石头，一个人，一个神，一个动作，还是一门学问"。②

这就是说，具体的事物、自然界和社会事物，只有当它们"分有"了美的理念，或者美的理念出现在这具体事物上面，这事物才可能是美的。根据这个理论，柏拉图完全否定了具体事物本身存在有美，美的根源只在美的理念。

(三) 美的事物是相对的，美的理念是绝对的

柏拉图举例说最美的汤罐比起年轻少女来总是丑的，但最美

---

① 《斐多篇》，100B-102C 页。
② 《大希庇阿斯》篇，载于《文艺对话集》，179 页。

的少女比起神仙来也同样是丑的,因为汤罐、少女、以及任何具体事物的美都不是绝对的,而是"又美又丑"。而"美本身"却不然,它是绝对的,无条件的美的,它"从来对任何人不会以任何方式显得是丑"。①

(四) 美的理念只能通过灵魂的回忆来把握

1. "回忆"是审美活动的基本形式

美既然是美的理念,怎样才能认识它呢?这实际是审美问题,又回到我们讲过的"回忆"说。

柏拉图认为人们凭藉知觉只能欣赏具体事物的美,而这是较低级的美。较高级的美,例如习俗制度的美,则不是由视觉或听觉所能感受的。对于美的理念只有灵魂的回忆才能把握。如前所述"回忆"才能得真知一样,回忆是审美活动的基本形式。人们要能透过具体事物的美,回忆起理念世界的美。在《斐德若篇》中,柏拉图说:"见到尘世的美,就回忆起上界里真正的美。"当然真正能进行这种审美活动的人仍然只有哲学家。

2. "回忆"的能力取决于人们灵魂的净化程度

柏拉图把肉体以及与肉体有关的东西,都看作是灵魂净化的一种障碍,认为灵魂愈是超越肉体,就愈能接近理念世界。

各种与肉体有关的欲望都妨碍灵魂的净化,妨碍对理念世界的接近。②

3. 审美是一个循序渐进的过程

柏拉图认为人们对最高的理念的观照要经历一个过程。

《会饮篇》中说:

"凡是想依正路达到这深密境界的人应从幼年起,就倾心向往

---

① 《克拉底鲁篇》,引自《柏拉图对话录》3卷,1953年英文版,105页。
② 《斐德若篇》,65-67页。

美的形体。如果他依向导引入正路,他第一步应从只爱一个美形体开始,凭这一美形体孕育美妙的道理。第二步他就应学会了解此一形体或彼一形体的美与一切其他形体的美是贯通的。这就是要在许多个别美形体中见出形体美的形式。假定是这样,那就只有大愚不解的人才会不明白一切形体的美都只是同一个美了。想通了这个道理,他就应该把他的爱推广到一切美的形体,而不再把过烈的热情专注于某一个美的形体,就要把它看得渺乎其小。再进一步,他应该学会把心灵的美看得比形体的美更可珍贵,如果遇见一个美的心灵,纵然他在形体上不甚美观,也应该对他起爱慕,凭他来孕育最适宜于使年轻人得益的道理。从此再进一步,他应学会见到行为和制度的美,看出这种美也是到处贯通的,因此就把形体的美看得比较微末。从此再进一步,他应该受向导的指引,进到各种学问知识,看出他们的美。……如此精力弥满之后,他终于豁然贯通唯一的涵盖一切的学问,以美为对象的学问。"[①]

简单说来审美过程应是:

最初是爱个别的形体的美;第二步由个别形体美推广到其他形体的美,(一般人只能到此为止);第三步学会把心灵美看得比形体美更珍贵;第四步能看到行为和制度的美;第五步看到各种高尚、知识的美;最后一步,豁然贯通,上升到对美的理念的追求,爱涵盖一切的美。

他在《会饮篇》进一步指出:

有一种统摄一切美的事物的最高的美。这种美在形体中,在智慧中、在德行中、在社会典章制度中都可以发现。但是只有经过上述几个步骤才能见到最高的美,统摄一切绝对的美。

他又认为美、爱情、哲学是统一的。爱情不仅是两性之间的爱,而是包括对美、智慧和哲学强烈的热爱与追求,"因为智慧是

---

① 《文艺对话集》,271-272页。

事物中最美的，而爱神以美为他的爱的对象，所以爱神必定是爱智慧的哲学家"。① 这里，柏拉图是真、善、美统一论者，他认为通过上述审美的六个步骤，达到美的极境，也就算达到善的极境，达到了哲学的极境。到了真、善、美的极境，主体（观者）和对象（所观境）就契合无间，达到统一，这就是纯一永恒的绝对美。

二、艺术上的模仿论

首先明确艺术、音乐概念的内涵。

由于离艺术起源时代不远，在古希腊艺术还没有象后来那样分成"美的艺术"和"应用艺术"（与手工艺密切关联）。凡是可凭专门知识来学会的工作都叫做"艺术"。音乐、雕刻、图画、诗歌之类是"艺术"，手工业、农业、医药、骑射、烹调之类也是艺术。也就是说"艺术"在古希腊包括"后人所谓美的艺术"与"手艺"、"技艺"或"技巧"。

在古希腊从事雕刻、图画之类的人，和从事手工业、农业等生产劳动的人一样，都是奴隶和劳动的平民，奴隶主是不作这些工作的。笛尔斯在《古代技术》里说过："就连斐狄阿斯这样卓越的雕刻大师在当时也只被看作一个手艺人。"②

从词源学上说，音乐这个字意味着"缪斯的职责"，而缪斯是掌管诗的灵感的女神。在实践中，古希腊的"音乐"包括富有想象力的一切语言和舞蹈，而作为理论研究的对象，"音乐"基本上是研究音阶的结构和音调的体系。但是，这种与我们之间概念上的分歧在古希腊时期缩小了。③

柏拉图在《理想国》中，明确地把文学包括在音乐里面。

---

① 《会饮篇》，261页。
② 阿斯木斯《古代思想家论艺术》，转引自朱光潜《西方美学史》，32页。
③ 《新格鲁夫音乐与音乐家辞典》"音乐美学"条目。

就历史上所起的作用来说，柏拉图的艺术理论比他关于美的学说更为重要。

鲍桑葵《美学史》① 中写道："在柏拉图那里，我们既可以看到完整的希腊艺术理论体系，同时又可以看到一些注定会使它破产的概念。"

柏拉图系统地阐述了艺术的起源、本性和作用，建立了一个唯心主义艺术理论体系。但他的体系中深刻的内在矛盾又导致他最后对艺术的否定。

柏拉图认为艺术是对理念世界的摹本的模仿。对他来说，这是一个唯心主义的命题而不是唯物主义的命题，是艺术理论中带根本性质的问题，即艺术与现实的关系。

柏拉图在哲学上的理念论，体现在文艺上就是"模仿论"的学说。他认为艺术是对理念世界的影子的模仿，他举三张床为例来说明理念、现实世界和艺术的关系。

《理想国》关于床的讨论中的第一种床：只有这一张床，无妨说是神制造的，它就是"床之所以为床"的那个道理，也就是床的理念，它不依赖于物质世界而存在，是永恒不变的，唯有它才是真实的。

第二种床：是木匠所作的特殊的床，是看得见、摸得着的，是模仿床的理念作成的，但只可能模仿到理念的床的某些方面，它受具体的时间、空间、材料、用途等种种限制，所以，它没有普遍性（床与床不同），而且转瞬即逝，没有永恒性，是不真实的。

第三种床：画家画的。画家临摹木匠制造的特殊的床而画出来的床，只是从某一角度看的床的外形，不是床的实体，所以更不真实，只能算"摹本的摹本"、"和真理隔着三层"。

柏拉图这样否定了物质世界的真实性，从而否定了艺术作品

---

① 1956年伦敦版，47页。

的真实性，这正是他关于现实物质世界是理念世界派生的，是第二性的，而理念世界是第一性的这种客观唯心主义观点在文艺与现实问题上的反映。文艺的认识作用因此更无从谈起了，因为他否定了艺术的真实性，也就否定了艺术能够给人们提供真正的知识。

三、文艺必须从属于理想国的需要

（一）判断文艺的美学标准，文艺必须有利于培养人们的美德

柏拉图处在希腊文化由文艺高峰转到哲学高峰的时代。在公元前5世纪以前的几百年间，神话、荷马史诗、悲剧、喜剧、歌舞在希腊人生活中产生深广的影响，而且是公民们受教育的主要教材。那时诗人享有无上的光荣，被公认为"教育家"、"第一批哲人"、"智慧的祖宗和创造者"等。

公元前5世纪，随着民主势力的发展，自由思想和自由辩论风气兴盛起来。古老的传统和权威也成为辩论批判的对象，哲学研究的气氛空前浓厚。

这时期也还有不少学者，例如一些诡辩学家们以诵诗、讲诗和论诗为业。他们当中有一种风气，就是把古代文艺作品看作寓言，喜爱在它们里面寻求深奥的真理，以此来证明这些作品的价值。同时，这时期希腊戏剧等仍是公民们最喜爱的娱乐和消遣。对这些情况柏拉图都看不惯，认为这些诗人和戏剧都不好，更反对把诗捧到不应有的至高无上的地位。柏拉图从社会科学的角度考察艺术，对艺术提出了明确的要求，他提出："凡是想合理地判断绘画、音乐或别的艺术的每种描写，就必须具备以下三种东西：首先了解描写什么，然后了解写得是否正确，第三，了解语言、歌唱、节奏中所做的任何描写是不是好。"[①]

---

① 《法律篇》。

更重要的是这三条标准都服从于政治标准。政治标准就是文艺要能够培养教育人们四种美德。就是说文艺要有利于理想国中第一、第二等级的人，即统治者和保卫者拥有智慧和勇敢的美德；要有利于全体公民，特别是第三等级的人具有节制的美德（因为他认为手工业者、农民、商人等人的性格就是重情欲而轻理性，所以特别需要培养节制的美德）。而全体公民都应有正义——各就各位、安分守己的美德，该统治的统治，该服从的服从，不许交叉，不许混乱，不许交换社会位置等。文艺作到这点才算是符合它的政治标准，才是好的文艺，"理想国"也才允许它们存在。

(二) 不符合理想国要求的文艺必须排除

柏拉图是一个文学艺术修养很高的人，他自己就写过诗，又懂音乐。为了实现他的"理想国"，确定好文艺在理想国中的地位，他根据他提出的标准仔细地、逐章逐句地检查了希腊文艺名著，包括荷马的史诗、悲剧、喜剧、颂神诗、抒情诗、音乐、雕刻、绘画等等，并在《理想国》中以四分之一的篇幅论述了文艺问题。

柏拉国强调理想国能否建立和巩固，关键在于对统治阶级的教育，也就是对未来的统治者和卫国者的教育。他深知文艺能对人产生强烈的潜移默化的影响，他要求文艺成为有力的政治教育和道德修养的工具。因此从内容到形式，文艺都必须符合理想国的要求，否则就该摒弃。正是从这点出发，他对古希腊传统的文艺极为不满，认为它们绝大部分，甚至某些艺术品种全不符合理想国的要求，都应从理想国排除出去。荷马史诗和悲剧诗人们把神和古代英雄们写得和平常人一样，周身是毛病，他们像地上的人一样互相争吵、欺骗、陷害，贪图酒食享乐，甚至奸淫掳掠，无所不为。

柏拉图认为诗人（包括悲剧、喜剧、抒情诗人）与画家一样，他们都"逢迎人性中卑劣的部分"，"摧残理性"，"使它失去控制情感的作用"等。

柏拉图认为人们情感中往往有一种"感伤癖"、"哀怜癖",而这些自然倾向本来是可以而且应当受理性节制的。可是在悲剧中,剧中人为了发泄他的"感伤癖",就"想要尽量哭一场,哀诉一番",悲剧的观众就想发泄自己的哀怜癖,以图一时之快,实际上就是"拿别人的灾祸来滋养自己的'哀怜癖'"。这样久而久之,在现实生活中,真遇到灾祸时,就没有坚毅的能力去担当了。所以悲剧性文艺对"理想国"的公民来说完全没有好处。

柏拉图不仅反对抒情诗、史诗和悲剧,也反对喜剧。他认为喜剧为了投合人们诙谐的不正当的情欲,平时人们引为羞耻而不肯说的话和不肯作的事,反而在喜剧中说出来和作出来并使人感到愉快。喜剧使人"在无意中染到小丑的习气"。喜剧是让人们从粗俗中去理解生活从而得到愉快,只能是伤风败俗、粗鄙不堪。

总之,荷马史诗、悲剧、喜剧的影响都不好,因为他们破坏希腊宗教(泛神论)的敬拜神祇和崇拜英雄的中心信仰,又使人的性格中的理智失去控制,让情欲的"低劣部分"得到滋养和放纵。这样不仅达不到培养人们"四德"的目的,反而导致"节制"和"正义"的破坏,所以古希腊已经大为流传的文艺大都应该否定和排除。

柏拉图不仅排除一切不符合"理想国"要求的文艺,而且竭力排除和驱赶诗人,不许他们进入"理想国"。

(三) 文艺必须遵从理想国的规范

柏拉图批判、反对、排除文艺,并不是不要文艺,他深知文艺的社会功能,他要的是合乎理想规范的文艺。

在创作题材方面,他规定:

1. 艺术中的神应是善良和美的化身。他写道:"要严格禁止神和神战争,神和神搏斗,神谋害神之类的故事"。①

他反对像荷马那样把神写成是导致祸的原因,神是善的,善不可能生祸,神只带来福。

2. 除了有教养的人,其他凡夫俗子、工匠农夫、妇女都不配被描写在艺术中。

3. 艺术中出现的人物不应是疯癫、游手好闲、穷愁潦倒、惹是生非、怨天忧人,而应该是严肃、庄重的正人君子。

4. 作品人物应该是庄重自恃,不应有哀怨脾气。

5. 对自然的描写应与人的善德有关,紊乱不宁、狂妄不羁的形式均不应运用,应该井井有条,安宁和谐。

6. 真和美本身是紧密结合,浑然一体,艺术创作应是严整的、质朴的(艺术分为两类:一是单纯叙事——狭义的诗歌,二是模仿的叙事——戏剧,柏拉图提倡单纯的叙事)。

第五节 音乐美学思想②

一、和谐论

(一) 和谐是对立面的融合

柏拉图主张和谐论,但他主张和谐是对立面的调和、融合,而不是相反相成、对立统一。这一点同毕达格拉斯的和谐论是一致的。他反对赫拉克利特③的和谐论。赫拉克利特说过:"互相排斥的东西结合在一起,不同的音调造成最美的和谐;一切都是斗

---

① 《文艺对话集》,24 页。
② 这里指现代概念的音乐。
③ 赫拉克利特(公元前 540—470 年),古希腊唯物主义哲学家,具有丰富的辩证法思想。

争所产生的。"① 而柏拉图认为这种说法是"含糊费解"和"极端荒谬"的。

柏拉图说:"赫拉克利特的意思也许是说,由于本来相反的高音和低音现在调协了,于是音乐的艺术才创造出和谐。如果高音和低音仍然相反,它们就绝不能有和谐,因为和谐是声音调协,而调协是一种互相融合,两种因素如果仍然相反,就不可能互相融合;相反的因素在还没有互相融合的时候也就不可能有和谐。"②

"由于同样理由,节奏起于快慢,也是本来相反而后来互相融合。在这一切事例中,造成协调融和的是音乐,它正如上文所说的医学,在相反因素中引生相亲相爱。所以音乐也可以说就是研究和谐与节奏范围之内的爱情现象的科学。在和谐与节奏的组织本身上,我们固然不难看出这些爱情现象,却还看不出爱情的两重性;可是到了应用和谐与节奏于实际人生的时候,无论是创造乐调(这就是所谓制曲),还是演奏已经制成的曲调(这就靠所谓音乐教育),这就不是易事,就需要高明的音乐技术了"。③

(二) 音乐还应依靠听觉的灵敏来建立和谐

毕达格拉斯学派认为美是和谐,而和谐又是由于数的关系造成的,是建立在一定的数的关系上的。音乐的美在于音乐的和谐,而音乐的和谐在于音乐中数的关系。

柏拉图在和谐论方面继承和发展了毕达格拉斯学派的学说。

他认为音乐既是数的艺术又是模仿的艺术,他对音乐中具体而可感知的数学关系很感兴趣。在《论自然》里赞美音乐中各种比例关系的美,同时用轻蔑的口吻贬低那些只会演奏而对体现在弦上和旋律里的数却一无所知的音乐家。

---

① 《古希腊罗马哲学》,19 页。
② 《会饮篇》,见《文艺对话集》,234 页。
③ 同上,235 页。

不过，对音乐的复杂性的了解上，柏拉图比毕达格拉斯进了一步。他认为音乐除了衡量和计算以外，还应当依靠经验和直觉。他在《斐列布斯篇》中说："音乐不是根据数字大小，而是根据听觉的灵敏性的锻炼来建立协和音的，整个隶属于基萨拉琴演奏法的音乐都是如此"。音乐就是以此区别于完全以计算和衡量为基础的建筑艺术。

（三）音乐能体现灵魂的和谐

柏拉图不仅把音乐和谐与宇宙和谐进行类比。在《蒂迈欧篇》中，他叙述了宇宙和谐的理论。认为七大星球之间的相互关系与音乐音程之间的关系是一致的。音乐的和谐与宇宙和谐是相一致的，它们的一致就在数的关系上。而且还把灵魂的和谐与音乐和谐相类比。他认为灵魂和谐来自灵魂对理念世界的直观、灵魂对和谐理念的观照，灵魂中有着永存的和谐。音乐一方面是数的艺术，同时又是模仿的艺术。音乐的和谐是对和谐的理念的模仿，音乐因而与灵魂有相通之处，其共同点就是和谐的理念。音乐能体现灵魂的和谐。

（四）与灵魂的和谐相比较而言，具体乐曲的和谐是暂时的，与理念相联系的和谐是永不消逝的

柏拉图认为和谐与美、善一样都是理念，是单纯的、真实的、自在自为的、非物质性的、美丽的、神圣的和永不消逝的。

灵魂的和谐与存在于事物中的和谐不同，虽然这里和谐被认为是"共相"的一种存在方式，但灵魂的本质所代表的这种"共相"，不是从感性的个别中去肯定它的真理性和存在。"灵魂的和谐乃是自在自为的，先于一切感性存在的。感性的和谐有各种不同的音阶，而灵魂的和谐却没有量的差别。"[1]

---

[1] 《斐多篇》，92—94页。

音乐中的和谐同乐器一同消逝。"我们听见的和音，它不外是一个共相，一个单纯的东西，一种殊异事物的统一。不过这种和谐是与感性事物相联结的，并且与此感性事物一同消逝，如象笛子的音乐与笛子一起消逝一样。"①

"在调好弦的七弦琴上，和谐是一种看不见的、没有物体的、美丽的、神圣的东西，而七弦琴和琴弦是物体的、复杂的、尘世的，和会死亡的东西有共同性。试想：有人把七弦琴打碎了或切断、或折断了弦，有人将会援引你所援引的理由，顽强地证明：和谐并没有破坏，并且必须仍旧存在。不可能有人说：断了弦的七弦琴和弦本身（它们是会死亡的东西）仍然存在，而和谐，这个神圣的东西，与不朽的东西相接近的和谐反而灭亡了，它比会死亡的东西还要先消灭。不，和谐一定是必须存在的，在和谐遭受任何灾难前，木头和弦就丝毫不剩地烂掉了。"②

具体的音乐的和谐，例如基萨拉琴演奏的音乐，因为是由具体事物发出来的和谐声音，本来也是暂时的，但是因为音乐与宇宙和谐在数的关系上的一致，音乐能体现灵魂和谐又与宇宙和谐相通。所以音乐能体现万物本体的本质，体现最高的"理念世界"的和谐，成为最高的哲学中的一种。

二、音乐的社会作用

（一）音乐能美化人的心灵

如前所述，柏拉图认为音乐和谐与宇宙和谐、灵魂和谐是相通的，音乐反映了万物的本原，显示出造物者无边的力量。作为一个社会改革家，他把音乐当作改造社会的重要手段，把音乐作

---

① 《斐多篇》，85-86页。
② 转引自：舍斯塔科夫《从美育论到主情论》，载《音乐研究》、1980年第2期，103页。

为对公民进行道德教育的得力工具。根本原因在于,他对音乐所能发挥的社会作用给予极高的估价。

柏拉图否定音乐的好处就是给人以快感。"多数人都说,音乐的好处在使我们的心灵得到快感。这话是亵渎神圣的,不可容忍的……"① 他认为如果说音乐给人以快感是把音乐的功能贬低了,音乐功能比给人快感要高尚、神圣得多。即使是快感,他也加了许多限定。

"我在这一点上也同意多数人的意见:音乐的优美要凭快感来衡量。但是这种快感不应该是随便哪一个张三李四的快感;只有为最好的和受到最好的教育的人所喜爱的音乐,特别是为在德行和教育方面都首屈一指的人所喜爱的音乐才是最优美的音乐。"②

从根本上说,柏拉图还是认为音乐不是一种无谓的消遣和享乐,其使命是教育人们达到精神上的和谐,培养人的道德情操,陶冶人们的情感。音乐具有"拿美来浸润心灵,使他因而美化"的作用。音乐可以使青少年的性格变得高尚、优美、善於辨别美丑,从而指导自己的行为。

"音乐教育比其它教育都重要的多,是不是为这些理由?头一层,节奏与乐调最强烈的力量浸入心灵的最深处,如果教育的方式适合,它们就会拿美来浸润心灵,使它也就因而美化;如果没有这种教育,心灵也就因而丑化。其次,受过这种良好的音乐教育的人可以很敏捷地看出一切艺术作品和自然界事物的丑陋,很正确地加以厌恶;但是一看到美的东西,他就会赞赏它们,很快乐地把它们吸收到心灵里,作为滋养,因此自己性格也变成高尚优美。他从理智还没有发达的幼年时期,对于美丑就有这样正

---

① 《法律篇》,见《文艺对话集》304 页。
② 同上,308 页。

确的好恶,到了理智发达之后,他就亲密地接近理智,把她当他一个老朋友看待,因为他过去的音乐教育已经让他和她很熟悉了。"①

因此,柏拉图规定在"理想国"中,音乐教育是一切教育中最重要的。

但是柏拉图并没有仅仅从伦理和教育的角度强调音乐教育,他还强调音乐与美的联系。当然这里是指音乐与美本身、善本身,亦即最高的美的理念和善的理念相联系。

"音乐教育除了非常注重道德和社会目的以外,必须把美的东西做为自己的目的来探究,把人教育成美和善的。"②

(二) 音乐与体育结合使人身心和谐

柏拉图说:"我们的教育制度应该怎样呢?我们一向对于身体用体育,对于心灵用音乐。"

他认为体育的真正任务,与其说是使人锻炼得同动物一样健壮,不如说是锻炼一个人的毅力,也就是锻炼人的意志,即勇气与忍耐力。而音乐作用于人的灵魂,音乐教育的任务在于培养人们高尚优美的情操,温和的性格。他认为不顾及美育,只专心体育的人会陷于顽固和粗暴,而只埋头于音乐教育的人则会变得文弱。因此他主张对国家未来的统治者和保卫者,必须使音乐与体育和谐地结合起来。

柏拉图说:"那么,看来谁用最好的方式把体育锻炼和音乐艺术交替,并在应有的程度上把这两者在精神上加以提高,那样的人,我才有权利说他在音乐艺术上达到完善,而比那些只会弹弦子的人实现了更多的协调。"③

---

① 柏拉图《国家篇》,见《西方文论选》上卷,上海文学出版社,1964年版,29-30页。
② 《理想国》,转引自舍斯塔科夫《从美育论到主情论》,张泽民译稿。
③ 《理想国》,三卷一章。

柏拉图认为音乐和体育之所以具有促进人们道德的作用，根据如下：

他认为人体中同时存在理性部分、生气勃勃的部份和欲望的灵魂。在人体中它们就像禁锢在地牢里一样。理性的部分必须着眼于整个灵魂，预想一切。它们的基本职能是发号施令，也就是用理性统率灵魂的其他冲动，知道如何对整个的内部组织和各部分有利，这样他就聪明。生气勃勃的部分，也就是意志的本份，它是理性的臣民和同盟者。

音乐和体育可以使理性与意志结合起来，当它们受到训练以后，它们会控制欲望。无论经历痛苦或快乐，当意志坚决执行理性的教诲，分清什么是不要畏惧，什么是要加以警惕的，这时，一个人是勇敢的。当意志和欲望同理性融洽，接受它的领导时，他是有节制的。节制或克己就是控制某种快乐和欲望。当这三种内部的因素彼此和谐，各司其职时，一个人是正直的。当他聪明、勇敢和克制时，当他的灵魂和谐时，他就有合乎伦理的态度。这样的人不会亵渎神祇或偷盗，对友不忠，背判祖国或犯类似罪行。

理想是一个有条理的灵魂，其中较高功能驾驭较低功能，它有聪明、勇敢、克己和正直四种德性。有理性的生活就是有德性的生活，就是至善。

三、必须在音乐领域中坚持"贵族专制政体"

（一）对音乐活动的管理必须严厉

柏拉图对当时流行的音乐极为不满，对诗人（音乐家）和音乐听众也非常不满。他认为音乐是过去、古时候的好，评判者是老年人好，老年人最有德行、最有鉴赏能力；当前的音乐伤风败俗，音乐听众无法无天、狂妄无知；评定音乐的标准不是激起人们高尚善良的情操而是低劣的快感，评判者迎合观众趣味，违背神的旨意去说谎，因此对"剧场政体"由"贵族政体"变成了"民主政体"深为不满，主张立法者对音乐进行彻底改革。

柏拉图在《法律篇》中讨论音乐的法律，"以便把过分自由的发展追溯到根源"。

柏拉图认为音乐是过去的好。

"从前在我们希腊人中间，音乐分成若干种类和风格，一种是对神的祷祝，叫做颂歌；另一种和这对立的叫做哀歌；此外还有阿波罗的颂歌以及庆祝狄俄尼索斯诞生的颂歌，叫做'酒神歌'。从前人还另有一种歌，就叫做'法律'（nomoi，又用作歌曲），上面还冠以'竖琴调'的字眼，这一切和其他歌调都区分得很清楚，不准演奏者把这种音乐风格和另一种音乐风格混淆起来。"①

显然，古希腊从前的音乐分为：

1.颂歌；2.哀歌；3.阿波罗颂歌；4.酒神歌；5.歌曲（冠以竖琴调的字眼）等，各种音乐风格各异，演奏时也不许混淆。

可是，当前"随着时代的推移，诗人们自己却引进来庸俗的漫无法纪的革新"。"于是象酒神信徒们一样如醉如癫，听从毫无节制的狂欢支配，把哀歌、颂歌、阿波罗颂歌和酒神颂歌都不分皂白地混在一起，在竖琴上模仿笛音，这样就弄得一团糟"。

而且，"他们狂妄无知地说，音乐里没有真理，是好是坏，都只能凭听者的快感来判定"。

甚至，"他们创造出一些淫靡的作品，又加上一些淫靡的歌词……这样就在群众中养成一种无法无天、胆大妄为的习气，使他们自以为有能力去评判乐曲和歌的好坏"。

从前的裁判与听众，即"公众教育的掌管者们"，"坚决要求听众屏息静听到底，男孩们和他们的导师们乃至一般群众都只得

---

① 《文艺对话集》，310页。

静听，否则就要挨棍棒"。柏拉图认为"这是很好的秩序，听众也乐于服从，从来不敢用叫喊来表示他们的意见"。

现在的裁判人缺少品德与智勇，以剧场中群众的叫喊为评判标准，迎合观众趣味，当听众的学生而不是当他们的教师。听众自以为无所不知，无法无天，胆大妄为，爱发言，用嘶吼、极嘈杂的叫喊、鼓掌等方式去表达他们鉴别音乐和诗的好坏。

所有这些就导致了剧场贵族政体的衰败而生长出一种邪恶的剧场政体，即民主政体。柏拉图说："如果掌裁判权的民主政体所包括的成员都是些有教养的人，这种风气倒还不至于产生多大害处；但是在音乐里就产生一种谁都无所不知，漫无法纪的普遍的妄想；——自由就接踵而来，人们都自以为知道他们其实并不知道的东西，就不再有什么恐惧，随着恐惧的消失，无耻就跟着来了。人们凭一种过分大胆的自由，鲁莽地拒绝尊重比他们高明的人们的意见，这就是邪恶无耻！"①

面对这种情况，柏拉图作出防范音乐中自由化的倾向：

首先，为音乐立法："真正的立法者会劝导诗人们，如果劝导不行，就强迫诗人们在节奏、形象、曲调各方面都用美丽而高尚的文字，去表现有自制力和勇气并且在一切方面都很善良的人们的音乐"。②

要创造出真正引人入胜的歌调，培养儿童身心和谐，以便他能"遵守法律，乐老年人所乐的东西，哀老年人所哀的东西"。③

其次，理论上对快感加以限定：即如前所述，这种快感不应该是随便哪一个人的快感；只有为"在德行和教育方面都首屈一指的人所喜爱的音乐才是最优美的音乐"。④

---

① 柏拉图《法律篇》，见《文艺对话集》，310–311 页。
② 同上，310–311 页。
③ 同上，309 页。
④ 同上，308 页。

这个在德行和教育方面都首屈一指的人就是柏拉图所谓理想国的最高统治者——懂政治的哲学家，或是所谓"爱智慧者，爱美者，诗神和爱神的顶礼者"，就是达到了真、善、美极境的人，能直观理念的人。

(二) 音乐家和画家都不许革新

他在《法律篇》中这样写道：

"雅典客人（以下简称雅）：在一个已有好法律的或是将来要有好法律的城邦里，记起音乐所给的教益和娱乐，我们能设想让诗人们在舞蹈里，无论在节奏、曲调或歌词哪一方面，都随意爱拿出什么就拿出什么，去教导家境好的人家的青年儿女吗？诗人应该随他的意愿来训练他的合唱队而不顾德行或恶行吗？

克勒尼阿斯：那的确是不合理的，不可思议的。

雅：……很早以前，埃及人好像就已认识到我们现在所谈的原则：年轻的公民必须养成习惯，只爱表现德行的形式和音调。他们把这些形式和音调固定下来，把样本陈列在神庙里展览，不准任何画家或艺术家对它们进行革新或是抛弃传统形式去创造新形式。一直到今天，无论在这些艺术还是在音乐里，丝毫的改动都不允许。你会发现他们的艺术品还是按照一万年以前的老形式画出来或雕塑出来的……

克：真是奇闻！

雅：我宁愿说，真符合政治家和立法者的风度！……所以，我说只要一个人能以任何方法找到一些自然的曲调，他就可以满怀信心地把它们体现在一种固定的合法的形式里。这样，喜新厌旧所引起的那种追求新奇的心理，就没有足够的力量去败坏已经视为神圣的歌和舞，拿它们已陈旧作为藉口……"[①]

---

① 柏拉图《法律篇》，见《文艺对话集》，305-306页。

（三）禁止使用不符合理想国规范的音乐。

柏拉图虽然在文化生活中给予音乐以崇高的地位，但对音乐所包含的各种因素，要求十分严格，决不允许使用不符合他的要求的曲调、节奏、调式、乐器等等。

柏拉图从一个教育家的观点，在西方历史上第一个开始研究音乐中各种调式所起的不同的伦理作用。他假定音乐中的节奏是根据宇宙的节奏制作的，不谐和音调中的无规律的节奏和粗糙的发音使人类的心灵与事物理想的次序相互冲突。因此他就这样开始对希腊的调式标以道德的属性，并在这基础上建立他的音乐美学。

他认为不同的调式表现不同的特定的情绪，因而具有伦理教育意义。他严格规定"理想国"中可以保留的乐调和调式。

"苏格拉底：至少你可以很确定地说歌有三个要素：歌词、乐调和节奏。关于歌词，合乐的和不合乐的词并没有什么分别，只要符合我们刚才对于题材内容和形式所规定的那些规律就行了，是不是？至于乐调和节奏，它们都要恰能配合歌词。……

格罗康：表现悲哀的是里第亚式和混合的里第亚式之类。

苏：我们是否把这类悲哀的乐调抛开，因为拿它们来培养品格好的女人尚且不合适，何况培养男子汉？

格：它们当然要抛开。

苏：哪样乐调是文弱的、用于饮宴的呢？

格：伊奥尼亚式和里第亚式，它们叫做'柔缓式'。

苏：这类乐调对于保卫者们是否有用呢？

格：绝对不适用。剩下的就只有多里亚式和弗里季亚式了。

苏：……我们准许保留的乐调是要这样：它能很妥贴地模仿一个勇敢人的声调，这人在战场和在一切危难境遇都英勇坚定。假如他失败了，碰见身边有死伤的人，或是遭遇到其它灾祸，都抱定百折不挠的精神继续奋斗下去。此外我们还要保留另一种乐调，它须能模仿一个人处在和平时期，做和平时期的自由事业，或是祷告神祇，或是教导旁人，或是接受旁人的央求和教导。在这一切情境中，都谨慎从事，成功不矜，失败也还是处之泰然。这两种乐调，一种是勇猛的，一种是温和的；一种是逆境的声音，一种是顺境的声音；一种表现勇敢，一种表现聪慧，我们都要保留下来。"①

因此，只有古希腊的多里亚调式和弗里季亚调式可以保留；只有在这种调式基础上形成的乐调才可以保留；一切使人陶醉的或悲哀情调的乐曲都必须排除。可以保留的这两种类型的乐曲就是：与武士们毫无畏惧地奔赴战场，或是遇到不幸，能与命运作斗争的行动相称的乐曲；与武士们在和平时期的祷告神祇或教导他人等心情相适应的乐曲。其结果，音乐当然就很单调、枯燥。

不过从以上也可看出，柏拉图不仅认为音乐是数的艺术，同时又是情感的艺术，他认为调式带有明显的表情特色。连同模仿论，这是最早的音乐他律论的思想。

但是这样，柏拉图就否定和取消了大量的民间流传的音乐，阻碍了音乐的发展。而且这种作法本身就形而上学，把音乐调式神秘化。柏拉图不仅严格规定可以进入"理想国"的调式，还禁止使用某些乐器，特别是复杂的多弦乐器。他在《法律篇》第三卷中说："单独演奏里拉琴和基萨拉琴，其中包含非常没有趣味的、只对变戏法的人才有价值的东西"。

他也禁止"理想国"中使用象三角琴、派克蒂达琴和其它乐器。他提议在城邦中只使用七弦琴和基萨拉琴，牧童只使用芦笛，而且只能伴奏。

"苏：我们的歌和乐调也不需要弦子太多而音阶很复杂的乐

---

① 《理想国》，见《文艺对话集》，56－58页。

器,是不是?

格:的确不需要。

苏:那么我们不必供养工匠来制造铜弦琴,三角琴以及一切多弦多音阶的乐器了。

格:大可不必。

苏:我们的城邦要不要制笛者和吹笛者进来呢?笛不是声音最多的乐器么?多音阶的乐器其实不都是仿笛子造成的么?

格:显然如此。

苏:所以剩下来的只有两角竖琴和台琴供城市用。在田野里牧人们可以用一种排箫(奥洛斯)。

格:这是当然的结论。"①

第六节 小 结

一、对后世的影响

黑格尔说:"哲学之作为科学是从柏拉图开始,而由亚里斯多德完成的。他们比起所有别的哲学家来,应该可以叫做人类的导师"。"柏拉图的著作,无疑地是命运从古代给我们保存下来的最美的礼物之一"。② 朱光潜认为:苏格拉底和柏拉图开始用社会科学的观点研究美学问题。

柏拉图的学说对后世的影响:

西方在相当长的时期内,柏拉图的影响超过亚里斯多德。在亚力山大利亚和罗马时代,很少文艺理论家提到亚里斯多德。朗吉弩斯没提到他,而竭力推崇柏拉图,连古典主义者贺拉斯也没

---

① 《文艺对话集》,58 - 59 页。
② 《哲学史讲演录》,151 - 153 页。

有提到他。中世纪因亚里斯多德稿本丧失，提到他的人大半根据传说。直至13世纪他的部分著作由阿拉伯文稿译为拉丁文，才逐渐产生影响。柏拉图却不同，他的传统一直没有断过。

黑格尔说："柏拉图是具有世界历史意义的人物之一，他的哲学是有世界历史地位的巨作之一，它从产生起直到以后各个时代，对于文化和精神的发展，曾有过极为重要的影响。"朗吉弩斯的《论崇高》，显然受到他的影响。通过普洛丁和新柏拉图派，他的文艺思想垄断了大部分中世纪，被用来与基督教结合起来。这当然是由于柏拉图哲学体系本身有可利用之处。

正如黑格尔所说："包含这一崇高原则于自身之中的基督教，曾想借柏拉图早已作出的那个伟大的开端，进而成为这个理性的组织，成为这个超感性的国度。……基督教曾把人的天职这一原则当作圣洁的原则，——或者它把人的内在精神本质乃是他的真正本质这一原则，以其特殊方式作为普遍的原则。可是将这个原则组织成一个精神世界，——这件工作，柏拉图和他的哲学却有很大的贡献。"①

可见柏拉图学说在中世纪被基督教利用并非偶然，柏拉图哲学的客观唯心主义与基督教哲学教义有本质上的、内在的联系。

历史情况是复杂的，柏拉图的学说对后世哲学、美学、文艺等也都起过作用。各个时代的学者、哲学家、诗人、艺术家都从其所处时代的需要出发，以不同角度理解、解释、吸取、扬弃柏拉图的哲学、美学，赋予它新的内容，建立新的学派。

文艺复兴时期，意大利人文主义者研究柏拉图的风气很盛。他们在15世纪意大利文化中心佛罗伦萨建立了一座柏拉图学园，研讨柏拉图的文艺和哲学思想，参加的人不少，其中有大艺术家米开朗琪罗。当时著名的诗论家中从斯卡里格到佛拉卡斯托罗，

---

① 黑格尔《哲学史讲演录》，二卷151－153页。

很少有人没有受柏拉图的影响。

法国人文主义者杜·伯勒在其《法兰西语言的辩护与提高》里，英国人文主义者锡德雷在《诗的辩护》中，都显示出他们也是柏拉图的信徒。

文艺复兴时期，人们往往把柏拉图的"理念"学说中"理念"这个概念与亚里斯多德的"普遍性"概念结合起来或者混同起来，从而论证典型的客观性与美的普遍标准。

18、19世纪浪漫主义运动时期，许多诗人和美学家都在不同程度上是柏拉图主义者或新柏拉图主义者，赫尔德、席勒，施莱格尔和雪莱最为显著。歌德本来是一位唯心主义者和现实主义者，但是在他《关于文艺的格言和感想》里，有的段落简直是从新柏拉图主义者普洛丁的《九部书》翻译过来的（例如，用顽石和雕像的比较来说明形式与材料的关系）。

浪漫主义运动时代，大半把"理念"理解为"理想"，康德、歌德、席勒乃至黑格尔所标榜的"理想"都来自柏拉图，但他们又不同于柏拉图。他们所谓的"理想"是一般与特殊的统一、理性与感性的统一，不象柏拉图那样把"理念"理解为不依存于感性与特殊的一般；以及最高"理念"是真善美的统一，而又绝对不含感性内容。这时期提倡的"天才"、"想象"的口号，也与柏拉图所宣传的灵感说和迷狂说有一定联系。

关于音乐为政治服务，音乐的社会作用等至今还有影响。

启蒙运动时期，英国研究美学的风气是由新柏拉图主义者夏夫兹博里开创的。他是法、德两国启蒙运动者所最推崇的一位英国思想家。美学中美善统一的思想是经他由新柏拉图主义接受过来，再传到欧洲大陆去的。

关于对柏拉图学说的评价：

历史上对于柏拉图学说有几种极为不同的意见。总的说，唯心主义哲学家们大力肯定他的学说，并加以解释、引申，也为它辩护。例如黑格尔在《哲学史讲演录》第二卷中对柏拉图评价很高，同时也批评了他的不足之处，不少篇幅驳斥后人对柏拉图哲学的误解，既批评主观唯心主义者，也反驳唯物主义者对柏拉图学说的解释和批评。

唯物主义哲学家们对他持批判甚至否定的态度。当然其中也有肯定柏拉图的，例如俄国19世纪革命民主主义思想家车尔尼雪夫斯基就肯定柏拉图，他说："柏拉图的著作比亚里斯多德的具有更多的真正伟大的思想。"车尔尼雪夫斯基认为对于模仿说，"柏拉图比亚里斯多德发挥得更深刻，更多面"，"柏拉图所想的首先是：人应该是国家公民，……他并不是从学者或贵族的观点，而是从社会和道德的观点来看科学和艺术"。① 当然把"贵族观点"与"社会和道德观"绝然看作两回事，也是不符合实际的。

关于柏拉图艺术理论体系最后导致了对艺术的排斥和否定，受到了克罗齐的大力称赞。他在《美学》第二部分"美学史"中说，柏拉图是对艺术作"真正伟大的否定"的第一个人，也是唯一的人。

柏拉图"灵感说"对后世的影响：

柏拉图"灵感说"排除了文艺创作过程中理性的作用，实际是强调文艺无理性，对于后世有很大的影响。

例如新柏拉图派的普洛丁（205—270年）就根据柏拉图的灵感说，结合了东方宗教的一些观念，把艺术无理性说推进了一步，成为中世纪基督教世界文艺思潮中的一个主要流派。

资本主义后期这种文艺无理性的思想又与浪漫主义和颓废主义结合在一起。康德关于美不带概念的形式主义学说对这种发展起了推波助澜的作用；德国狂飚突进时代，尼采的"酒神精神"

---

① 《美学论文选》，人民文学出版社，1957年版，129–139页。

说，柏格森的直觉说和艺术催眠状态说，弗洛依德的艺术起源于下意识说，克罗齐的直觉表现说以及萨特的存在主义，虽然出发点不同，推理方式也不同，但在反理性这一点与柏拉图是一样的。

二、柏拉图哲学、美学体系的合理内核与局限

（一）哲学思想方面

1. 理念论

柏拉图把物质世界看作"可感觉的实物世界"，在这之外有独立存在的理念世界，现实物质世界是理念世界派生的。

"理念"世界与"现实"世界是什么关系？柏拉图认为，自然界中个别对象是理念的复制品。用什么复制或反映理念呢？有一种基质（亚里斯多德称之为柏拉图式"物质"），它是构成现象世界的基础，它可以成为任何事物。但它没有任何性质、不具形式、不能下定义、不可知觉。它只是"理念"可以在其上打下烙印或铭刻的粗糙的材料，它是可以消灭的、不真实和不完备的。由于理念世界对它施加影响，自然才得以存在。正如一条光线通过三棱镜分裂成许多条光线一样，理念会被物质分裂成许多对象。但这种基质（物质）在理念的影响下所构成的可感觉的存在，就是因这基质本身的性质而不完善。总而言之，事物之所以有实在性，全部来自理念。因为有理念，有理念参与事物之中，事物才能存在。

这里有两种要素，即精神和物质，其中精神是真正的实在，最有价值。它使万物拥有形式和本质，是宇宙中法则和秩序的要素。而另一因素即物质，是第二位的，是呆滞的、无理性的、顽强的力量，是精神的不驯服的奴隶；它只是多少而不完善地打上了精神的印记。因为它以精神为万物的首要因素，物质占第二位

的因素，所以它是唯心主义的或唯灵主义的，是彻底反对唯物论和机械论（决定论）的。

理念实际上就其"共相"、"一般"、"概念"意义来理解，它仍然是思维范畴的东西，是人的头脑的产物。恩格斯说"思维和意识是人脑的产物"。① 脱离人的头脑，不可能产生任何观念的东西，不存在柏拉图所谓的独立的理念世界或神的世界。马克思主义认为"不是人们的意识决定人们的存在，而是人们的社会存在决定人们的意识"。人的意识（人的思维、人的认识）就是人们的头脑对外部世界的反映。意识是物质（人脑）高度发展的产物，意识是存在的反映。柏拉图把意识、精神的东西看作第一性的，把存在、物质的东西看作第二性的，这就颠倒了思维与存在，精神与物质的关系。这在本体论方面以及世界观上来说，是西方最早的客观唯心主义体系。

2. 认识论

柏拉图反对古代思想家德谟克里特（以及其他智者）把感觉当作认识的必由之路，感觉为理性认识提供了最初的暧昧的认识，感觉又证明理性认识等论述，否定感觉在认识过程中的作用，否定感觉是人们获得知识的起点。

列宁说："感觉是物质作用于我们的感觉器官的结果"，② 客观事物直接作用于人的感觉器官，人脑就产生了对这些事物的个别属性的反映。它是最简单也是最基本的心理过程，一切高级的心理、思维活动都是在这基础上建立起来的。感觉是感性认识的起点，也是整个认识的起点。而柏拉图否定了感觉、感性认识。

辩证唯物论的认识论，即反映论认为：

人对任何具体事物的认识，包括两个在实践基础上的互相联

---

① 《反杜林论》，见列宁《唯物主义和经验批判主义》，76页。
② 《唯物主义和经验批判主义》，全集14卷，46页。

系的过程：1. 变客观的东西为主观东西的过程——物质变精神，2. 变主观东西为客观的东西的过程——精神变物质。而这包括两个阶段，即：感觉——知觉——表象的感性认识，概念——推理——判断的理性认识。

人们在反复的社会实践中，积累了丰富的感性材料，于是人们的头脑就对这些感性材料进行去粗取精、去伪存真、由此及彼、由表及里的改造和制作，抽象出贯串于其中的一般的本质的东西，并用一定的物质外壳——词，把它标志出来，这就是概念。毛泽东在《实践论》中说："概念这种东西已经不是事物的现象，不是事物的各个片面，不是它们的外部联系，而是抓着了事物的本质，事物的全体，事物的内部联系了。概念同感觉，不但是数量上的差别，而且有了性质上的差别。"

判断是比概念高级的思维形式。概念虽然是客观事物的本质、全体和内部联系的反映，但这种反映还未充分展开。要充分揭示事物的本质、全体和内部联系，就必须发展为判断。判断是展开了的概念，概念是浓缩了的判断。推理是比判断更高级的思维形式，是由已有的判断过渡到新判断的理性活动。通过推理，可以扩大认识的成果，不仅反映出事物的内部联系，而且能反映出事物发展的趋势。

所以，感性认识是理性认识的来源，没有它就没有理性认识。否定了它，理性认识就失去了基础，割断了它与理性认识的联系，势必走到唯心主义去。柏拉图否定了它，割断了它，把理念看作先于一切感性事物而存在的，单个独立存在的，这样就失去理念的根基，只好把理念说成神造的了。但是感性认识是有局限的，就是说即使十分丰富，合于实际，但它只是关于事物表面现象的认识，不能揭示事物的本质、事物的内部联系、事物的规律性，所以它只是认识的低级阶段。要揭示事物的本质的内部联系和规律性要靠理性认识。柏拉图的理念，不能与我们说的概念完全等同，因为概念是理性对感性认识进行分析、抽象的结果，是人类头脑的产物。而柏拉图说成不是人的头脑思维的结果，而是脱离人的头脑的、独立单个的存在物。但是柏拉图的"理念"的确包含与概念相同的含义——标志事物一般的本质的东西。就"理念"中等同于概念的含义这部分来说，柏拉图强调理念的真实性，也就是指事物本质的真实性来说是合理的。

列宁在谈到哲学上两条路线斗争时常把德谟克里特的唯物主义路线与柏拉图的唯心主义路线对立起来。列宁认为柏拉图这种理论是荒谬的。他说："原始的唯心主义认为：一般（概念、观念）是单个的存在物。这看来是野蛮的，骇人听闻的（确切地说：幼稚的），荒谬的。可是现在的唯心主义，康德、黑格尔以及神的观念难道不正是这样的（完全是这样的）吗？桌子、椅子和桌子观念、椅子观念；世界和世界观念（神）；物和'本体'、不可认识的'自在之物'；地球和太阳、整个自然界的联系——以及规律、逻各斯（logos）、神。人类认识的二重化和唯心主义（宗教）的可能性已经存在于最初的、最简单的抽象中。"①

柏拉图的"理念"就是列宁所指的这种把一种最简单的抽象，与感性实物形而上学地对立起来，当作"单个存在物"，从他的最初的、最简单的抽象中就产生了认识的二重化和唯心主义的可能性。

从认识过程来说，分感性认识和理性认识阶段，但就事物本身来说，现象和本质是不可分离的，事物的本质就存在于现象之中，而不是存在于事物的现象之外。一般是寓于个别之中的。柏拉图却把本质抽象出来之后，说成是事物现象之外的，超感觉的独立存在的东西。从而否定客观存在的事物本身，得出客观唯心主义的结论。

---

① 《哲学笔记》，338－339页。

另一方面又要看到：

正因为柏拉图把"理念"当作认识对象，他就十分重视概念在认识中的作用问题。再加上他继承了苏格拉底的论证法，即辩证的论辩法，在考察问题时，必须以对立的概念把相反的意见表达出来，在论辩中探求真理，这也包含有合理因素。这种论辩的艺术在古代世界的辩证法的发展中起了很大的作用。

柏拉图完全否定感觉在认识活动中的功能和作用，把回忆的过程掺入了更多的理性，甚至把回忆抬到理性活动的高度，认为只有在理性上受到较多训练的人才能享受到观照的美等等。其实回忆只是人们知觉的复现，只是人们认识过程的一个阶段，并不能代替甚至超过人类认识的全过程，既不能取代感觉、知觉、表象的感性认识阶段，也不能取代甚至超过理性认识过程。脱离了人的感觉、知觉、表象以及理性、思维过程，人们无从回忆。

（二）美学思想方面

1. 关于美是理念

柏拉图的美学思想在探讨美的现象和本质、个别和一般的关系时，作了一些辩证的分析。他把审美活动看作一个过程，从个别美的事物、美的形体中去探求美的共同本质，这些都有其可取之处。把审美过程掺进更多的理性是应该肯定的，审美并非纯感觉的、纯感性的东西，或者只有感性活动的过程。但他把美的事物看作是"美"本身，美的理念的派生物，把美的理念看作是美的事物之所以美的根源，是不依赖于具体事物的独立的存在物。事实上，他所说的"美"的理念，乃是客观存在的美的事物的本质在人们头脑中的主观反映，是精神性的东西，而他却把此看作是第一性的。这就在美学领域颠倒了存在与意识的关系，同样打上了客观唯心主义的印记。

2. 关于美的理念的回忆

柏拉图把"回忆说"也用到美学领域中来,把对美的理念的回忆看作审美活动的最高形式,这也是荒谬的。但在"回忆说"中也有一些合理因素:

柏拉图在《斐多篇》中谈道:

"假如一个人听到、看到或者以别的方式感觉到一件东西的时候,他不仅知道了这件东西,并且也知道了另一件东西,而他对后一件东西的知识与他对前一件东西的知识并不是一样的,是不同的,那么,我们说他回忆到了他所知道的后一件东西,是不是对呢?"

"好!你知道,一个情人看见他所爱的人常用的竖琴,常穿的衣服或其他常用的东西时,看到了竖琴,心里也出现了这竖琴的主人——那个青年的形象,是不是?这就是回忆……"

"……这些例子全都可以说明,回忆可以由相似的东西引起,也可以由不相似的东西引起……"[①]

又在《会饮篇》中写道:

"我们所谓'回忆'就假定知识可以离去;遗忘就是知识的离去,回忆就是唤起一个新的观念来代替那个离去的观念,这样就把前后的知识维系住,使它看来好象始终如一"。[②]

这里看出柏拉图所指的回忆说,实际上很多情况是我们今天所说的联想。审美活动从感官知觉发展到联想是一个很大进步,审美与联想有许多联系。

3. 把美与真混为一谈

柏拉图以"理念"学说为中心的客观唯心主义的美学观不仅是倒过来的,以精神决定物质,物质反映精神,理念决定感性事

---

① 《西方哲学原著选读》,上卷,77 页。
② 《文艺对话集》,268 页。

物,而且是以真代替美。在这个问题上黑格尔也指出过:

"首先,美学,什么是美的知识。对于这点,柏拉图也同样抓住了唯一的真的思想,认为美的本质是理智的、是理性的理念。在感性上是美的东西,感性事物的美是'分有'理念,也是精神性的。美的理念一般也是这样的情形。正如现象界的事物的本质和真理是理念,同样现象界的美的事物的真理也是这个理念"。

"美的本质只是在感性形态下作为一个事物而出现的简单的理性的理念,这个美的事物除了理念外没有别的内容。美的事物本质上是精神性的。"

"美的本性、本质等等以及美的内容只有通过理性才可以被认识,——美的内容与哲学的内容是同一的;美,就其本质来说,只有理性才可以下判断。"①

这样柏拉图就把美与真混同,实际是以真代替了美,以哲学代替了美学,虽然也不否认感性事物的美,但美的本质,他认为是理性的理念。审美对象不是艺术形象而是抽象的道理。

其次,这一点还可以从柏拉图在《会饮篇》和《斐德若篇》中所描绘的最高审美境界来说明。

《会饮篇》中描绘"爱智慧者,爱美者,诗神和爱神的顶礼者",也就是"理想国"中第一流的人,所达到的最高境界:

"这时他凭临美的汪洋大海,凝神观照,心中涌起无限欣喜,于是孕育无数量的优美崇高的思想语言,得到丰富的哲学收获。如此精力弥满之后,他终于一旦豁然贯通唯一的涵盖一切的学问,以美为对象的学问。"

在《斐德若篇》中写道:

"那时隆重的入教典礼所揭开给我们看的那些景象是完整的,

---

① 黑格尔《哲学史讲演录》,二卷,267-268页,以上论点柏拉图在《大希庇阿斯篇》中292、295、302页中论及。

单纯的，静穆的，欢喜的，沉浸在最纯洁的光辉之中让我们凝视。"

从此可见，柏拉图显然认为人生的最高理想是对最高的永恒的"理念"或"真理"的"凝神观照"，这种真理才是最高的美，是一种不带感性形象的美，疑神观照时的"无限欣喜"是最高的美感，柏拉图把这种状况叫做"神仙福分"。所以，"以美为对象的学问"，并不是我们所理解的美学，这里"美"与"真"同义，它就是哲学，就是柏拉图所谓"涵盖一切的学问"。

柏拉图把"理念"抬到至高无上的地位，以哲学代替美学，对于艺术来说，最直接的后果，就是被贬到最低的地位。

当然柏拉图从他的"理念"体系出发，把艺术说成是"影子的影子"，"摹本的摹本"，与真理"隔着三层"，不能揭示真理，这本身就贬低了艺术。

另外柏拉图从他的政治、伦理观点出发，对于艺术的社会作用的看法也是竭力否定的。

4. 柏拉图继承了苏格拉底的思想

柏拉图继承了苏格拉底的思想，开始从社会科学角度考察文艺，这是一个进步。文艺必须为政治服务的观点反映了文艺在阶级社会中不可能是超功利的这种看法，是符合实际的。

柏拉图一方面否定文艺的认识作用，一方面又十分重视文艺的社会作用，深知文艺对人的心灵能发生深刻的影响，这在理论上是矛盾的。但他实际上是重视文艺的，并不是反对文艺，不过有一个前提，就是文艺必须适应"理想国"的需要，必须为理想国的政治服务，否则就全盘否定，一概排除，从而体现了文艺专制主义的主张，反映了柏拉图站在贵族奴隶主立场上的一种保守主义和贵族专制主义统治的思想。

第四章 亚里斯多德

第一节 哲学思想

亚里斯多德（Aristotles，公元前384—322年）是柏拉图的学生，他继承了柏拉图的学说，又批判了他的学说，从历史上看，他批判和发展的部分比继承的部分更重要。

亚里斯多德说过："虽然柏拉图和真理都是我所尊重的，但神圣的职责使我更尊重真理。"①

一、对"理念"论的批判
——向唯物论迈出一大步

柏拉图的"理念"学说是他的哲学基础，亚里斯多德首先批判了柏拉图的理念论。他指出所谓"理念世界"完全是一种虚构，这种虚构的实质就在于把本质从具有本质的事物中分离出来，变成了独立的实体。他列举了十多条理由来批判"理念"

亚里斯多德

---

① 《伦理学》。

论,并且在批判的过程中建立了自己的学说。我们仅举几条：

1. 他认为柏拉图给现实世界的具体实物设定出一种"理念"来,不仅不能解释自然现象和现实世界,反而把需要解释的对象的数量增加了一倍。比如说,本来解释桌子就行了,还要解释桌子的理念,这就增加了一倍。而且还不止一倍,因为同类理念之上还有理念,人的理念、狗的理念等之上还要有"动物的理念"等等。如果说理念是用来统摄每一类杂多的事物的,就不能不承认"个别的人"和"人的理念"二者之上也需要一个理念,即"第三个人的理念"来统摄。如此往复,以至无穷。反之,如果承认理念是实物的原型,则每一个实物都可能有几个"原型",因而就有几个"理念"。比如"人",就有可能作为生物的人的理念,作为两足动物的"理念",作为一般人的"理念"等等,也是往复无穷的,没有科学意义。所以亚里斯多德认为"理念论"只不过是一种没有哲学意义的诗的隐喻而已。

2. "理念"论解释不了具体事物的存在。柏拉图说理念是事物的"原型",事物只是"分有"理念。那么,只有借助"理念"来说明实物,"理念"似乎与具体事物之间势必就有因果联系了。但柏拉图又否认理念是具体事物的原因,否认它们之间有因果联系,那么理念与具体事物之间究竟什么关系呢？即使我们承认理念,那么具体事物的存在又如何解释呢？比如说"美的理念"如何产生出美的事物来呢？

3. 理念论不能解释事物的运动。亚里斯多德所谓运动指的是各种变化,他根据目的论观点把运动定义为"可能性的实现",并列举四种运动：实质性的运动（生成和衰亡）；数量上的运动（物体靠增减而有大小变化）；性质上的运动（一物转化成另一物）；位置上的运动（场所的变化），这制约着所有其他的变化。

理念论认为现实事物是理念世界的摹本,但柏拉图又说"理念"是永恒不变的。那么理念的摹本也应该"分有"这种永恒不变的性质，但柏拉图又说具体事物不是永恒的，是要经历产生和消灭的，是相对的等等。那么"摹本"的运动、或者说"摹本"的变化又如何用理念论来解释呢？

4. 理念论无法说明事物的多样性：比如具体的美的事物是多种多样的，或者说事物的美是丰富多彩的，而"美"的理念就不能说明这些。总之，柏拉图的"理念"和毕达格拉斯派的"数"一样，不能解释自然现象，因为，在柏拉图看来，本质，即"理念"是和实物脱离的。

亚里斯多德则认为实物的本质不可能脱离实物本身而存在于彼岸世界。他摒弃了柏拉图的"理念"世界，斥责了柏拉图想在实物之外寻找实物的本质的企图。

亚里斯多德认识到"理"即在"事"中，离"事"无所谓"理"，也就是说普遍与特殊是辩证统一的，一般与个别是统一的，共相不可离开个别事物而存在。

他认为，脱离个别并且先于个别而独立存在的一般，是没有的也是不可能有的。他在《形而上学》① 中写道："同单一并列和离开单一的普遍是不存在的"，因为"普遍的东西本身不是以单一实体的形式存在着，而只是作为一定概念和一定物质所构成的整体存在着"。譬如说，人和马等等都是一个个地存在着的，而不是作为普遍的东西存在的；实际存在着的是个别的一幢幢房屋，不能设想，在看得见的房屋之外还存在着一般的房屋。他说："我们反正不能同意这样的说法，似乎除了个别的房屋之外还有什么一般的房屋。"②

亚里斯多德强调一般不能存在于个别之外，而必须处于个别之中。这就是他批判柏拉图的理念学说时所持的基本原则。

---

① 1960年版，商务印书馆。
② 《形而上学》。

可见，"理念"这个"单个存在物"，无论是什么都是不存在的。美的理念也是根本不存在的。一般的美不能离开具体的美的事物而独立存在，它是美的事物的本质，只能存在于美的事物当中。

亚里斯多德批判和驳斥了柏拉图的"理念"，从而肯定了我们所在的这个物质世界是真实世界，是可以信赖的实在世界，而不是"理念"的影子或"摹本"。他在自己著作中承认物质世界是客观存在的，自然界是实物的总和，物质世界过去一直存在，将来也永远存在，它不需要柏拉图臆造的"理念"世界来解释自己。这样就打破了柏拉图唯心主义哲学体系的基础，从而使他自己从唯心主义向唯物主义的转变跨进很大一步。

亚里斯多德认为，现实世界是我们要研究和了解的对象，经验是人类知识的基础和出发点，由此上升到关于终极原理的科学。正因为如此，他认清了要尊重具体和个别的东西，要对自然科学感兴趣，而且确定了他的方法。

二、提出"四因论"来解释世界

亚里斯多德在探讨事物的成因问题，在解释世界、追溯世界的本质时，既不同意柏拉图超经验的理念论，又不同意德谟克利特的原子论，而是试图把二者调和起来。

他实际上保留并改造了柏拉图的唯心主义原则，但排除了它们的超验性。他把理念的学说加以改造，把那些原则从天上移到人间。认为理念不可能象柏拉图所说的那样，是脱离物质而自我存在的本质，本质不能脱离对象而存在。他把柏拉图所谓的理念叫做形式，认为形式是事物的本质，但不是脱离物质而自我存在的。没有物质，就不可能有形式。形式不脱离事物，而在事物以内；形式不是超验的，而是内在的。物质（即质料）不是非存在，而是具有动力作用的；形式和物质不是彼此脱节，而是永远结合在一起的。物质实现事物的形式（或理念），移动、变化、生长、或向前发展。

但他也不同意把我们所见的变化着的世界象唯物主义者的主张那样，看成是由单纯无目的运动着的物质。他认为没有起指导作用的目的或形式，就不可能有物质。所以亚里斯多德不把具体存在物看作理念的摹本，但却把具体存在物的形式看成是事物真正的本质。

总之，整个说来，亚里斯多德动摇于唯物论与唯心论之间。他把精神叫做形式。主张物质和形式，对于实物的形成都是必要的，而且二者是不可分离的。没有物质就没有形式，没有形式就没有物质。他承认物质是客观世界的基础，可是又认为形式是客观世界生成发展的原因，是支配并推动物质的。

在这基础上他提出四因论。据他看一切事物的成因不外四种：1.材料因（或译质料因），2.形式因，3.创造因（或译动力因），4.目的因（或译最后因）。

例如造房子：木、石、砖瓦是材料因，设计图即房子的形式是形式因，建筑师及其艺术是创造因，建立的房屋是目的因。

房子所用的木石砖瓦具有造房子的潜能，要从潜能到实现必须有个形式。要材料具有形式必须经过建筑师的创造活动，房子在由潜能趋向实现的过程中，一直在趋向一个具体的内在的房子本身要达到房子形式的目的。那么材料获得了形式，房子终于完成，目的达到了。

这里，亚里斯多德的进步在于肯定了物质，看到了质料（材料）与形式的互相关联，趋向统一，提出了自然现象的发展就是材料的形式化的思想。他认为自然界是处于发展中的，把这种发展了解为材料形式化的过程，了解为潜能（可能性）向现实转化的过程。应该说这些观点是具有辩证倾向的。例如植物中的种子发芽、生长也是由可能性向现实转化的过程；雕刻家使未经雕刻的大理石由可能性变为现实等等。

亚里斯多德既认为形式与质料是统一的,但同时又把形式与质料割裂开来。他认为,物质和形式都不是被创造的永恒的东西。物质是消极的,无定形的,未完成的东西,被动的东西,是可能性;形式才是积极的、能动的本原,是完成了的东西,是现实性。是形式才使一物成其为物。形式作用于物质,就使物质由被动而能动,由可能性转为现实性,因此物质和形式的统一过程,就是事物的运动发展过程。

事实上,既是物质就必有其形式,物质发展,其形式也就随之发展。形式对物质内容有反作用,但形式是由物质内容本身决定的。亚里斯多德却颠倒了,把形式看成一切存在的本质,看成世界发展的第一原因、第一推动力,而且是绝对不变的。

再者,如果说造房屋的例子说明建筑师的作用等等还可成立的话,那么亚里斯多德用拟人化(仿照人的样子)的方法,把自然界的发展和人的活动相比拟,把自然界的发展和人的生产活动相比拟,难免得出不正确的结论。

说造房屋有个建筑师及其艺术是创造因,是可以的,那么从自然界来说,是谁把物质的可能性加以"形式化"呢?亚里斯多德就假定了一个创造主,即他所谓的"形式的形式"。他认为自然界的发展是形式先于自然物质,先于自然现象,而事实上他"对外在世界的真实性并无怀疑",[①] 他承认事物的客观存在,并批驳了柏拉图的"理念"学说。但他又把物质的形式化看成不是事物本身内容决定的,相反认为物质是"可能",而形式才是本质。他认为有一种"一切形式的形式",把客观存在的物质"形式化",而这"一切形式的形式"又是什么呢?只有得出一种超物质的东西,精神的东西,最后只有走到唯心主义去。

---

① 列宁《哲学笔记》,俄文版333页。

"四因论"中的目的因问题也是混乱的。他所指的"目的",也是造物主的目的。比如造房子要达到的目的,是要达到房子形式这个目的。他把人的创造活动推广到自然界,把宇宙、物质世界拿来拟人化,把人类在改造自然中有目的的活动用到自然界的发展上,把自然现象都看成有目的的活动。他说每一种自然现象都有它最初的内在目的,而这内在目的是由居于事物之外的终极的目的决定的。他没有看到推动事物发展的根本是由事物内在规律或内因决定的,却认为只有创造主或者神这个外因才能决定事物的目的。他认为有一种宇宙精神来支配这一切,而这就是一切自然现象的终极原因或目的,是自然现象的创造因。

亚里斯多德的思想在庄严的物质世界作了漫长的考察之后,又回过头去向往于精神世界。他动摇于唯物主义与唯心主义之间,最终还是倾向于唯心主义。

关于亚里斯多德的学说,列宁说:"当然,这是唯心主义,但比起柏拉图的唯心主义来,它客观一些,离得远一些,一般化一些,因而在自然哲学中就比较经常地等于唯物主义。"①

三、认识论

(一)感觉与理性——关于认识的源泉和过程

柏拉图否定感觉在人类认识中的地位,认为只有灵魂"回忆"才能获得知识。与柏拉图相反,亚里斯多德首先在认识的对象上与柏拉图产生分歧,摒弃了柏拉图的理念世界,而与德谟克利特一样,认为自然界、物质世界是真正的认识对象,物质世界是人类经验、感觉的源泉,是引起感觉的东西。

"亚里斯多德说:(感觉和认识之间的)'区别'就在于:那

---

① 《哲学笔记》。人民出版社1956年版,288页。

引起感觉的东西是外在的。其原因是：感觉的活动是针对单一的东西的，相反地，认识则是针对普遍的东西的；而这普遍的东西在某种意义上是作为实体而存在于灵魂自身中。因此，每个人只要愿意，他自己就能思想……而感觉则是不由他作主的——要感觉，就必须有被感觉的东西。"①

感觉的活动是针对自然界的单一事物的，在人的意识之外的物质世界中，认识是针对普遍的东西的，而认识存在于人自身中，在思维中不是超经验，也不是在人之外的。

亚里斯多德以腊块比喻人的意识（"灵魂"），黄金是感受的对象，黄金在腊块上留下图纹，对腊块来说，并不感受到黄金的本质。以此来说明感觉是"感受被感觉的形式，而不感受质料"。可见，他认为感觉是被认识对象的形式的印迹。

他认为感官知觉是所知觉的事物通过感官的媒介而引起的灵魂的变化。感官是潜在的，所知觉的对象是现实的，彼此相当。各个感觉结合成心中的一个总的"感官"，他称之为"统觉"。统觉好象是所有感觉的汇合处，它的机构位于心脏中。不同的感觉向灵魂报告事物的性质，借助于统觉，我们就把其他感觉所提供的知觉结合起来，获得一个对象的全面的图景。它也给我们一幅关于性质的明晰的图景，诸如各个感觉所知觉的数目、大小、形状、运动和静止。统觉还能构成属类和组合的影象，有保持或记忆（联想）的能力。愉快和痛苦的情感因知觉而起。各种职能能够往前推进，就生快感；受到阻碍，则有痛苦。这些情感引起欲望和厌恶，就使肉体运动。有灵魂想要的、它认为是好的对象呈现时，就产生欲望。伴有深思熟虑的欲望叫作有理性的意志。

他承认感觉的作用，并认为感觉是理论思维的泉源。亚里斯

---

① 亚里斯多德《论灵魂》，转引自列宁《哲学笔记》318页。

多德说:"因此,谁不感觉,谁就什么也不认识,什么也不理解;如果他认识什么东西,那他就必须也把它当做表象来认识,因为表象和感觉是相同的,只不过没有物质而已。"[①] 他认为:感觉提供的只是单一事物的知识,而科学的任务是认识单一事物中的一般,因此感觉并不是知识的高级阶段,知识的高级阶段是从感觉产生出来的概念。他认为灵魂还有用概念思维的能力,能够思维事物的一般和必然的本质。正如灵魂在知觉方面与知觉所感觉的对象一样,灵魂作为理性,则把握概念。理性潜在地是它所能想象或思维的东西。有概念进行的思维就是实现了的理性。理性怎么会思维呢?有主动的或创造性的理性和被动的理性。创造性的理性是纯粹的现实性,其中的概念是实现了的。在这里,思维和思维的对象合为一体,它犹如柏拉图理念世界的纯粹灵魂。创造性理性使概念变成实在、实现或显现。被动的理性中,概念是潜在的(类似亚里斯多德的物质:被动的理性是创造性的理性,即形式对它施予作用的物质)。被动的理性包含可感觉的影象的因素,从而也要消亡。这种影象在被动理性中没有创造性理性的作用,不能激起概念。

根据亚里斯多德的观点,不依赖已经存在的现实的原因,什么东西都永远不会变成现实的。例如,存在着一个个别的有机体的物质必须予以实现的完整的形式或理念。他肯定,正是在理性中必然存在着一个要由理性来实现的完整的形式。

为了在精神世界贯彻这种思想,他把理性区分为形式的一面和物质的一面、主动的理性和被动的理性、现实的理性和潜在的理性。

概念在被动的理性中是潜在的,在创造性的理性中则是现实的。

---

① 《哲学笔记》,322页。

他断定：科学的道路是从作用于我们感官的对象开始的，并找出为我们理性所认识的规律。感觉给我们提出关于个别具体对象的表象。理性把表象分解为最简单的成份，找出它们之间的某种一般的东西。

他认为关于单一的、个别的、无穷多样的、经常变化的东西的科学是没有的，而且是不可能有的，可能有的只是关于一般的东西的科学。

他认为知觉、想象、回忆同肉体有联系，生灭与共。被动的理性包含可感觉的影象的因素，从而也要消亡。这种影象在被动理性中是引起概念的诱因，但是没有创造性理性的作用，则不能激起概念。

创造性的理性先于灵魂和肉体而存在，它绝对不是物质的，不会消亡，不依附肉体而且是不朽的。它是从外部进入灵魂的神圣精神的闪光，它同其他的精神职能不一样，不是在灵魂发展过程中产生的。因为它不是个体的理性，显然谈不到个人不死的问题。一些注释者认为，它等于一般的理性或上帝的精神。可见在关于理性的观念中，仍然有唯心主义的东西。

黑格尔在《哲学史讲演录》中，把亚里斯多德看成一个彻底的唯心主义者。列宁肯定了亚里斯多德自然哲学和认识论中有唯物主义的特征，认为亚里斯多德是"在唯心主义和唯物主义之间的动摇者"。

（二）关于物质运动的学说

亚里斯多德关于物质运动和发展的各种形态的学说，是他的自然哲学中最有价值的一章。他关于运动的理论是古希腊科学的宝贵成就。

赫拉克利特和德谟克利特提出了运动的学说，但没有区分运动的形态。在西欧哲学史上第一次提出这个问题的是亚里斯多德。

不仅如此，亚里斯多德在著作中还承认物质世界是客观存在的；自然界是实物的总和，这些实物具有物质的基质，并处在永恒的运动和变化之中。物质世界过去一直存在，将来也永远存在；它不需要柏拉图臆造的"理念"世界来解释自己。

亚里斯多德所说的运动，指的是各种变化，他根据目的论的观点把运动定义为"可能性的实现"，并列举四种运动：

实质性的运动（生成和衰亡）；

数量上的运动（物质靠增减而有大小的变化）；

性质上的运动（一物转化成另一物）；

位置上的运动（场所的变化）。

他认为不能机械地解释性质变化，把它们看成仅仅是原子位置排列上的变化，而是有性质上的绝对变化，这是由影响物质的力量所造成的。恩格斯说：亚里斯多德"已经研究了辩证思维的最基本的形式"。①

但是亚里斯多德关于物质运动的学说并没有坚持辩证的运动观，并且在运动的最后动力问题上又走向了唯心论。

他发现运动的根源是一物作用于另一物。按照他的意见，运动区分为天上的运动和地上的运动，而天上的运动是"完善的"，地上的运动是"不完善的"。地上的物的运动是由天体运动所引起的，天体、星辰是不变化的，它们机械地进行着循环运动，而天体运动也是有条件地由外来的精神力量的作用而引起的，这精神力量他称为神的"第一次推动力"，或简称为神。

针对亚里斯多德关于一切物质处于固有的运动之中的观点，列宁在《哲学笔记》中指出："这里是唯物辩证法的观点，但这是偶然的，不是一贯的，不是展开的，而是转瞬即逝的。"②

---

① 《反杜林论》，18页。
② 俄文版，334页。

第二节　政治、伦理思想

一、关于奴隶制

亚里斯多德认为，国家是人类生活演化的目标，国家先于和高于家庭和农村公社以及个人。社会由个人所组成，社会的目的是使个体公民能够过一种有德性和幸福的生活。但是亚里斯多德这种说法显然不包括奴隶在内，因为他根本不把奴隶算作人。

他认为对某种人来说，当奴隶是有益的和公道的，对另一种人来说，当主人是有益的和公道的。主人对待奴隶，就象灵魂对待躯体一样，灵魂本来就该主宰和支配躯体。

他说："谁在本性上不属于自己而属于别人，同时他仍然是个人，这个人按其本性来说就是奴隶。一个人当他是人而又成为财产的时候，他就属于别人了……"①

他认为奴隶是属于主人的"能说话的工具"，主人则是"社会的动物"、社会的成员。因此，他认为国家赋予平等的人以平等的权利，不平等的人以不平等的权利，这样它就是"正直"的。公民在个人能力、财产条件、出身和自由方面有所不同，正直乃要求根据这些差别来对待他们。这种主张与柏拉图的"正义"美德的看法是一致的，是维护奴隶等级制的。

国家政体方面：他驳斥了柏拉图的"理想国"，创造了他自己的奴隶主国家的理论。

---

① 《政治学》。

他认为奴隶主国家是人们交往的最完善的形式。他认为君主政体、贵族政体和共和政体是好的、正常的；而僭主政体（或译暴君政体）、寡头政体和民主政体是不好的、不正常的。他认为贵族中间阶层掌权的共和政体最好。而最好的城邦是只有生活地位和教育程度使其有资格参政的人才是公民。奴隶制是自然的制度，理应存在。因为唯一组成希腊奴隶阶级的外国人，不如希腊人，不应享有与希腊人同等的权利。

二、国家应由中等阶级来统治

他在《政治学》中指出：

"在任何国家中，总有三种成分；一个阶级十分富有，另一个十分贫穷，第三个则居于中间。既然已经认为居中适度是最好的，所以很显然，拥有适度的财产是最好的；因为，在那种生活状况中，人们最容易遵循合理的原则"。富有阶级和贫穷阶级都很难遵循合理的原则。前者起于暴戾，变成罪犯，既不愿意也不能够服从政府。后者起于无赖、变成流氓，必须像奴隶一样受统治。

他认为，一个城邦应该尽可能由平等和相同的人们组成；而这种人一般地就是中等阶级。因此，那以中等阶级的公民组成的城邦，一在成分方面是最好的，二这个阶级是安稳的公民，因为他们既不像穷人那样觊觎邻人的东西；别人也不觊觎他们的东西；他们不谋害别人，也不遭别人谋害。

他认为如果国家公民之间贫富悬殊，就很可能产生一种极端民主政治或一种纯粹寡头政治；或者从两极端之一产生一种暴君政治。而中等阶级就不容易发生如此情况。

最好的立法者都是中等阶级的人：梭伦（雅典立法者）；吕古尔戈（斯巴达立法者）；卡隆达（意大利希腊殖民地立法者），

就证明了中等阶级的优越性。①

三、美德就是一种适中

"每一种技艺之所以做好它的工作,就在于选择居间者,并以它为标准来衡量其作品(正因为如此,我们在谈起某些艺术的好作品时,常说它们不能增减任何东西,意思就是说过多和不足都会破坏艺术作品的优点,而执中则保存了这优点;而好的艺术家,我们说,在他们的工作中所寻求的就正是这个),如果美德比任何技艺都更精确、更好,正如自然也比技术更精确、更好一样,那么,美德必定就有居间者为目的这个性质。……美德是一种适中,因为,如我们所看到的,它乃是以居间者为目的的。"

"德性是一种倾向或习惯,包括审慎的目的或选择。道德就是中庸之道,这取决于我们自己,由理性来确定,或者象一个审慎的人会予以确定的那样。"

"如果同人性的其余部分相比,理性是神圣的,那么,同人的一般生活相比,合乎理性的生活就将是神圣的。人们说人们的思想不应太高尚,以至不能为人类所达到,或者人类的思想不应太高尚,以至不能为必然要死者所达到,这种告诫不足为训,因为以人的固有的倾向而言,他应该追求不朽,尽力遵循人性的最好部分而生活"。

但哲学史家梯利认为亚里斯多德在讨论时往往放弃中庸论这一原则,因为它在许多情况下不适用。

---

① 《西方哲学原著选读》,上卷,157—158页。

第三节　美学与音乐美学思想

车尔尼雪夫斯基在《论亚里斯多德的"诗学"》一文中写道："亚里斯多德是第一个以独立体系阐明美学概念的人，他的概念已雄霸了二千余年"。① 他是欧洲美学思想的奠基人。

亚里斯多德生前，希腊文学艺术达到了空间的繁荣，无论建筑、雕刻、绘画、音乐、诗歌等方面都取得辉煌的成绩，特别是悲剧和喜剧达到了很高的成就。亚里斯多德正是在古希腊文艺从高峰转向衰落的时代，用经验主义的方法，对古希腊辉煌的文艺成就以及他以前的美学理论进行了精细的分析和深刻的总结概括，建立了当时最为先进的美学理论，写成了《诗学》、《修辞学》。他是古希腊美学理论的集大成者。

《诗学》在美学史上是人们加以注意并争论最多的一部著作，是古希腊文艺思想的结晶。车尔尼雪夫斯基说它是"第一篇最重要的美学论文，也是迄至前世纪末叶一切美学概念的根据。"② 从15世纪末出现第一个拉丁文本起，直至今天，学者们还在继续论战，它的影响也最广最深。

《诗学》、《修辞学》在于训练他的学生成为诗人和演说家。《诗学》中，先确定研究的对象是诗，指出诗与其它艺术的异同；继而对诗分类，探索各种诗的创作原则。实际上此书是对古希腊的文艺实践和成就作总结和分析，提出系统的美学理论（《诗学》现存二十六章，主要讨论悲剧和史诗。据说《诗学》有两卷，第二卷失传，推测可能是论喜剧）。抒情诗因被古希腊人认为属于

---

① 《美学论文选》，124、129页。
② 同上，124页。

音乐，《诗学》中未论及抒情诗。

最早的哲学家如毕达格拉斯学派和赫拉克利特等，是从数学观点、自然科学观点去看美学问题；苏格拉底和柏拉图才开始用社会科学观点去看美学问题。朱光潜先生认为亚里斯多德是从比较发达的自然科学基础上，达到了自然科学和社会科学观点的统一。

不少美学家认为：亚里斯多德在哲学上是摇摆于唯物主义与唯心主义之间，而在美学上，唯物主义的东西更多些，可以说他基本上是站在唯物主义立场上的。

除了《诗学》与《修辞学》之外涉及美学及艺术问题的著作还有：《形而上学》，涉及艺术与科学、形式与材料、美的客观基础等问题；《物理学》，涉及艺术与自然、艺术与形式等问题；《伦理学》，涉及艺术的创造性、艺术与认识、艺术家的修养等问题；《政治学》，涉及艺术教育等问题。

一、艺术与现实的关系——模仿论

艺术"模仿论"是亚里斯多德美学思想的核心。

他认为一切艺术都是模仿，只有三点差别：

"史诗和悲剧、喜剧和酒神颂以及大部分双管箫乐和竖琴这一切实际上是模仿，只是有三点差别，即模仿所用的媒介不同，所取的对象不同，所采的方式不同。

有一些人（或凭艺术，或靠经验）用颜色和姿态来制造形象，模仿许多事物，而另一些人则用声音来模仿；同样，象前面所说的几种艺术，就都用节奏、语言、音调来模仿，对于后二种，或单用其中一种，或兼用二种，例如双管箫乐、竖琴乐以及其它具有同样功能的艺术（如排箫乐）只用音调和节奏（舞蹈者的模仿则只用节奏，无须音调，他们借姿态的节奏来模仿各种'性格'、感受和行动），而另一种艺术则只用语言来模仿……"①

"艺术"一词含义较广，包括我们今天理解的艺术，即美的艺术，也包括制作的技艺。亚里斯多德把美的艺术称作"模仿的艺术"或"自由的艺术"，而把一般制作技艺称为"实用艺术"。

这里虽只谈到史诗、悲剧、音乐、舞蹈，但在其他地方，他常把"模仿"作为形容词和动词应用于绘画等等。

因此，亚里斯多德把艺术的本质看作是模仿，或者说模仿是一切艺术的本质特征。

首先，艺术模仿现实世界，现实世界是艺术的蓝本。

模仿说是古希腊的传统说法。赫拉克利特就有过艺术模仿自然的见解，留基伯和德谟克利特也有类似的说法。如前所述，德谟克利特说："在许多重要事情上，我们是模仿禽兽，作禽兽的小学生的。从蜘蛛我们学会了织布和缝补；从燕子学会了造房子；从天鹅和黄莺等歌唱的鸟学会了唱歌"。柏拉图把模仿说系统化了，但是他的模仿说是建立在客观唯心主义理论基础上的。他认为理念世界才是唯一真正的实在，现实世界是理念世界的模仿，而艺术模仿现实世界（物质的感性世界）则是"模仿的模仿"，"和真实隔着三层"（拿我们的话来说是隔着两层）。艺术是"影子的影子"，所以艺术离真实愈来愈远，或者说艺术是不真实的。

亚里斯多德与柏拉图相反，他否认"理念世界"的存在，肯定物质的感性世界是真实的，而艺术模仿现实世界，艺术是真实的。从而对模仿说作了唯物主义的解释。

罗念生理解：亚里斯多德"把艺术的创作过程当作模仿的对象是事件、行动、生活。他所说的模仿是再现和创造的意思。亚

---

① 《诗学》，见《西方文论选》上卷，上海文学出版社，1964年版，51–52页。

里斯多德认为艺术家赋予形式于材料,他的模仿活动就是创造活动"。① "亚里斯多德并不是认为史诗、悲剧、喜剧等都是模仿,而是认为它们的创造过程是模仿。"②

其次,艺术模仿的主要对象是"在行动的人";③ 是"人的行动、生活、幸福(幸福与不幸系于行动)"。④

车尔尼雪夫斯基认为亚里斯多德的学说中,艺术的主要内容是人生。"亚里斯多德的诗学没有一字提及自然;他说人,人的行为、人的遭遇就是诗所模仿的对象"。

汝信认为在《物理学》和《气象学》中,亚里斯多德所谓"艺术模仿自然"的话,指的是广泛意义的艺术,大半是指"实用艺术"。

最后,艺术起源于人的天性——善于模仿。

亚里斯多德说:

"一般说来,诗的起源仿佛有两个原因,都是出于人的天性。人从孩提时候起,就有模仿的本能(人和禽兽的分别之一,就在于人最善于模仿,他们最初的知识就是从模仿得来的),人对于模仿的作品总是感到快感。……假如我们从来没有见过所模仿的对象,那么我们的快感就不是由于模仿的作品,而是由于技巧或着色或类似的原因。模仿出于我们的天性,而音调感和节奏感(至于"韵文"则显然是节奏的段落)也是出于我们的天性,起初那些天生最富于这种资质的人,使它一步步发展,后来就由临时口占而作出了诗歌。"⑤

这里说明艺术的起源有两个原因,而且都出于人的天性,这

---

① 《诗学》,113 页。
② 同上,第 3 页注③。
③ 同上,第 7 页。
④ 同上,第 21 页。
⑤ 《美学论文选》,53-54 页。

就是：第一，模仿是艺术的本质，而模仿出自人的天性，人具有模仿的本能。第二，音调感和节奏感也出于人的天性，而音调感与节奏感是构成艺术的形式方面的重要因素。特别对于音乐、诗歌、舞蹈更是如此。

天性说在今天看来当然是幼稚的，不科学的，但当时是具有进步意义的。因为在柏拉图那里把艺术看作是少数人的"神灵凭附"，充当"神的代言人"，把艺术创作神秘化。另外，既然模仿是人的本能，并且是"人和禽兽的分别之一"，就应受到尊重，这就增强了艺术存在的价值，增添了艺术存在的合法性。

二、典型说的萌芽

亚里斯多德虽然没有按"典型"这个命题来论述，实际上已涉及典型说的几个重要方面。

（一）诗揭示事物的本质和规律，诗比历史具有更高的真实性

他在《诗学》第九章中说：

"诗人的职责不在于描述已发生的事，而在于描述可能发生的事，即按照可然律或必然律可能发生的事。历史家与诗人的差别不在于一用散文，一用'韵文'；希罗多德的著作可以改写为'韵文'，但仍是一种历史，有没有韵律都是一样，两者的差别在于一叙述已发生的事，一描述可能发生的事。因此，写诗这种活动比写历史更富于哲学意味，更被严肃的对待；因为诗所描述的事带有普遍性，历史则叙述个别的事。"[①]

古希腊的历史大都是编年纪事，例如修昔底德的《伯罗奔尼

---

① 《诗学》，28－29页。

撒战争史》是按冬夏编排的。其中的内在联系和因果关系不甚显著，在当时历史觉察水平上，亚里斯多德当然不可能看出历史也应揭示事物发展的规律。

上面提到的可然律是在假定的前提下可能发生某种结果；必然律是在已定的前提或条件下按照因果律必然发生某种结果。

他认为历史写的是个别的、已发生的事，其中一些出于偶然，它们的前后承续，不合乎可然律或必然律，彼此间没有必然联系。

诗的目的不是描述个别现象，而是要透过现象深入本质，通过个别的东西去表现普遍的东西。也就是说诗虽然也是带有姓名的个别人物，但他们的所作所为是带有普遍性的。诗描述可能发生的事，这些事合乎可然律或必然律，也就是合乎事物发展的规律。正因为诗所着眼的不是偶然的事件，而是事物按其内在规律的必然发展，因此诗比历史（编年史）更真实、更富于哲学意味，更有价值。

（二）按照事物应有的样子去模仿

亚里斯多德在此实际上已涉及到理想化问题。他举出三种模仿方式或者说三种创作方法：

"诗人既然和画家与其他造型艺术家一样，是一个模仿者，那么他们必须模仿下列三种对象之一：过去有的或现有的事、传说中的或人们相信的事、应当有的事。"[①]

这里，第一种显然是模仿现实事物或过去的现实事物；第二种指根据神话传说来模仿；第三种就是按上文所说，按"可能发生的事"去模仿，也就是"按照可然律或必然律来说"是可能发生的事。

---

① 《诗学》，第92页。

亚里斯多德所赞同的是最后一种模仿，他反对把模仿看作被动地抄袭事物的本来面目，主张把事物加以适当的理想化，进行艺术创造。当然，这并不意味着脱离原型，而是以现实事物为基础的。他说，如果以对事实不忠实为理由来批评诗人的描述，诗人就会这样回答：这是照事物应当有的样子来描述的。

亚里斯多德赞赏悲剧诗人索福克勒斯描绘人物是按照他们应该有的样子；也指出欧里庇得斯描绘的人物则是按照他们本来的的样子来描绘的。他说："一般说来，写不可能发生的事，可用'为了诗的效果'、'比实际更理想'、'人们相信'这些话来辩护。为了获得诗的效果，一桩不可能发生而可能成为可信的事，比一桩可能发生而不能成为可信的事更为可取。像宙克西斯所画的人物……但是这样画更好，因为画家所画的人物应比原来的人更美。"① 显然亚里斯多德强调的还是模仿不能是平庸地复制现实，必须对现实加以概括，加以"改进"、理想化，实际就是把现实生活集中地表现出来。

在谈到悲剧创作时，他又强调：

"既然悲剧是对于比一般人好的人的模仿，诗人就应该向优秀的肖像画家学习；他们画出一个人的特殊面貌，求其相似而又比原来的人更美，诗人模仿易怒的或不易怒的或具有诸如此类的气质的人（就他们的'性格'而论），也必须求其相似而又善良，例如荷马写阿喀琉斯为人既善良而又与我们相似。"②

"模仿者所模仿的对象既然是在行动中的人，而这种人又必然是好人或坏人，——只有这种人才具有品格，（一切人的品格都只有善与恶的差别），因此他们所模仿的人物不是比一般人好，就是比一般人坏，或是跟一般人一样，恰像画家描绘的人物，波

---

① 《诗学》，第101页。宙克西斯（Zeuxis，公元前424—380）画的是理想人物。据说他画《海伦后》时，用五个美女作模特儿，把各人的美集中在一人身上。

② 同上，50页。

吕格诺托斯笔下的肖像比一般人好,泡宋笔下的肖像比一般人坏,(狄俄倪西俄斯笔下的肖像则恰如一般人),显然,上述各种模仿艺术也会有这种差别,因为模仿的对象不同而有差别。甚至在舞蹈、双管箫乐、竖琴乐里,以及在散文和不入乐的'韵文'里,也都有这种差别……酒神颂和日神颂也有这种差别……悲剧和喜剧也有同样的差别:喜剧总是模仿比我们今天的人坏的人,悲剧总是模仿比我们今天的人好的人"。①

总之,亚里斯多德认为艺术可使事物比原来的更美更好、或更坏,悲剧人物要求人物比一般人更善良。这里,实际上已触及到艺术源于现实又高于现实的问题了。

典型说的萌芽,是亚里斯多德美学思想的精华之一,也是他在当时条件下的伟大发现。它为最早的典型说奠定了基础,这是很大的贡献。同时也应看到:其中特别谈到音乐(颂歌、器乐等)、舞蹈也有这种差别,也就是有典型化的问题,很值得我们注意。

当然亚里斯多德并没有、也不可能真正解决与典型性有关的一系列重大问题,例如典型性与个别性之间的辩证关系等。亚里斯多德曾主张悲剧中的主角应该是"地位崇高,身家舒泰"的高贵人物,只能把他们写得更好,从这里看出他的贵族倾向性。

(三)通过个别表现一般,通过个性表现共性

亚里斯多德在《形而上学》中,认为"同单一并列和离开单一的普遍是不存在的",因此一般不是处于个别之外,而是寓于个别之中的。从此批驳了柏拉图关于理念是在具体事物之外、在现实世界之外的客观唯心主义的观点。

在《诗学》中,亚里斯多德要求每个人物既要有类型特征,又要有个性特征。他认为普遍性是抽象的东西,是各个事物所共

---

① 《诗学》,8-9页。

同具有的性质。艺术家如果只追求普遍性,就无法具体写"这个"人、"这个"物。艺术应该由"这个"制作出一个"如此",即"这个如此"。"如此"就是普遍的、一般的性质,而"这个"是指某一个具体的人、具体的物。

他说:"荷马是值得称赞的,理由很多,特别因为在史诗诗人中唯有他知道一个史诗诗人应当怎么做。史诗诗人应该尽量用自己的身份说话;因为那样就不成为摹拟者了。其他的史诗诗人却一直是亲自出场,很少模仿,或者偶尔模仿。荷马却在简短的序诗之后,立即叫一个男人或女人或其他人物出场,他们各具有'性格',没有一个不具有特殊的'性格'。"①

正因为这样,他反对在作品中任意处理人物,或者违背人物性格的特征,违背情节中可然或必然的规律,让人物说出不合乎规律的话,作出不合乎规律的事。他说:

"第二种是诗人任意拼凑的'发现',由于是拼凑的,因此也缺乏艺术性,例如在《伊菲革涅亚在陶洛人里》剧中,俄瑞斯忒斯透露他是谁;至于伊菲革涅亚是谁,是由一封信而暴露的;而俄瑞斯忒斯是谁,则由他自己讲出来,他所讲的话是诗人要他讲的,不是布局要他讲的。"②

三、艺术的社会作用

(一)艺术的认识作用与审美作用

亚里斯多德在谈诗的起源时提出了艺术的两种最重要的作用:使人获得知识和给人提供快感。

首先,与柏拉图否认艺术的认识作用相反,亚里斯多德强调

---

① 《诗学》,88页。
② 同上,53页。

艺术的认识作用，肯定模仿能使人获得知识，认为人的最初知识就是从模仿得来的，因此模仿对认识来说是必不可少的。正是在艺术中模仿和认识结合在一起，特别是因为艺术所模仿的不是现实世界的个别偶然现象，而是必然的普遍性的东西，也就是说艺术能揭示事物的本质和规律，所以他在《形而上学》中说：艺术家知道原因而只有经验的人不知道原因，因此艺术高于经验。与经验相比较，艺术才是真知识。

与此同时，艺术还能引起人的快感，因此它除了认识作用外，还有审美作用，也就是具有审美价值。亚里斯多德赋予摹拟说新的解释，在于他断定人们从摹拟得到知识，并且由于求知欲望得到满足，从而产生一种快感。从他关于文艺根源于人的摹拟的天性的那段论述中，对这种快感的心理过程讲得很清楚：

"人对于模仿的作品总是感到快感。经验证明了这一点：事物本身看上去尽管引起痛感，但维妙维肖的图象看上去却能引起我们的快感，例如尸首或最可鄙的动物形象。（其原因也是由于求知不仅对哲学家是最快乐的事，对一般人亦然，只是一般人求知的能力比较薄弱罢了。我们看到那些图象所以感到快感，就因为我们一面在看，一面在求知，断定某一事物是某一事物，比方说'这就是那个事物'。假如我们从来没有见过所模仿的对象……）"[①] 又如："某些人特别容易受某种情绪的影响，他们也可以在不同程度上受到音乐的激动，受到净化，因而心里感到一种轻松舒畅的快感。因此，具有净化作用的歌曲可以产生一种无害的快感"等等。

在《诗学》中其它地方，他谈到悲剧给人快感，完整的事件给人快感，惊奇给人快感，布景给人快感，音乐的节奏给人快感等等。

---

① 《诗学》，第四章。

总之，亚里斯多德是承认并肯定快感的。亚里斯多德是最早为快感辩护的哲学家，也是最早提出审美过程中产生快感这样的重要美学问题的哲学家。柏拉图认为理想的人格要能使理智处在绝对统治的地位，理智以外的一切心理活动，如本能、情感、欲望等都是人的"卑劣部分"，都应予压抑和排斥。亚里斯多德与之相反，他认为理想的人格是全面和谐发展的人格。本能、情感、欲望之类的心理功能既是人性中所固有的，就有求得满足的权利；给它们以适当的满足，对人的性格就会产生健康的影响。

因此，与柏拉图比起来，亚里斯多德认为人的感情受理性的控制，它是能够发挥积极的作用的。认为快感不是恶，是正常现象，不应加以压制。并且认为模仿的艺术的目的在于引起快感，所以它高于实用的技艺。亚里斯多德是一个教益与快感兼而有之论者。

他还认为艺术所以能引起快感是由于两方面的原因，一方面快感是由于求知而产生的，另一方面快感也可能不是由模仿所引起，而是"由于技巧或着色或类似的原因"，① 也就是说，是由艺术的形式因素所引起。

同时，他的论述中也包含这样的意思，即不同种类的艺术所激发的情绪不同，它们各自所产生的净化作用和快感也不同。例如，悲剧所产生的快感只是哀怜和恐惧两种情绪净化后的那种特殊的快感。亚里斯多德称之为"悲剧的快感"。

他认为写善恶报应所产生的快感以及写滑稽性格所产生的快感就只宜于喜剧而不宜于悲剧。

此外，他曾经谈到在模仿中认识事物所产生的快感以及节奏与和谐所产生的快感等等。这几种快感在不同文艺作品中的份量配合不同，总的效果，即产生的美感也就各有特色。

---

① 《诗学》，11－12页。

亚里斯多德提出快感的问题，强调美、善、快感的一致性，这与他批驳了柏拉图的"理念"学说，肯定了现实世界的真实性，肯定了现实的人的真实性有关；也与他不仅肯定了人的理智作用，也肯定了人的感觉的真实性，肯定了人的感情的真实性有关。这正是唯物主义因素在美学上的反映。

事实上，在亚里斯多德那里，他是强调艺术的目的是为了善。他把美和善相联系，并把美、善和快感相联系，把艺术的净化作用与快感相联系。但是他并不像有的资产阶级学者所说的那样，似乎对文艺的判断只根据快感和逻辑，而不考虑伦理的目的和倾向。例如《诗学》的英译者布乔尔（Butcher）就说："亚里斯多德对于诗的评断都根据审美和逻辑的理由，并不直接考虑到伦理的目的或倾向"，"他是第一个设法把美学理论和伦理理论分开的人。他一贯地主张诗的目的就是一种文雅的快感。"阿特铿斯（Atkins）在《亚里斯多德的诗与艺术的理论》中也说："亚里斯多德像是把美感的目的和道德的目的分开，认为前者是基本的，后者是附带的"等等。

当然，亚里斯多德在《诗学》第二十五章中说过："正确性在诗里和在政治里不相同，正如它在诗里和在任何其它艺术里不相同一样"。朱光潜先生认为这段话是指艺术标准与政治标准不是一回事，但并没说二者不可统一或相互排斥。

亚里斯多德认为艺术与善是不能割裂的。艺术不独立于善，而是以善为目的的，艺术的目的是善。

在《修辞学》中他说："美是一种善，其所以引起快感，也正是因为他善。"黄药眠认为这句话的意思并不是说只是因为善才引起快感，而是说有了善，快感才构成了美。善是构成美的要素，而美又复归于善。

在《政治学》三卷十二章中，亚里斯多德写道："在一切科学和艺术里，其目的都是为了善，而最大的善、最高的善、一切善当中最有权威的善——就是政治科学里的善。善就是正义，换句话说，就是共同利益。"他认为：艺术不仅一般地应该服从于善，而且具体地说，更应该服从于最高的善，即服从于最高组织的目的，服从于城邦的最广大成员的利益。

亚里斯多德还直接把美和国家的利益联系起来。他说："对于盛年的人来说，美就是适合于从事战争的努力，再加上愉快的、同时又是凛然的风采。"① 从这里也可以看出他的美学思想鲜明的政治性，他从美和为城邦而战之间，看出其中的一致性。

(二) 艺术具有教育作用——艺术能陶冶人的性情

柏拉图在《理想国》中，列举了文艺的罪状以后，对诗人下了一道逐客令。后来准许诗人或诗的卫护者用散文或韵文为诗作一篇辩护，证明诗不仅能引起快感，而且对于城邦和人生都有效用。

亚里斯多德接受了这个挑战。

首先，他认为情感是人应有的。他曾在《尼科马科斯伦理学》头几卷一再说明，一个人不可无所畏惧。其次，情感是受理性指导的。《诗学》第十三章第一段指出，怜悯与恐惧之情是受理性指导的。它使观众怜悯某些人物，不怜悯某些人物。最后，他肯定情感是对人有益的。

"悲剧是对于一个严肃、完整、有一定长度的行动的模仿；它的媒介是语言，具有各种悦耳之音，分别在剧的各部分使用；模仿方式是借人物的动作来表达，而不是采用叙述法；借引起怜悯与恐惧来使这种情感得到净化。"②

净化（Kathasis"卡塔西斯"）或译"陶冶"、"锻炼"、"宣

---

① 《修辞学》，一卷五章。
② 《诗学》，19页。

泄",总之使人精神得以提高,健康得以改善。"卡塔西斯"作为宗教术语是"净化"、"净罪"的意思;作为医学术语过去一直认为只是"宣泄"的意思。自从文艺复兴以来,许多学者对之作了各种不同的解释。这种解释可分为两大类六大派。各派都对引述亚里斯多德的论述加以不同解释。根据《诗学》译者罗念生的意见:以上六派都没有足够的说服力。

他认为:"卡塔西斯"在《诗学》第六章中无疑是借用医学术语;亚里斯多德曾在《政治学》第八卷第七章把这词作为"医疗"的同义语,应从亚里斯多德伦理思想去解释。他的伦理思想中心是"中庸之道",他认为美德就是适中,就是情感需求适度。"我所指的是道德上的美德;因为这种美德与情感及行动有关,而情感有过强、过弱与适度之分。例如恐惧、勇敢、欲望、愤怒、怜悯以及快感、痛苦,有太强太弱之分,而太强太弱都不好,只有在适当的时候、对适当的事物、对适当的人、在适当的动机下、在适当的方式下所发生的情感,才是适度的最好的情感,这种情感即是美德"。[①]

恐惧与怜悯太强太弱都不好,须求适中、适度。悲剧的卡塔西斯作用就是使它们成为适度的情感。情感强弱不是天生的,是由习惯养成的。"道德上的美德没有一种是天生的;因为没有一种天性能被习惯所改变"[②]。观众刚进剧场时,其太强太弱的情感尚处于潜伏状态中。随着剧情发展,起了波动,对剧中人的苦难表示怜悯、恐惧。但这些都是受理性指导的,比较适当的。观众每看一次悲剧,即让情感经受一次锻炼,天长日久,多次锻炼,即养成了适中的新情感,养成了"适当"这种美德。看戏后,怜悯与恐惧之情恢复潜伏状态。等到在实际生活中看到或遭受苦难

[①] 《尼科马科斯伦理学》,二卷六章。
[②] 同上,二卷一章。

时，就能有很大忍耐力，能控制自己情感，使之达到适当的强度。因此卡塔西斯这个医学术语（"净化"），就是指悲剧引起怜悯与恐惧之情，使之经过锻炼，达到适度。而不是把怜悯之情加以净化或宣泄。正因为罗念生如此理解，他把净化译为"陶冶"。

亚里斯多德认为悲剧能陶冶人的情感，使之合乎适当的强度，借此获得心理健康。可见悲剧（即文艺）对社会道德有良好影响。

（三）音乐的社会作用

与整个文学艺术情况相似，以毕达格拉斯的弟子和柏拉图为一方，他们把音乐看成抽象性的和谐。这种和谐与道德的和谐性的本质共同根源于"理念"世界，因而他们把音乐看作最重要的道德教育手段，也就是说只强调教益。另一方则是怀疑主义的、快乐主义性质的倾向。他们认为音乐只能供人娱乐，认为音乐与睡眠和酒一样，仅仅是医治疲劳和苦恼的良药，仅仅是使人能得到休息的娱乐。亚里斯多德则想综合这两个极端，提出了"高尚的享乐"的概念。

对于音乐的社会作用，亚里斯多德是非常强调的，他的主张既不同于柏拉图，又不同于当时的诡辩学派的哲学家们。

他认为音乐能达到道德教育、消遣闲暇和精神享受的目的。

1. 音乐的净化作用

亚里斯多德不仅把"净化"作用的思想用于悲剧，而且还用以解释音乐，他的净化论，具有相当广泛的美学意义。

"我们赞成某些哲学家对乐调所作的区分，即把它们分为三种：伦理的乐调，实践或行动的乐调以及狂热的乐调。这些乐调象他们所说的，各有一种特质。但是我们还要说，音乐应该学习，并不只是为着某一目的，而是同时为着几个目的，那就是①教育、②净化……③精神享受，也就是紧张劳动后的安静和休息。从此可知,各种和谐的乐调虽然各有用处,但是特殊的目的宜用特殊的乐调。要达到教育的目的,就应选用伦理的乐调,但是在集会听旁人演奏时,我们就宜听行动的乐调和激昂的乐调。因为象哀怜和恐惧或是狂热之类的情绪虽然只在一部分人心里是很强烈的,一般人也多少有一些。有些人受宗教狂热支配时,一听到宗教的乐调就卷入迷狂状态,随后就安静下来,仿佛受到了一种治疗和静化。这种情形当然也适用于受哀怜、恐惧以及其它类似情绪影响的人。某些人特别容易受某种情绪的影响,他们也可以在不同程度上受到音乐的激动,受到净化,因而心里感到一种轻松舒畅的快感。因此,具有净化作用的歌曲可以产生一种无害的快感。"①

这里有几层意思:

1.音乐按照它的性质可分为三种乐调,即伦理的、实践或行动的、狂热的;2.音乐的目的,也就是它的社会作用也是三条,教育、净化、精神享受;3.音乐的净化作用不仅能使宗教狂热的人安静下来,同时使受哀怜、恐惧以及其它情绪影响的的人平静下来,也就是说音乐的净化作用是广泛的,有力的;4.各种情绪受到净化之后,心里感受到一种快感,而这种快感是无害的。

亚里斯多德不仅认为音乐具有净化作用,还明确认为音乐能对人的性格给予显著的影响。

"……除掉凡人都能享受到的这种通常的娱乐以外(因为音乐所产生的快感是合乎自然的,所以各种年龄和各种性格的人都爱听它),音乐是否对于人的性格和心灵也发生影响呢?如果能证明音乐对人的道德品质起潜移默化的作用,问题就显然容易解决了。人的道德品质的确可以受到音乐的影响,这有许多事物可

---

① 《政治学》,北京大学哲学系美学教研室选编《西方美学家论美和美感》,44—45页。

以证明,特别是奥林普斯的诗歌,这些诗歌能鼓舞起宗教狂热,这是大家公认的,而宗教狂热是涉及伦理范畴的一种情绪。就连没有乐调和节奏陪伴的简单模仿也可以在我们心里唤起同情。既然音乐是产生快感的,既然德行在于爱憎得当,我们应该最关心的就是莫过于培养正确的判断力以及对于高尚品质和行为的喜爱了。节奏和乐调是一种最接近现实的模仿,能反映出愤怒和温和、勇敢和节制以及一切互相对立的品质和其它的性情。这是可以由经验证明的。在倾听节奏和乐调时,我们的心情就随着它变化。看到模仿的形象就起快感或痛感,这种习惯可以导致我们在看到现实蓝本时也起同样的快感或痛感。例如我们看到一个人的雕像,单是为着那形状而感到快感,等到我们看到那个人本身,也就必然感到快感。……"

"由此可知,音乐对人的性格有显著的影响,所以应该列入青年的教育课程里,音乐教学是适合这种年龄的,因为青年人不会自愿地努力学习不能引起快感的东西,而音乐在本质上是令人愉快的,在和谐的乐调和节奏之中,仿佛存在着一种和人类心灵的契合或血缘关系,所以有些哲学家说心灵就是和谐,另外一些哲学家则说,心灵具有和谐。"①

值得注意的是,他是从音乐的本质角度来谈音乐的教育作用的,因为音乐能反映出愤怒和温和、勇敢和节制及一切互相对立的品质和其它的性情。而人们倾听音乐时,和谐的音乐与人们心灵中的和谐相契合,心情又随着它变化,这样久而久之,养成习惯,性情受到锻炼,就可以在遇到现实类似事物时,能表现出爱憎适当,也就是能正确判断,表现出高尚的品质和行为。

2. 音乐的娱乐作用

亚里斯多德明确提出音乐的娱乐作用。他认为人们听音乐是

---

① 《政治学》(朱光潜译),转引自《西方美学家论美和美感》,106-107页。

高尚的享乐,"无害的娱乐"。他把音乐列入教育课程,为着让人们学会消遣闲暇,而闲暇是人们活动中的一个基本原则。他说:

"……关于音乐,它也许要引起疑问,现在多数人从事音乐,只是为着乐趣,但是从前音乐却列在教育课程,因为像常言所说的,自然要求我们不仅工作得好,而且把闲暇利用得好,我们还要反复强调闲暇是我们一切活动中一个基本原则。"

"……从此可知,有些教育课程是为着学会利用闲暇而设的,它们本身就是目的……并不是因为音乐像语文那样对于当家理财和治学从政为必需,像图画那样可以用于正确的艺术作品的鉴赏,或是像体操那样有助于增长体力和提高健康。这些好处是从音乐那里得不到的。所以音乐的用途只在消遣闲暇,它之所以列入教育课程,也正因为使自由的人可以在闲暇中享受精神方面的乐趣。荷马就说过:'只有它才配被邀请到欢乐的宴会。'接着谈到其它应该被邀请的,他说:'歌诗的人使全座皆大欢喜。'在另外一个地方,奥底苏斯也认为最好的消遣是在心畅神怡的时候。"①

"第一个问题是:音乐是否应该列入教育课程。上文已提到音乐的三种目的:教育、消遣和精神方面的享受。音乐就应该从这三方面去考虑,它对这三方面都有所贡献。消遣是为着休息,休息当然是愉快的,因为它可以消除劳苦工作所产生的困倦。精神方面的享受是大家公认为不仅含有美的因素,而且含有愉快的因素,幸福正在于这两个因素的结合。人们都承认音乐是一种最愉快的东西,无论是否伴着歌词。缪苏斯说得好:'对凡人来说最快乐的事是歌唱。'人们聚会娱乐时,总是要弄音乐,这是很有道理的,它的确使人心畅神怡。从这一点着眼,我们可以断定音乐是青年人应该学习的,因为和一切无害的娱乐一样,音乐不

---

① 《诗学》,转引自《西方美学家论美和美感》,105页。

仅符合人生最高目的,而且使人得到松散。人往往很少能达到他的最高目的,但是经常需要休息和消遣,这不是为着最高目的而只是为着娱乐,所以人时常从音乐那里得到休息和娱乐,完全是很自然的事。"①

音乐既不同于语文那样,是人们当家理财和治学从政所必需,也不像体操那样能增长人的体力和提高人们的健康,但音乐是必需的。它可以使自由的人在闲暇中享受精神方面的乐趣。而这种乐趣之所以高尚,因为它是美与愉快的结合,它能令人心畅神怡。音乐在本质上是令人愉快的,和谐的乐调与人们心灵的和谐相契合,对人们起着潜移默化的作用。

亚里斯多德是一个卓越的教育家,他有关音乐的娱乐作用的论述,实际已包含有寓教育于娱乐之中的思想。何况他在谈到音乐的功能、音乐的目的时,总是把音乐的教育、净化、消遣和精神享受相提并论。

四、美的存在方式——有机整体

(一) 美在整一

柏拉图把美看作美的理念,一切个别事物的美,看作是"分有"美的理念。亚里斯多德与他截然不同,他不仅不承认美的理念,还把美看作是客观事物存在的一种特殊方式,他从具体事物本身去寻找构成美的客观因素,也就是去探索美的存在方式是什么。

在《形而上学》中,他指出美的主要形式是秩序、匀称与明确。所谓秩序是时间上的匀称,所谓匀称是空间中的秩序,而从秩序与匀称中见出明确,三者实际是统一的。他根据生物学中所发现的进化论思想认为在自然界中,植物比无机物、动物比植物

---

① 《西方哲学家、文学家、音乐家论音乐》,16 页。

显得更有秩序、匀称和明确。

后来在《诗学》中,亚里斯多德进一步提出"美在整一"的概念。只有整一的东西才能见出秩序、匀称与明确。秩序,匀称、明确是整一所造成的感官印象。

"一个完善的整体之中各部分须紧密结合起来,如果任何一部分被删去或移动位置,就会拆散整体。因为一件东西既然可有可无,就不是整体的真正部分。"①

朱光潜认为:"形式上的有机整体其实就是内容上内在发展规律的反映。整体是部分的组合,组合所应根据的原则就是各部分之间的内在逻辑。亚里斯多德在《政治学》中说:'美与不美,艺术作品与现实事物,分别就在于在美的东西和艺术作品里,原来零散的因素结合成为一体。'零散的东西不免有偶然性,彼此之间看不出必然互相依存关系,结合为一体之后,偶然因素就会抛开,余下因素彼此有必然依存关系,就像人体各部分一样。"

这些论述可以看作,有机整体的观念并不只是一个形式上的问题,更重要的是内容的内在发展的逻辑的反映。形式与内容是有机的统一,既不可内容与形式分离,又不可部分与整体分离。整体是由部分组合起来的,各部分的组合是有其内在的必然联系的。现实世界中零散事物的偶然性是不可避免的,正因为如此,彼此之间往往见不出互相依存的关系。结合成有机整体之后,偶然的因素就要抛开,留下的就可以彼此之间见出必然性来,见出互相依存的关系。

有机整体的问题就是完整性的问题,把这种观念运用到悲剧创作中就更明显。

"各成分既已界定清楚,现在讨论事件应如何安排,因为这是悲剧艺术中的第一事,而且是最重要的事。按照我们的定义,

---

① 《诗学》,第八章。

悲剧是对于一个完整而具有一定长度的行动的模仿（一件事物可能完整而缺乏长度）。所谓'完整'，指事之有头，有身，有尾。所谓'头'，指事之不必然上承他事，但自然引起他事发生者；所谓'尾'，恰与此相反，指事之按照必然律或常规自然的上承某事者，但无他事继其后；所谓'身'，指事之承前启后者。所以结构完美的布局不能随便起讫，而必须遵照此处所说的方式。"①

他强调各部分紧密连接，见出秩序，这就是各部分在整体里不仅是不可缺少的因素，而且位置也是不可移动的。这样，整体的各部分一切都是必然的、合理的、有机的整体。

正是从这点出发，他主张美的事物不仅各部分有一定的安排，而且它的体积也应有一定的大小。

"一个美的事物———一个活东西或一个由某些部分组成之物——不但它的各部分应有一定的安排，而且它的体积也应有一定的大小；因为美要依靠体积与安排，一个非常小的活东西不能美，因为我们的观察处于不可感知的时间内，以至模糊不清；一个非常大的活东西，例如一个一千里长的活东西，也不能美，因为不能一览而尽，看不出它的整一性"。

从此看出，在他看来，一个事物美还是不美，首先要取决于美的客观因素，其中最重要的是体积大小和各组成部分之间的有机的和谐统一。

值得注意的是，亚里斯多德这里所谓一个美的东西不能太小，也不能太大，其依据的标准就是人的主观感受力的界限。因此美一方面决定于事物的客观属性，另一方面也不能离开人对事物的主观感受。这种主张已含有有关美的主客观辩证统一的思想萌芽。

正因为如此，虽然文学、戏剧作品没有体积问题，他也把长度、广度的原理运用上去。他指出：悲剧是对于一个完整而有一

---

① 《诗学》，第七章。

定长度的行动的模仿。悲剧情节的长度应"以易于记忆为限";身体(亦即活的东西)的长度"以易于观察为限";① 悲剧演出时间不超过太阳运行一周的时间;史诗的长度"须使人从头到尾一览而尽"等等。

(二) 寓杂多于统一

与整一相联系的是亚里斯多德关于寓杂多于统一的思想。

正如模仿论一样,多样统一的说法并不始于亚里斯多德。艺术上多样统一的原理,原是从古希腊哲学的长期争论中引出来的。最先有多和一在本体论上的争论,其后又有多和一在认识论上的争论,最初把这个问题提到美学上来的,则是赫拉克利特。②

赫拉克利特说:"互相排斥的东西结合在一起,不同的音调造成最美的和谐;一切都是斗争所产生的。"③

亚里斯多德在《论世界》里引了赫拉克利特一段相当长的话:"自然也追求对立的东西,它是从对立的东西产生和谐,而不是从相同的东西产生和谐……艺术也是这样造成和谐的,显然是由于模仿自然。绘画在画面上混合着白色和黑色、黄色和红色的部分,从而造成与原物相似的形象。音乐混合不同音调的高音和低音、长音和短音,从而造成一个和谐的曲调。书法混合元音和辅音,从而构成整个艺术。"亚里斯多德说:"在晦涩的哲学家赫拉克利特的话里面,也说出了这样的意思:结合物既是整个的,又不是整个的,既是协调的,又不是协调的,既是和谐的,又不是和谐的,从一切产生一,从一产生一切。"④

---

① 《诗学》26 页。
② 公元前 540—470 年左右,古代早期哲学中朴素的唯物主义和辩证观点的突出代表。
③ 《西方哲学家、文学家、音乐家论音乐》,1 页。
④ 转引自《古希腊罗马哲学》,19 页。

这是一种深刻的思想，含有辩证统一的因素。亚里斯多德把多样统一的原理，用于悲剧结构，事件不妨多，而结局则必须单一，这样才能既丰富而又不支蔓，既统一而又不单调。他认为必须把故事都简化成为一个有一致性的大纲，然后加以分场、充实；史诗同样也需要一个大纲，以一个事件为主线，而以其它事件为穿插。先有整体后有部分，然后再由部分合成为整体等等。

人物性格，也要有多样的统一。人物性格可能是多方面的，但每一个人总有一个性格的核心和总的方向。他说："性格必须一致；即使诗人所模仿的人物'性格'本来不一致，而这种不一致又是这人性格的主要之点，也必须寓一致于不一致的性格中。"①

(三) 关于"三一律"（"三整一律"）问题

正是从"有机整体"这个观念出发，他认为悲剧是希腊文艺中的最高形式，因为它的结构比史诗更严密、完整。同时从这点出发，他断定叙事诗和戏剧之中最重要的因素是情节结构，而不是人物性格。悲剧的六个成分即：形象、性格、情节、言词、歌曲、思想，他认为"情节乃悲剧的基础，有似悲剧的灵魂"。② 因为以情节为纲，容易见出事迹发展的必然性；以人物性格为纲，就难免有些偶然的、不相关联的因素。

亚里斯多德有机整体的概念，特别是强调悲剧情节的完整和紧密，就成为后来的"三整一律"中的"情节整一律"的根据。

在他看来，即使戏剧的主人公只有一个，情节也不一定就有一致性。因为一个人所做的事和发生在他一个人身上的事件，有

---

① 《诗学》，第十五章。
② 同上，第六章。

许多相互之间并无必然联系，不能连接成为一桩完整的事件。情节应该限制在一桩有一致性的事件里，与此无关的一切可有可无的情节都应尽量去掉。"在诗里，正如在别的模仿艺术里一样，一件作品只模仿一个对象；情节既然是行动的模仿，它所模仿的就只限于一个完整的行动，里面的事件要有紧密的组织，任何部分一经挪动或删削，就会使整体松动脱节。要是某一部分可有可无，并不引起显著的差异，那就不是整体中的有机部分"。①

意大利学者钦提奥（Cinzio，1504—1573）约于1545年讲授喜剧和悲剧时，根据《诗学》第五章中的一句话制定"三整一律"中的"时间整一律"。其实他已经按他自己的意思来理解亚里斯多德了："亚里斯多德说：'就长度而论，悲剧力图以太阳的一周为限'是指演出的长度，'太阳一周'指白天。古雅典戏剧节在一、二月或三、四月，白天有十至十二小时。三天，有三个悲剧诗人参加比赛，每人上演三出悲剧和一出'萨提洛斯剧'（笑剧），每人占一天时间，除去下午大概还要演出一出喜剧，以及杀羊祭酒神等宗教仪式等外，只剩六至八小时了。这段时间决定悲剧的长度，三出悲剧和一出笑剧约五六千行。"

钦提奥后来的许多学者，也都把那句话"就长度而论，悲剧力图以太阳的一周为限"中的"长度"解释为剧中的时间的长短，指一昼夜或20小时。

1570年意大利学者卡斯特尔韦特洛校勘的《诗学》中提出"三整一律"中的"地点整一律"（意即整出戏中的事件须发生在同一个地点上）。这在《诗学》中找不到根据。古希腊戏剧因歌队及换景等问题，地点不易变换，仅《报仇神》地点几经改变，剧景也随之改变。

总之，"三整一律"是欧洲古典主义的悲剧创作理论，最初

---

① 《诗学》，28页。

由一些意大利学者提出，后来传到西班牙、英国和法国等地，到17世纪，在法国古典主义戏剧理论中被确认为悲剧创作共同遵守的规律。布瓦洛在《诗的艺术》（1674）中说的"要用一地，一天内完成的一个故事从开头直到末尾维持着舞台充实"是对三一律的概括。三一律拥护者为了加强论据，把它说成导源于古希腊戏剧和亚里斯多德的《诗学》。

地点、时间整一律在文艺复兴时期有一定的意义，因为当时的戏剧结构松散，地点更换过于频繁，时间拖得很长，舞台上往往标明在下一幕开始之前，时间已过好几十年。"三整一律"有利于剧作情节结构的简炼集中。

古典主义时期，17世纪法兰西学院竭力推行这一理论。剧作家高乃依、拉辛等把时间和地点整一律奉为金科玉律，反而把情节整一律放在附属于时间一致律和地点一致律的次要地位。创作因而受到一定限制。可见"时间整一律"和"地点整一律"并非完全无意义，但作为一种规定限制太甚，成为束缚创作的清规戒律，就会影响创作。

马克思在《致斐·拉萨尔》（1861年7月22日）信中指出法国古典主义的"三一律"是对亚里斯多德理论的"曲解"，其实，这种"曲解"正是反映了当时时代的要求。他说："毫无疑问，路易十四时期的法国剧作家从理论上构想的那种三一律，是建立在对希腊戏剧（及其解释者亚里斯多德）的曲解上的。但是，另一方面，同样毫无疑问，他们正是依照他们自己艺术的需要来理解希腊人的，他们还是长时期地坚持这种所谓的'古典'戏剧。"

不应把"情节一致律"看作一条绝对的永恒的规律。对古典悲剧来说适用，但不能认为它普遍适用于一切文学形式，例如后来的传奇叙事诗、长篇小说等。18世纪以后，"三一律"受到浪漫主义作家的反对，遂被打破。某些近代批评家认为性格是戏剧中更基本的东西。

五、进一步划定艺术的界限

（一）艺术与自然科学

艺术有认识世界、认识真理、提供知识的作用，但精神生产的不少领域，科学、哲学等也都有提供知识、通向真理的作用。它们的区别在于：

自然科学的特点是：1.自然科学的对象是自然事物中带永久性的东西，是从个别中抽象出带必然性的东西，个别的偶然的现象均须排除；2.自然科学的方法是证明；3.自然科学本身具有连续性，成果可以不断积累、传授。

艺术的特点是：1.心理性的生产状态：艺术是一种生产，应有产品，艺术产品必须是美与善的结合；必须能引起城邦公民的强烈共鸣，必须能给人以教育、消遣闲暇和高尚的精神享受；艺术家观察、分析生活，在创造过程中，理智和感情参与投入。2.艺术以创造为目的，必须体现一般与个别的统一，必然与偶然的统一，可能与可信的统一（模仿论与典型化），也就是要符合艺术自身的规律。3.艺术必须从头创作，艺术家本人的修养、造诣、

柏拉图与亚里斯多德

情操很重要。艺术产品的成就与艺术家自身的素质有直接关系，艺术家应该有很高的造诣，要有高尚的道德情操和修养，要有适中的美德。创作时既要有真实的情感，又有清醒的理智，要如身临其境又不处于柏拉图式的迷狂状态。

柏拉图认为诗人凭灵感而创作，而灵感是由神凭附在诗人身上而引起的，神使诗人处于迷狂状态中，暗中操纵他去创作，使他成为自己的代言人。诗人因此对现实世界的事物，只知其然而不知其所以然。而亚里斯多德认为诗要靠天才，不靠灵感或疯狂。"灵感"一词在《诗学》中一次也没有出现过。只有《修辞学》卷三谈词藻时谈到"诗是一种灵感的东西"，根据上下文意思，只是指创造活动中的思致焕发之意。

"诗人在安排情节、用言词把它写出来的时候……还应竭力用各种语言方式把它传达出来。被情感支配的人最能使人相信他们的情感是真实的，因为人们都具有同样的天然倾向，唯有最真实的生气或忧愁的人，才能激起人们的愤怒和忧郁。"①

这里看出，诗要靠天才，不靠灵感或疯狂，同时又要有真情实感。要能把人物描写得活生生的，就需要把人物的情感、心理状态、精神生活描述得活灵活现。为作到这点，诗人本身要有丰富的情感体验，否则不可能激起观众的情感。

同一章中他又说：

"诗人在安排情节，用言词把它写出来的时候，应竭力把剧中情景摆在眼前，唯有这样，看得清清楚楚——仿佛置身于发生事件的现场中——才能作出适当的处理，决不至于疏忽其中的矛盾。"

这里看出，亚里斯多德认为，文艺创造过程中是有理性活动的，他要求诗人在创造过程中要具有清醒的理性。

---

① 《诗学》，第十七章。

（二）艺术与道德

柏拉图认为艺术服从道德要求，艺术家首先应是道德家。他使艺术成为道德说教，实际上是取消了艺术。亚里斯多德认为艺术与道德相近，美和善是一致的。但艺术与道德是有区别的：道德是行为，艺术是生产，道德属于道德家本身，艺术属于广大观众，属于社会，艺术并不依附于艺术家。这与艺术家本身的道德修养不是一回事。

（三）艺术与技艺

共同点是二者都体现了运用推理创造事物的才能。

不同点包括：1.目的不同：艺术为了娱乐，技艺为实用；2.对象不同：虽二者都作用于个别、偶然的事物，但艺术不停止在个别、偶然的事物上，艺术的视野在整个自然，让整个自然和理性作用于偶然。艺术要表现事物本质，要表现事物的前景。3.性质不同：活动性质不同，技艺可以因袭、模仿、雷同，而艺术必须创造。

这样他就把艺术中"美的艺术"，即戏剧、音乐、舞蹈、绘画、雕塑等等与其它包括工艺等职业性技术在内的艺术区分开来。

美学史家所称道的是亚里斯多德并不就此停步，他再根据这些艺术各自模仿的手段、对象、方式不同来区别各门艺术的界限和特质，建立了最早的艺术分类体系之一。

首先，他认为模仿是各门艺术的共同特性，模仿也为区别各门艺术提供了尺度，也就是：1.看在什么上进行模仿，即模仿的手段不同；2.看模仿什么，即模仿的对象不同；3.看如何模仿，即模仿的方式不同。

各种门类的手段不同：音乐和歌曲使用和谐的音调和节奏；

绘画和雕刻利用色彩和形状;舞蹈利用没有和谐音调的节奏、姿态;诗歌利用语言的韵律和节奏。

这些区分是合理的,有意义的。

"艺术就是创造能力的一种状况,其中包括真正推理的过程。一切艺术的任务都在生产,这就是设法筹划怎样使一种可存在也可不存在的东西变为存在的,这东西的来源在于创造者而不在所创造的对象本身;因为艺术所管的既不是按照必然的道理,即已存在的东西,也不是按照自然终须存在的东西——因为这两类东西在它们本身就具有它们所以要存在的来源。创造和行动是两回事,艺术必然是创造而不是行动。"

简言之,例如一座房子(艺术)和一棵树不同,一棵树自然产生、自然存在,在它本身就有必然产生和存在的道理,而房子却是可以存在也可以不存在的,所以它本身没有必然存在的道理,它的存在的理由要溯源到建筑师,在这个意义上它有些偶然性,这里,他承认自然本身会有它必然存在的道理,这是唯物主义的。

就艺术来说,他把创造者从整个社会历史情境中孤立起来看,认为艺术的形成完全靠个别艺术家,而艺术本身便无必然产生和存在的道理,这是不符合实际的形而上学的看法。事实上,艺术的产生,往往与艺术家所处时代的社会需要紧密联系。

但根本的是在人类活动的区分上,他把认识、实践和创造看成三种分立的活动,既没有看出认识与实践的密切联系,也没有看出"创造"其实还是认识和实践范围以内的活动。他没有看出文艺是认识活动与实践的统一,创造活动不是在认识与实践之外的。

不过,亚里斯多德之所以作这样区分,显然是要指出艺术与科学(认识或理论活动)的分别,同时又要指出艺术与伦理和政治(实践活动)的分别。而它们之间的区别确实是存在的。

六、音乐的特殊性——音乐本质问题的研究

(一) 音乐能表现感情

他说:"节奏和乐调是一种最接近现实的模仿,能反映出愤怒和温和、勇敢和节制以及一切互相对立的品质和其它的性情。这是可以由经验证明的。在倾听节奏和乐调时,我们的心情就随着它变化。"①

又说:"而音乐在本质上是令人愉快的,在和谐的乐调和节奏之中,仿佛存在着一种和人类心灵的契合或血缘关系,所以有些哲学家说心灵就是和谐,另外一些哲学家则说,心灵具有和谐……"②

显然,他认为音乐是表现感情的,是与人类的心灵契合共通的。这是最早的音乐表情论之一。亚里斯多德关于调式和乐器表情的道德意义问题发表了不少意见,这一方面基本上与柏拉图是一致的,他仍继承着各调式及其伦理作用的古老理论。他与伯拉图一样,认为每一种调式都各自相应于某一种特殊的情感。

他认为最适合教育目的的调式是严格的、从容的多里亚调式,认为竖笛或竖琴之类用于技巧比赛的乐器,均不宜用于教育,应该采用那些能够使听者变成高尚的人的乐器。

他认为竖笛不是表现有品德的气质的乐器,而是使人产生兴奋,这种乐器与其看见就学,还不如把它用于使感情得到净化之类的场合。另一方面,他认为吹奏竖笛会使人的口形变得丑陋,这也是不宜用于教育的理由之一。

---

① 《政治学》。参见《西方哲学家、文学家、音乐家论音乐》,17页。
② 同上。

(二) 音乐是一种运动

亚里斯多德通过对动物声音的研究，确定了动物发声和空气运动性质的关系。并从生理学立场上，研究从口型的不同，分别声音的不同。他试图确定各种声音的特点，把声音分成：强、弱；光滑、粗糙；平稳、不平稳；明亮、阴暗等等。他说："声音嘶哑的原因，如同光滑和不平稳的原因一样，可以归结为由于发音的部位和乐器不同，而发的声音有粗糙、平滑，平稳、不平稳的区别……而声音的灵活与否，要看乐器柔或刚；柔的乐器可以发出大的声音，也可以发出小的声音，因此也可以发出高的声音，也可以发出低的声音……"①

这里很关键的一点，是发现了声音的产生是由空气的运动决定的，声音的音质、音量、音色则与动物发声器官及乐器本身有直接的关系，并阐明了音质、音色的多样性。把这些运用到音乐上来，他认为音乐使人们获得愉快，是因为音乐的声音是从有秩序的运动中得到的。他进而认为音乐的性质，音乐的节奏、旋律，音乐的构成都是由于运动这个因素决定的，特别是音乐和人的心理的关系，是由运动这个因素决定的。

"节奏与乐调不过是些声音，为什么它能表现道德品质而颜色香味却不能呢？……因为节奏乐调是些运动，而人的动作也是运动。"②

音乐之所以能表现人的情感，能与人的道德品质相接近，正是因为音乐能直接传达一种运动和刺激一种毅力，而这种运动和毅力是人心道德活动的基础。这就是说，音乐的节奏与音调之所以能反映人的道德品质，他认为是音乐的运动形式直接模仿人的

---

① 《论动物的产生》。
② 《问题篇》，转引自朱光潜《西方美学史》上卷，人民文学出版社1963年版，63页。

动作（包括内心情绪活动）的运动形式，音乐依靠和人的心理活动有紧密关系的运动而获得了道德的性质。例如高亢的音调直接模仿激昂的心情，低沉的音调直接模仿抑郁的心情，而其它艺术只能通过其意义或表象上间接去模仿。所以他认为音乐是最富于模仿的艺术。

绘画与雕刻仅次于诗歌与音乐。他认为这是因为绘画与雕刻不传达运动，它们不能直接表现道德性质。"在一切其它有关感性知觉领域的艺术中，譬如在我们的触觉和味觉可以接近的艺术中，没有任何和道德品质共同的东西"。[①]

在视觉感受的艺术中，我们"没有和道德品质（或译性质）真正共同的东西，我们用图画和色彩所再现的，宁可说只是这些性质的外部反映，这些性质反映在人的外貌上，这样对人的情绪有所影响。"[②]

关于音乐具有运动的性质，因而它能表现人的思想感情或按亚里斯多德所说，表现人的道德品质这个观点是亚里斯多德首先提出来，而且一直延续到今天。音乐美学家们在归纳论述音乐的特殊性时，认为音乐是具有这样的特点，至少在音乐是一种运动这个命题上，各家各派都是共同承认的。这是亚里斯多德一个了不起的贡献，虽然在论述上还是简单而幼稚的。

（三）音乐具有群众性

亚里斯多德说："除掉凡人都能享受到的这种通常的娱乐以外（因为音乐所产生的快感是合乎自然的，所以各种年龄和各种性格的人都爱听它），音乐是否对于人的性格和心灵也发生影响呢？……"虽然他不是直接论述音乐的群众性问题，但他无疑认

---

① 《政治学》。
② 同上。

为音乐是"凡人"都能享受到的娱乐；同时，各种年龄和各种性格的人都爱听它。那么，音乐对各种听音乐的人都有净化作用。

(四) 从音乐实践中认识这门艺术

亚里斯多德主张音乐教育不限于听赏音乐，而应当使人在实践中认识这门艺术，所以青少年最好能学会一种乐器。

当少年们问亚里斯多德，他们是不是自己可以唱歌或者"是否应该亲自掌握一种乐器"的时候，他作了肯定的答复。因为他认为没有操作的经验，而要成为那件事情的优秀的判断者，是很难的事，甚至是不可能的事。所以学习掌握乐器是为了能够对音乐进行判断。正因为这样，他主张少年学习科目应有读写、体操、音乐和图画四种。

但是亚里斯多德又主张如果已经过了少年时代，也就不必学乐器了，以免妨碍其他课业的学习，妨碍未来的活动。只要能够通过聆听别人的演奏而进行正当的享乐，又能进行正确的判断，也就可以了。

这里亚里斯多德主张通过音乐实践活动，培训人们鉴赏和判断音乐的能力，是值得肯定的。主张自由民从少年时期起就学习掌握一门乐器，并能聆听和判断他人演奏音乐，这种把音乐作为对自由民进行审美教育，也就是美育的重要手段的思想，也是应该肯定的。

第四节 小 结

第一，马克思在《资本论》中曾经说过：亚里斯多德是"古代最伟大的思想家"。通过我们最初步地接触亚里斯多德的哲学体系，以及他在逻辑学、伦理学、自然科学、美学、音乐美学等方面的论述，可以感到他的著作是很丰富的，他是个百科全书式的人物，涉及领域很广。仅就接触到的问题看，亚里斯多德对人类的贡献是很大的，并且具有普遍意义。

正因为批判了柏拉图的理念论，从而肯定了现实世界，肯定了艺术模仿对象是现实世界的人，这就赋予了艺术以真实性，把艺术从天上降到人间。在这个前提下，艺术的现实地位得以确定，艺术的社会作用得以肯定。艺术的地位提高了，才得以从柏拉图设计的"理想国"的文艺专制主义统治下解放出来。

第二，由于亚里斯多德在美学思想方面接近唯物主义，肯定了人的感觉是认识的基础，肯定了人的感觉、情感、心灵等和理性一样不是人的低劣部分，都是可以受理性指导和支配的，人应该得到全面的和谐的发展。所以艺术能够净化人的灵魂，能够陶冶人的情操。艺术在给人高尚的精神享受，在发挥它的教育作用的同时，能够引起人的快感，因而具有审美作用。他的主张是最早的寓教育于娱乐之中的思想。

这些都相当接近于现代人的思想，我们现在讲艺术具有教育、认识和审美作用，主张寓教于乐，是对艺术本身实际状况观察研究的结果，同时也是批判地继承了中外一切优秀的文艺遗产的结果。

第三，亚里斯多德提出的模仿论，比柏拉图的模仿说又进了一步。他不仅把模仿论建筑在唯物主义基础上，同时又提出了典型说，提出了艺术属于人类创造活动的主张。艺术是创造的产品，在创造过程中，作家要有真情实感，要有生活经历，要将剧中情景置于眼前，同时理智又要参与选择、安排等等。这些思想也相当接近现代文艺理论的主张，尽管它还是以比较幼稚的形式出现。

第四，亚里斯多德关于美的存在方式的论述，要求美的事物必须形成一个有机整体的思想，有的美学家认为，它达到了古代美学思想的高峰。因为，它体现出：亚里斯多德肯定美在客观事物之中，而不是来自"理念"；同时又提及人的感受和判断是客观存在的美的尺度，美的事物太小，超出人的视力，看不清楚，太长太大，不能一览无余等等，说明他并没有完全不考虑到作为审美者的人的一方。

美在整一的思想包含了美与善结合而又有区别的思想，艺术中美善结合，但美必须有自己感性特点，美有自己的存在方式。这种包含了寓杂多于统一的思想，包含了匀称、秩序、明确等形式美的因素。亚里斯多德把对艺术形式美的研究推进了一步。

第五，亚里斯多德与柏拉图不同，他批判了毕达格拉斯学派关于宇宙和谐的理论，也反对把和谐归之于"数"的理论，他肯定音乐是属于地上的，他摒弃一切用宇宙来解释音乐艺术的概念。与柏拉图相反，他采用了经验主义的研究方法研究音乐，而不是纯粹用思辨方法获得对于音乐艺术的本质及感性的认识。

柏拉图认为音乐的不同调式表现出不同的情绪，亚里斯多德明确提出"音乐能反映出愤怒和温和、勇敢和节制以及一切互相对立的品质和其它的性情。"这是西方最早的音乐表情论。关于音乐运动性的论述，虽然仅仅是初步发现由于音乐具有"运动"这样一种特性，使得音乐能与道德品质，与人的情感、毅力相联系。但这的确是一个有关音乐本质的问题。直到两千多年以后的今天，在世界范围内，也还没有研究清楚。这个问题就是作为物理性质的音乐的声音，为什么就能表现属于心理活动性质的情感？二者之间究竟什么关系，如何转换？

即使是亚里斯多德所提出的音乐社会作用的问题，至今也还在争论，究竟音乐有没有娱乐作用，是不是能激起人们的快感，音乐是不是只应该给人以教益？快感是不是人的低劣部分？或者说快感与庸俗下流有没有区别。仅仅强调音乐的教益作用，能否真正达到教益的目的？音乐的社会作用是教益还是快感？或者二者兼而有之？

以上种种，可以看出亚里斯多德以及毕达格拉斯、德谟克利特、柏拉图等哲学家所涉及的问题至今仍然存在。正如恩格斯所说："在希腊哲学的多种多样的形式中，差不多可以找到以后各种观点的胚胎、萌芽。"①

第六，亚里斯多德的局限。与柏拉图相比，亚里斯多德向唯物主义迈进了一大步，但是他还没有达到彻底转变。正如列宁所指出的，他动摇于唯心主义与唯物主义之间。这种矛盾首先表现在他关于事物成因的看法上，就是他的"四因论"中。虽然他承认物质是第一性的，但把形式因看得高于一切，在物质材料和形式二者之间，他更强调形式，认为形式是更基本的，认为物质原来没有形式，形式是后加的。又假设出"形式的形式"，最后又归到"神"的概念，这些都是唯心主义的。

另外在关于人类三种活动的看法上，也是把认识、实践和创造看成三种分立的活动，既没有看出认识与实践的密切联系，也没看出"创造"还是认识和实践范围以内的活动。没有看出文艺的创造活动本身正是认识活动与实践活动的统一，创造活动不是在认识与实践活动之外的。在文艺创造方面，他还把艺术家看作孤立于社会历史环境之外的，以为文艺作品的形式完全靠个别的艺术家，而艺术本身没有必然产生和存在的道理等等，这是形而上学的看法。

我们还必须看到亚里斯多德政治观点和美学观点的阶级局限：

亚里斯多德是奴隶主阶级的思想家。他不把奴隶看作人，把他们看作是"会说话的工具"，理所当然应受奴役。他为奴隶制的合法存在而辩护，反对奴隶主民主制，主张由中等奴隶主掌权，轻视平民、轻视劳动等等，这些观点具有明显的奴隶主阶级

---

① 《自然辩证法〈反杜林论〉旧序》，论辩证法。

的属性。

在美学观点上他主张悲剧主角的条件之一就是"享有盛名的境遇很好的人,例如伊底普斯、提纪斯特斯以及出身于这样家族的名人"① 等等。就是说只有上层贵族阶级的人物才可以当悲剧主角。这种思想长期统治着西方戏剧界。

另外,同柏拉图一样,他在《政治学》中关于文艺教育的主张,也是以贵族青少年为对象的。他特别看重音乐,但是主张儿童只应学会欣赏音乐,学习演奏也是为了提高自己而不是去娱乐旁人。学习绘画目的也不是当画师,只是培养鉴赏力。他认为涉及工匠技艺和劳动,就会降低贵族文化人的身份。他明确指出:"我们的教育计划排除关于音乐演奏的职业性的训练以及一切具有职业性的课程。"②

第七,亚里斯多德美学学说对后世的影响。欧洲自从文艺复兴以来,研究和阐述亚里斯多德美学的人很多,但是由于他的美学思想里,既有唯物主义又有唯心主义,有进步的见解又有落后的、甚至神秘的见解,后世的学者根据不同的立场和需要,撷取他学说中适合自己的论点,加以发挥,形成学派。他的影响是巨大而且是多方面的。

古典主义者取其"适中"和规律本于自然之说;经验主义者取其艺术引起快感之说;唯心主义者取其'世界理性"之说;形式主义者取其形式因论。

他的学说在欧洲有如万流之源,其影响所及后来各种流派。也由于此,各派在亚里斯多德的美学学说的研究中散布了许多片面性的解说、偏见和歪曲,给研究亚里斯多德美学学说带来困难。

---

① 《诗学》,第十三章。
② 《政治学》,卷七。

第五章 亚里斯托克森

第一节 活动简况

亚里斯托克森（Aristoxenus，约公元前354—？年），哲学家、数学家、音乐理论家。他的主要成就和声誉是在音乐理论方面，人们公认他为古希腊古典美学阶段最伟大的音乐理论家之一（有的材料只称他为音乐理论家）。

他出生于塔伦特市，① 死于雅典，年月不详。有的材料说他是音乐家斯本塔鲁（Spintharus）的学生，也许是斯本塔鲁的儿子。他就学于阿卡季阿（Arcadia）的曼蒂尼阿城（Mantinea），该城具有保守的音乐传统。后来他迁至雅典，在莱基姆（Lyceum）成了亚里斯多德的学生。

他是一个多产作家，归于他名下的著作达453部之多，但据考证有些不是他写的。他的论著涉及教育、政治理论、毕达格拉斯派学说、柏拉图、亚里斯多德的传记，杂记以及各种备忘录等。

亚里斯托克森的著作只有《和谐的诸因素》（Harmonic Elements）以及《节奏的诸因素》残存下来。《和谐的诸因素》共三册，是有关泛音或音阶理论的巨著。

---

① 塔伦特，即今日的 Taranto，过去的 Tarantum。

《节奏的诸因素》只有第二册幸存下来。此外还有两份文稿片断，一是论泛音，一是论节奏的。

他有关泛音以及音阶理论在古代影响很大，不少后来的学者引述他的理论。例如：普鲁塔赫的《宴会上的讲话》、《论音乐》以及克列奥尼德①的《和谐引论》中，叙述了有关他的音乐理论。由于在亚里斯托克森著作中包含了大量前人的音乐理论以及有关其他资料，流传下来的他的残存著作成为古希腊音乐理论和古希腊罗马史的主要源泉之一。至今，《新格罗夫音乐与音乐家辞典》中，希腊音乐的条目，有不少篇幅介绍他的音阶理论。

塔塔科维兹《美学史》第一卷（中译本《古代美学》）中提到，亚里斯托克森和西奥菲拉斯塔斯（Theophrastus）的音乐研究以及尼欧浦脱麦（Neoptolemus）的诗学出现在公元前第4世纪末期，形成了希腊化时期最早的艺术理论。②

第二节 音乐美学思想

一、音乐是实践的科学

在亚里斯托克森出身的城市塔伦特里，著名数学家毕达格拉斯学派阿希塔（Archytas）政治上很有地位，毕派理论很流行。亚里斯托克森熟悉毕派建立在数字理论上的和谐论，但拒不接受。他创造了与毕派不同的音乐理论体系，并且研究方法也决然不同。

与毕达格拉斯学派相对立，亚里斯托克森反对以数字规律作为音乐的基础，主张研究音乐应从音乐实践出发。他认为音乐是

---

① 克列奥尼德：生卒年不详，约公元1世纪，其论文在1694年译成拉丁文，是文艺复兴的人文主义者了解古希腊音乐美学的最重要的源泉之一。
② 《古代美学》，中国社会科学出版社，1990年，426页。

实践的科学，音乐的创作和演奏是研究音乐的出发点。与此相应，他认为建筑、绘画、雕刻是造型艺术，音乐不同于它们。

亚里斯托克森反对人们靠文字理论叙述来理解音乐。他说："有人认为，自己了解了和谐的理论规律，不仅可以变成音乐家，而且可以改善自己的性格。这种人是错误的。因为他们从文字的叙述得到歪曲的理解，好象想要证明：不论是个别的旋律，还是整个音乐，其中有的破坏人的性格，有的有益于人的性格。"① 他认为这样不能成为音乐家，还必须对音乐艺术有实践的知识。他强调音乐理论与音乐实践的统一。认为和谐是关于音乐因素的学说，是关于构成旋律的实践方法的学说。因此和谐的因素包括声音、音程、音阶体系、调式、转调（非现代意义）、旋律创作等，其中旋律、调式、作曲结构都特别重要。他认为和谐不只包括音乐理论的因素，而是与音乐实践问题有关，与音乐的创作和演奏密切相连。

二、听觉是音乐的第一判断者

既然音乐是实践的科学，用什么来判断它呢？亚里斯托克森明确地主张判断音乐的是人的听觉，而不是数学规律。他批评"我们的先驱者有一些人注意一些不相干的东西，把感性知觉当做不精确的东西加以抛弃，把理性代替知觉。他们说：在数字大小和振动频率之间有一定的对比关系，而振动频率造成了声音的高低——他们的理论距离本质太远，完全与现象相反"。并且指责一些先驱者把这种原理当做先知的语言来接受。他认为用数与音响关系的理论不能说明音乐实践中的问题，判断音乐最重要的是人们的听觉。他努力把音乐美学建立在音乐感觉的规律性上，

---

① 《和谐的因素》。

反对毕达格拉斯学派把音乐美学建立在宇宙和数的规律的基础上。他认为产生和谐的比率是听不见的，而音乐所关心的是可以听得见的相互联系的音响。音乐谐和与否应由听觉来判断，听觉是第一位的判断者。

亚里斯托克森认为音乐与几何是对立的。几何是以脱离物体的个别特点的抽象为基础的。他说："我们用听觉分辨音程的大小，用理智判断构成音乐的声音。也就是说需要习惯于分辨每个音程。这完全不象一般谈几何构造那样：假设这是一条直线，我们应当同这样谈音程的人划清界限。要知道对几何学家来说，感性知觉没有任何意义。几何学家的视觉丝毫不习惯于分辨线是否直和弯，或者分辨类似的东西，也不习惯于分辨好或坏——因为这些习惯，可说是木匠、雕刻工、镟工的职业；而对于音乐家来说，感性知觉的精确性几乎是基本性质，因为没有好的知觉就不能很好的叙述他完全没有领会的东西。"[①] 正因为强调听觉和理解力，他把对音乐的理解归功于听众，归功于听众的听觉和理解力，强调在接受音乐的过程中，听觉和理解力的重要性。

亚里斯托克森还进一步从音乐自身的规律来论述对音乐的感受和理解。

他说："虽然，对每一个演奏的旋律的了解可以归结为：用听觉和理智来感受一切声音中产生的一切区别——要知道，旋律和音乐的其他部分一样，是处在不断产生当中的——所以音乐的理解是由两个部分组成的，是从感觉和记忆组成的，需要感受正在产生的东西，用记忆把握产生的东西，因为用别的方法不可能跟踪音乐。"[②]

音乐在进行，正在产生的乐音只有知觉能感受它，已产生的

---

① 《和谐的因素》。
② 同上。

乐音只有记忆能跟踪它。耳朵需要记忆和理智的帮助。记忆的作用是使持续的结构能被知觉到。对理性的要求也不是去直觉任何宇宙的或心理的基本现实，而是去掌握音阶系统内的音符的相互关系。

象这样惊人地接近对音乐感觉的具体感性性质的说明，在古希腊音乐美学文献中是少见的。

《和谐的因素》的基本思想认为，毕达格拉斯学派阐明了数与音响学的一些理论就以为对音乐实践问题也阐述清楚了，这是不对的。在判断音乐中最重要的是听觉，音乐理论不仅要在纯思维的基础上，同时更要建立在现实听觉的基础上，否则理论毫无意义。音乐只有听它才能了解，纯粹理论性研究没有什么好处，会走上绝路。这里已有感性知识与理性知识结合的思想萌芽。

法国音乐美学家吉塞尔·布勒莱指出："亚里斯托克森在音乐领域中运用了他老师关于感性知识和理性知识的同一性的观点建立起整个古代唯一的音乐美学体系"，他"确实揭示出这样一点，他说音乐的原理存在于一种精神活动之中，这种精神活动构成了感觉，也只有它才具有美学的价值。这样，他成了理智论的奠基人，认为音乐就是有音乐性的思维。"[①]

三、研究音乐应从旋律出发

毕达格拉斯学派在音乐里着重研究音程，特别注意研究解释音程的比例关系，他们的数理论在旋律面前感到束手无策。亚里斯托克森反对毕达格拉斯学派从"数"出发的音乐观念。他认为个别的乐音要在与其他乐音的相互关系中去理解，要在较大的曲式单位的前后关系中去理解。所以亚里斯托克森强调音乐的旋

---

① 《音乐的哲学与美学》，上册。

律，强调从旋律出发，而不是从音程出发。布勒莱说："亚里斯托克森立论之独创性正在于从旋律出发而不从音程出发，他的直觉中最根本的一点是，旋律是有各种因素综合而成的一个统一的、不可分割的整体，根本不是一些构成它的音的堆砌或总和。"①

亚里斯托克森说："我们的先驱者对旋律的好听或不好听根本忽视，对各种旋律系统的数字，他们完全不想去确定，只把注意力集中在七个八弦琴上，他们说这个七个八弦琴就叫做'和谐'，或者当他们这样做的时候也不彻底，在扎金图斯市的毕达格拉斯学校和米蒂连的阿根诺尔学校的情况就是这样的。"他认为旋律的创造不是随便把声音加以组合。他说："旋律的好听和不好听，也和语言的声音的关系一样，一个音节不是随便把声音加以组合，而只是在严格确定的情况中组合的。"②

亚里斯托克森在他的论文中反对形式主义倾向，反对有人把音乐理论归结为记录音乐用的符号系统。他说："有些人认为和谐科学的目的，是在于用符号来描写旋律，并肯定：这就是每个发出声音的旋律的概念的界限……但是这种议论只可能是来源于无知。要知道用符号来表现旋律既不是和谐的目的，也不是和谐的一部分，就好象诗的韵律的图解，并非诗律学的目的和一部分一样。"

四、新的音阶体系

毕达格拉斯学派认为音程可以恰当地加以衡量而且只是按数学比率来表达，如弦的长度，管的长度，八度、五度、四度音程的比率等。

---

① 《音乐的哲学与美学》，上册。
② 《和谐的因素》。

亚里斯托克森把整个音乐的音域设想为一根连续的线条，可以划分为简单的片断。从而八度可以划分为六个音，一个音可以划分为半音或四分之一音，四度可以划分为两个半音程等等。至于哪些音程是"旋律性的"，或能在音阶中占有地位，则只能由受过训练的听觉来辨定。

正因为他把八度划分为六个相等的音，又把各个音划分为相等的半音。有的现代作家就认为他最早提出了平均律的体系。《新格罗夫音乐与音乐家辞典》中"亚里斯托克森"条目的撰写者认为这是不可能的。因为平均律是后来音乐家为键盘乐器的调音设计的，以便在各个调之间转调。古希腊当时的音乐还不存在近代意义上转调问题。

他通过明确的定义与再划分，把古希腊的音乐现象缩减为一个连贯的、有次序的体系。这一点对于5世纪后期以来应用音乐的系统化过程有很好的反映。但一些音乐学家们认为，他为了逻辑与对称的兴趣，有时把音乐真相看得过于简单，甚至怀疑他篡改了某些音乐真相，或者适应他理论的需要而自己提供一些迹象。

人们称赞他有关节奏划分的理论。认为他是第一个认识到，至少是第一个陈述了下列情况的：节奏是关于时间关系的一种有组织的体系，这种体系是可以用比率加以表达的，这种体系还可以从与节奏相结合的文字、旋律和舞蹈动作中提取。可惜，有关他节奏学说的细节已经失传。

五、应重视音乐家的教育与培养

亚里斯托克森美学的启蒙倾向在于他重视音乐家的教育与培养。昆蒂连称赞他是一个"非常好的音乐教师"。普鲁塔赫在音乐论文《论音乐》中论及亚里斯托克森的著作《宴会上的谈话》（已失传）时说："亚里斯托克森明确指出：把正确的道路保持下来和脱离正确的道路，是在教育的影响下完成的。"他认为教育能给音乐家比反复无常的趣味以更多的东西。

例如：同时代人蒂贝斯市人泰莱希耶在年轻时受到良好的音乐教育，掌握了当时最有名的作曲家的作品，如品达尔，蒂贝斯市蒂奥尼希耶、郎波尔、普拉丁以及其它创作有名的声乐和器乐的音乐家作品。他会演奏横笛，音乐的其它领域成绩也很好。但到壮年时期，他误入歧途，迷上了有趣的戏剧音乐，开始看不起他从小学的那些美好的音乐典范，开始学会菲洛克森和蒂莫非伊的作品，学会了追求风格华丽，一味求新奇的走极端的作品。但是当他着手创作时，他开始在两种风格上尝试他的力量，即品达尔风格和菲洛克森风格，偏偏在后者方面没有得到成功。原因就是因为在儿童时期所受到的良好的音乐教育给予了他比反复无常的趣味更多的东西。从而使他在迷失道路以后，把他引导到正确的道路上来。

第三节 小 结

亚里斯托克森制定了音乐科学的任务，确定了音乐理论的内容，对以后音乐理论的发展起了一定的影响。他确定了音乐美学的方向，能与毕达格拉斯学派相抗衡。

西塞罗把他的功绩和阿基米德在数学上的功绩相比。

从亚里斯托克森开始，才谈得上古希腊音乐理论和美学中两个对立的方向。人们称亚里斯托克森的后继者为"和谐派"（包括克列奥尼德[1]，高登基依[2]），称毕达格拉斯学派的后继代表是

---

[1] 公元1世纪，作《和谐引论》。
[2] 公元2、3世纪，作《和谐理论引言》。

"规范派"（普托列梅①，尼考玛赫②）。这两派之间的论争决定了晚期古希腊音乐美学的发展。

亚里斯托克森第一次尝试建立起一门自主的（autonome）即不依附于任何形而上学前提而描述并说明音乐现象的音乐美学。他已接近"把音乐作为音乐来把握的近代的音乐观"。（野村良雄）

布勒莱指出："亚里斯托克森对于音乐知觉（perception）所进行的细微分析是不会失传和被遗忘的。人们能够从圣奥古斯丁的著作中重新看到它，但不幸的是，在那里，亚里斯托克森极其深刻的教诲却在一次毕达格拉斯学派胜利的复辟中受到猛烈的攻击。"

亚里斯托克森驳斥毕达格拉斯的数字学说以及在这基础上建立的美育论（Ethos）。他指出和谐的比率是听不见的，音乐所关心的是听得见的相互联系的音响。

新格罗夫辞典《音乐美学》条目认为亚里斯托克森是音乐的自律论者，在他那里音乐是自律的现象学的体系，任何作品的形式并不是从它与其它任何现实的关系中得来的，而是与它自己的组织原则同一的。他承认这种听得见的结构从联想上可能获得伦理的意义，然而这是外来的。至于为什么人们要作这样的联想，是因为能够从中获得乐趣，满足人的渴求知识的天性。

亚里斯托克森不同于前辈的地方有三：一、理性不是去直觉宇宙或人的心理，只是为掌握音阶系统内音符之间的相互关系；二、音乐形式并不是从音乐与任何现实关系得来，而是与音乐自身的组织原则同一的；三、音乐的伦理意义是从联想得来的，是外来的，不是本身固有的。人为什么要从事音乐，并从中获得乐趣？因为人的天性是求知，所以对脑子和感觉进行精巧的训练是

---

① 公元83—161年，作《和谐的尺度》。
② 公元1世纪，作《和谐学指南》。

令人高兴的。

亚里斯托克森强调音乐创作、演奏、欣赏的重要性，更接近于音乐实践，他为音乐创作与音乐欣赏的研究这两方面开拓了方向。他谈到了人们欣赏音乐需要：正确的听觉能力，正确的音乐记忆力，正确的思维。研究音乐不能脱离音乐的实践，不能脱离对音乐本身的研究，他对于作品分析的重视，对技术的重视，使他探讨音乐相当全面深入。

现代音乐学家如波兰的卓菲亚·丽莎认为亚里斯托克森开拓了音乐心理学和作品分析的研究，从他起才开始了现代意义的音乐美学的研究。

但是亚里斯托克森在强调听觉的重要性的同时，把毕达格拉斯学派关于音乐中数的关系，全部否定也是不妥当的。他尝试在没有任何哲学前提下建立音乐美学体系固然有一定道理，音乐美学不应该始终处于为某个哲学体系的补充或例证的地位，应有它独立的完整性。但实际上音乐美学观念是不可能完全与哲学观点无关的。他作为最早的音乐自律论的主张，否定音乐内容的表现，美学史家们认为他具有早期形式主义的倾向，至今还有影响。

第六章　恩匹里克

恩匹里克（Empiricus，公元前2世纪）是希腊哲学家、音乐理论家。希腊化时期怀疑派之一。

他继伊壁鸠鲁美学的代表之一菲罗代姆之后，对希腊古典时期有关音乐的模仿论、美育论等持批判态度。

首先，他否定音乐艺术的存在。他说："任何音乐理论都是不可能的，因为任何音乐理论都认为：音乐是声音的艺术。但是任何声音是不存在的，因为德谟克利特教导我们：一切围绕我们的是原子。柏拉图说：世界只存在理念。昔勒尼学派说：世界只是感觉。但是，如果不存在声音，就不会存在声音艺术的音乐。"①

他认为既然音乐是由音符的关系组成的，而音符本身又不是现实的，而不现实的东西是不可知的。既然连音乐艺术本身都不能肯定是否存在，就谈不到音乐是否模仿自然或者反映现实，也谈不到音乐是否反映或不反映什么的问题了。所以也可以说他是从根本上对音乐模仿事物的可能提出怀疑和否定。

其次，他否认音乐能够成为知识的对象，否定音乐的伦理、

---

① 《反对音乐家》。

美育作用，否定音乐能表现、影响人的道德品质或性格，否定音乐的教育作用。他说："认为音乐可以作用于人的道德和心理的认识，完全是在逻辑分析的光辉下很容易消失的幻想。譬如有人说：音乐创造人的新性格，形成对人的美育作用。但是这显然是个错误。"他认为音乐和梦或酒一样只能让人得到"摆脱"，"音乐安慰人的情绪，不是因为它具有属于一种合理性的力量，而是它具有使人获得摆脱的能力。因此，只要这种旋律声音一停止，我们的智慧就重新返回到原来的情绪，好象它没有从旋律那里得到医疗作用一样。因此梦或酒不能解决痛苦，但是它可以把痛苦延缓，引起麻痹、减弱和遗忘。和这相同的是：一种旋律不能安慰处于痛苦中的心，或愤怒所激动的情绪。但是只要它一般地产生了什么东西，它就可以使人得到摆脱"。①

他否认音乐的鼓舞作用，他说如果斯巴达人开始进入战争时用横笛做伴奏，这并不意味着音乐给了他们勇敢，只不过让他们摆脱了不安和恐怖。

再者，他批判了毕达格拉斯学派关于宇宙和谐的原则。"至于说，世界是按照和谐样式的，这各方面都可以证明是个谎言。即使是真实的，这一点也不能有助于人的幸福，借助于乐器建立起来的和谐也无助于幸福。"②

最后，恩匹里克反对音乐理论，这是符合怀疑派原则的。怀疑派认为：客观科学的理论是不可能有的。因为人们的意见和议论是绝对互相矛盾的。关于美和艺术性质的真正知识是不存在的。

阿·夫·罗塞夫在《古代音乐美学》③中指出恩匹里克的音乐观念的特点："这是批判整个希腊古典作家的美学，所以是古

---

① 《反对音乐家》。
② 俄文版，64页。
③ 同上。

希腊在音乐美学领域中所创造的一切积极东西的瓦解和自我否定。这是古典派本身过时的合乎逻辑的终结。"

怀疑派对希腊古典音乐理论企图利用音乐美育论证音乐的形而上学和宗教性质进行了批判，但是，怀疑派没有因此建立新的音乐美学概念。

第二编 中世纪时期

中世纪时期简况

一、一般情况

"中世纪"这个词出现在欧洲"文艺复兴"时期,意思是指古典(希腊、罗马)文化期与古典文化"复兴"期之间的时代。大约从公元4、5世纪到15世纪(朱光潜认为从4世纪到13世纪)。"中世纪"这个概念,后来就被广泛使用了。社会历史学上指介于古代奴隶制与近代资本主义之间的时代,通常指欧洲的封建制时代。如果从公元476年(西罗马帝国灭亡)至17世纪(1640年)英国资产阶级革命,这样就把文艺复兴也算到中世纪里面去了。中世纪往往被称作荒凉的时代、黑暗的时代、野蛮的时代。

中世纪的划分有两种:1. 如以4—13世纪为中世纪,则是从罗马后期帝国君士坦丁大帝(306—337)算起。2. 如以5—17世纪(包括文艺复兴),则以476年(西罗马帝国灭亡)至1640年英国资产阶级革命为止为中世纪。而一般指4—13世纪,不包括文艺复兴在内。

(一)西罗马帝国奴隶制的崩溃

从公元3世纪始,罗马奴隶制社会生产力和生产关系矛盾日益尖锐,经济、政治日益衰落。长期战争、沉重的捐税使农村凋敝、城市衰落,原先比较繁荣的矿山、作坊纷纷破产停工。

与此同时，居住于罗马帝国边境的外族，主要是日耳曼人，社会生产力获得进一步发展。各部落如东哥特、西哥特、汪达尔、法兰克、阿勒曼尼、盎格鲁、撒克逊、伦巴德等结成联盟，经常向罗马边境侵袭，并以"同盟者"资格进入帝国。经一个多世纪，日耳曼部落以武力入侵形式进行民族大迁徙。公元6世纪上半叶，前西罗马帝国全部版图都已落入蛮族手中。

帝国境内的奴隶、隶农和下层人民，不堪奴隶制国家的压迫，把入侵的日耳曼人当作"救星"，与他们配合到处起义。日耳曼人陆续侵占相当于今之德、法、意、英、西班牙和东欧一些区域。

为统治和防御方便，罗马帝国在395年分裂为东、西两部，基督教也分为东、西教会（东叫"正教"、西叫"天主教"），其中与中世纪欧洲政局和文化特别有关的是西教会。东罗马帝国以君士坦丁堡（今土耳其的伊斯坦布尔）为首都，西罗马帝国以罗马为首都，东西两帝分主。401年，西哥特人攻罗马；408年再次攻罗马，410年西哥特人与罗马城内起义奴隶内外夹攻，捣毁罗马城。455年汪达尔人再度攻陷罗马，"永恒之城"成为废墟。

476年，西罗马帝国灭亡。标志着欧洲奴隶社会历史的结束，开始了封建社会的历史。

东罗马帝国以君士坦丁堡为中心，一直延续到15世纪，也称为拜占廷帝国。

（二）西欧封建制度的建立

西罗马帝国灭亡后，日耳曼人于西欧建立了许多封建国家，如北非的汪达尔王国，西班牙的西哥特王国，意大利的东哥特王国，高卢的法兰克王国，不列颠的盎格罗撒克逊人的王国。其中法兰克王国在6世纪中叶成为西欧最强大的封建国家。

从奴隶制到封建制是一大进步，但和东方各国比较，西欧封建社会初期相对落后。生产不发达，自然经济占统治地位，封建割据严重，没有作为工商业中心的城市。历史学家们认为，这与当时生产力低下以及日耳曼人由原始氏族社会直接转变到封建社会有关，也就是说西欧从奴隶占有制向封建制度过渡时，一度发生经济和文化衰退现象。这种落后状态大约持续四百年左右。

在罗马帝国时期，从3世纪以后，带有新的生产关系萌芽性质的隶农制日渐发展。隶农就是在奴隶主土地上耕种的佃户，种小块土地，向奴隶主交租和服劳役，人身也有一定的依附关系。

入侵的日耳曼人"蛮族"，将掠夺的土地分赐功臣、随从部落、各地酋长，被征服的居民沦为农奴，没有人身自由。土地全归封建主所有，大小封建主之间把土地层层封受，即等级所有制。封建制度逐步形成。恩格斯指出中世纪初期的农奴制"包含着古代奴隶制的许多成份"。①

公元800年，查理曼大帝受教皇"封"帝，标志着封建制度的奠定。"神圣罗马帝国"成立，也标志着近代国家的兴起（查理曼大帝统治疆域包括今之德法等国的地区）以及宗教与封建政权的联盟。

11世纪始，西欧封建社会有了明显的发展，标志之一是城市的发展。

（三）天主教会的扩张

西罗马帝国灭亡后，基督教会仍保留下来，由为奴隶主阶级服务的宗教转变成为封建主服务的宗教。西欧封建初期王权微弱、封建割据严重，天主教乘机扩张。在此后几百年中，罗马主教的地位迅速提高，他不仅是天主教会的首领，同时也是世俗政权的首领。从5世纪起，罗马主教改称"教皇"。高级僧侣们用各种手段搜刮钱财，教会本身变成极大的封建主，竟然拥有全欧

---

① 《全集》19卷364页。

土地的四分之一。8世纪时法兰克国王丕平把意大利中部土地送给教皇，奠定了教会领地的基础。

天主教会对封建制度的奠定起了很大的作用。教会的官阶也是按封建等级制来划分的。他们还制造出"神权说"，作为封建统治的理论基础。"神权说"中心是说世俗政权是由上帝授与的，教皇是上帝在尘世间的代理人。他代理上帝把政权以及该政权所辖土地、人民授与国王，国王以下的各等级权益也是逐级递授给下一层，一直到农奴。国王加冕应由罗马教皇主持，这就是"封"。自公元800年查理曼大帝受"封"后数百年的历史就成为教廷与世俗政权之间相互勾结与冲突斗争的历史。

西欧封建社会，宗教是中世纪占统治地位的思想体系，是宗教生活和世俗生活的绝对权威。在政治、宗教、道德、教育、哲学、科学、文学和艺术方面，即在每一种人类活动的领域里，有组织的教会都有极大的影响。教会作为上帝在人间统治的代理人和天启真理的泉源，变成教育的监护人、道德的检查官、文化和精神事务的最高法庭；它是文明的机构、天堂门户的掌管者。既然教会直接从上帝那里接受真理，就没有必要寻求真理，哲学除去作神学的婢女以外，没有别的用处。人类理性只限于使天启的真理或基督教的教义系统化和容易理解而已。

在宗教信仰和仪式方面，个人服从教会，教会居于个人和上帝之间，在生与死的一切重大事情上都有十字架的阴影出现。在巨大的上帝之城以外一个人不能得救，只有在巨大的上帝之城才使一个人能够得救。它守护一个人从摇篮到坟墓，甚至发给他进入天堂的护照。

教会认为自己高于国家，并力图实践它的理论，这样，它同几个德国皇帝发生过冲突。教会同国家的关系，有如太阳同月亮的关系。罗马教皇英诺森三世当权时（1198—1216年）教会权力达于最高峰，他有称霸世界的野心。

国家本身对待人民也以权威自居，君主靠神圣的权力而统治，人民由神主宰命运，注定要恭顺统治阶级的统治。一个国家里的个人在社会、政治和经济方面要受约束、遵守纪律。对人民大众来说，驯服是生活的规律，他们要使自己服从某一集团，即对统治者、君主、行会、师傅和家长恭顺。权威和传统高于舆论和个人的良知，信仰高于理性，团体高于个人，等级高于人类。

在封建制度的这个阶段中，宗教的专横使思想上的阶段斗争采取了独特的形式。农民和手工业者反对世俗封建主和教会封建主的斗争以及统治阶级的内部冲突，经常带有宗教的色彩。反对封建剥削制度的起义，也就是异教反对教会正统思想的起义。

二、中世纪的哲学

自从西罗马帝国灭亡，东哥特人占据了皇帝的宝座，西欧、西南欧和北非开始了日耳曼人的统治以后，当时需要解决的问题是揉合罗马——基督教文化同日尔曼民族的观念和制度。但是，野蛮民族接受罗马基督的文明必须有漫长的过程。旧世界中较高的文化被忽视，基督教徒所占领和开垦的哲学园地几乎被荒芜，各个人类活动领域都遇到了严重的实际问题。野蛮民族必须首先掌握知识的要素和工具，才能赏识有教养的民族的最高成就。

受基督教神学束缚的哲学，仅仅保持过去的传统。在有较高文化的东罗马帝国，几乎普遍对神学问题感兴趣，但只表现为毫无结果的争辩、撰述百科全书式的手册或有系统地搜集教义，如公元700年左右大马士革的约翰所做的那样。在西方，写作科学、逻辑和哲学教科书以及注释的有马尔提尔努斯·卡帕拉（430年左右）、鲍埃修（480—525）和卡西奥多鲁斯（477—570）。而塞维尔的伊西多尔（636年以前）和贝德（674—735），因编纂显然缺乏创造性思想的摘要而很容易地享有了博学之名。许多有教养的希腊人和罗马人对混杂不纯的基督教著作只有表示轻蔑。

基督教会组织发展以后，基督教僧侣逐渐担当起过去哲学家所肩负的文化领导任务，成为学术的监护人。几乎所有的东西罗马大作家都是僧侣。中世纪开始时，日耳曼民族处于上升阶段，但知识的火炬闪烁着暗淡的光芒，新增补的教区僧侣大部分来自野蛮人的后裔，他们对于研究希腊哲学、文学和艺术，毫无兴趣。第7、8世纪可能是西欧文明最黑暗的时期，极为愚昧和野蛮，往昔古典时期的文学艺术成就行将凋零殆尽。

在这荒凉时代，修道院不仅是被迫害和被压迫的避难处，而且是被轻蔑和被忽视的文学艺术的庇护所。在修道院，凡是文艺和科学中留传下来的东西都被保存和加以研究，人们抄写手稿，对较高的精神理想的喜爱活跃起来了。修道院还建校授课，尽管枯燥贫乏。但一个较有希望的时代开始了，那时查理曼鼓励教育，招聘学者入境，创立学校教授七艺（文法、修辞、逻辑、算术、几何、天文、音乐）。这些学者有教会的执事保罗（伦巴德的历史学家）、爱因哈德、安吉伯特和其中最伟大的阿尔克温（735—804年）。

阿尔克温是约克修道院的学生，后来成为查理曼大帝教育事业的主要顾问。他在图尔的修道院学校成功地激发起人们对哲学问题的强烈兴趣；他撰写了文法、修辞和论辩术，即三学科的教科书，还撰写了一本受柏拉图和奥古斯丁思想影响的心理学著作。他的弟子当中有弗雷德吉苏斯和腊巴努斯·毛鲁斯（776—856年）。前者是《虚无和暧昧》的作者，后者是编纂家和教科书的撰写者，人们称之为日耳曼学派的创始人。

这个时期一直没有思想史上重要的著作出现，到第9世纪中叶，约翰·司各脱·伊里杰纳（或依留杰纳）才出版了一本书，这本书是教父哲学的继续和基督教思想史上一个新纪元的先驱。

中世纪的哲学大体分三个时期，各时期之间又有交叉。

(一) 教父学:"教会父老"哲学或"教会神父"哲学

公元 1—5 世纪的基督教神学,是最先企图论证基督教教义的哲学,激烈地反对古希腊罗马哲学,维护基督教。从 3 世纪始,他们并不简单反对古希腊罗马哲学,而是利用柏拉图的学说,把它加以改造、发展,来论证基督教。也就是用新柏拉图主义①来论证基督教。试图以希腊思想为基础来创建宗教哲学,这在新柏拉图主义中达到了登峰造极的地步。柏拉图的体系成为宗教世界观的构架,并吸取了逍遥学派和斯多噶学派思想中有价值的东西。上帝被认为是万物的泉源和归宿,万物从他而来,又复归于他,他是起点、中点和终点。代表人物有德尔图良(约 150—222 年);奥力金(约 185—254 年);奥古斯丁(354—430 年)。因为他们是基督教教义奠基人,后来被称为"教父"。

"教父学"是在罗马帝国时代基督教国教化的过程中,由信奉基督教的奴隶主思想家炮制出来的。狭隘的宗教观念,仇恨科学知识,为阶级压迫辩护,鼓吹禁欲主义等,都是教父哲学的特征。教父学主要内容:"三位一体"说;创世说;原罪说;天堂地狱说;信仰主义和天启论。这些在奥古斯丁学说中都有明确的论述。

教父学还可分为两派:西方派(即拉丁派),东方派(即希腊派)。

(二) 经院哲学(繁琐哲学)

经院哲学是封建社会宗教唯心主义的哲学派别。它是在 8 至

---

① 新柏拉图主义,盛行于 3—6 世纪,正值罗马帝国衰亡时期,最初产生于亚里山大里亚,称"亚里山大里亚—罗马学派",其中安莫纽·萨卡斯(175—242 年)是创始者,无著作留下。后由普洛丁(204—270 年)于 244 年发展了这个体系。4 世纪时在叙利亚出现了扬布里可学派(330 年以前)。最后一个派别雅典学派是小普鲁塔克(350—433 年)和普罗克诺(410—485 年)在雅典建立的。

10世纪天主教强盛的基础上形成的。教皇与皇帝之间的斗争，到11世纪末，胜利转向罗马教皇，经院哲学也彻底形成。这个哲学派别起初实际是天主教学园中教学的派别，它完全支配了教学系统，后来成为中世纪哲学的基本派别，直到15世纪才僵死。

中世纪神学高于一切，"哲学是神学的奴婢"，教会已为哲学规定了它的地位和作用。经院哲学的阶级作用就是感化人民大众，使他们相信封建剥削制度是神圣化的，是神亲自造就的，谁反对它就违反神的意志。

这个学派不研究自然和现实，致力于从教会的一般信条中作出具体的结论，并规定人们的行为准则。他们使用了肤浅的、人为的手腕，企图论证和维护官方教会的思想体系，从事空洞的咬文嚼字的辩证和校勘各种假权威的文章。极端唯心主义和极端形式主义是经院哲学的特征。

他们费尽心机琢磨"方法"，纯粹从字面上进行论证，所采取的方法是演绎法，就是把三段论法一个个串连起来。

他们以如下题目写了许多论文：1."亚当被上帝创造出来的时候究竟是几岁？"2."在将来死人复活时，亚当的肋骨在谁的身体里复活？在他自己的身体里还是在夏娃的身体里（圣经上说夏娃是由亚当的一根肋骨造成的）？"3."天使要不要睡眠？"4."万能的上帝能不能创造一块连他自己也举不起来的石头？"等等。

经院哲学最著名代表是大主教坎特布里的安瑟伦（1033—1109），他被称为"最后一个教父和第一个经院哲学家"。他是圣·奥古斯丁的信徒，认为知识是信仰的奴仆。

经院哲学中起初影响较大的是新柏拉图主义，而从13世纪开始，则是被歪曲了的亚里斯多德主义。托马斯·阿奎那（1266—1274）的经院哲学体系影响很大，企图从亚里斯多德主义去论证天主教教义和封建制度。19世纪末，教皇利奥十三下令宣布他的学说是天主教会的"唯一真实的哲学"。

列宁说:"僧侣主义扼杀了亚里斯多德学说中活生生的东西,而使其中僵死的东西万古不朽"。①

(三) 唯名论与实在论的斗争

公元 10 至 11 世纪发生的唯名论和实在论之争,具有极大意义,它延续了好几个世纪。在欧洲的各个城市和修道院都有过异常激烈的辩论。争论的对象是:一般概念或当时所谓的"共相"(如"一般人"、"一般房屋"、"善的本身"等等)的本质。

实在论断言一般的概念(共相)是真实的客观存在的,它们先于个别事物而存在。也就是说某种精神实质或先于单个物体而存在的"原型"是真实地存在着的。例如他们说最先存在的是作为人的"观念"的"一般人",然后才有这种"观念"的产物——单个的人。

这实际是柏拉图所谓彼岸世界才是现实的、而地上的现实世界不过是理念世界暗淡的复写论调的翻版。后来温和的"实在论"则是建立在亚里斯多德关于"形式"的唯心主义学说上的。

实在论的代表人物是坎特布里的安瑟伦和查姆伯的威廉,托马斯·阿奎那也属这派。

唯名论认为只有单个的、个别的物体是存在着的,而共相则是简单的名称或名字,这些名称或名字是人们给予单个现象的,"事物先于一般概念而存在","一般概念就是名称"。和实在论相反,他们认为只有包含独特性质的个别事物才是真实存在着的,而我们思维所创造的关于这些事物的一般概念,非但不能不依赖事物而存在,甚至不能反映事物的特性和性质。

唯名论的代表人物是约翰·洛色林,邓斯·斯各脱及威廉·奥卡姆。

---

① 《哲学笔记》,333 页。

唯名论发展的最初阶段是在 10—11 世纪。经院哲学家图尔的贝尔加仑（约 1000—1088 年）只承认感觉器官所感觉到的东西是真实的，否认一般精神实质的真实性。由此得出异教结论，认为在教会的圣餐仪式中人们所吃的是面包，喝的是酒，而不是象教会所说的是"主的身体和血"。他写道：即使基督的身体大如巨塔，也早就被吃得一干二净了。

11 世纪末，法国一天主教教师约翰·洛色林（约 1050—1112）大力论证唯名论，他利用唯名论对"圣三位一体"作了异教的解释。

透过神秘的神学外衣，唯名论是唯物主义的最初表现。他们争论的归根到底是：客观存在着的、可以感觉得到的物体先于一般观念（唯名论的看法），还是观念先于物体（实在论的看法）；人们的认识是从感觉到概念，还是从概念到物体。列宁说："中世纪唯名论者和实在论者的斗争具有与唯物主义和唯心主义斗争的相同之处。"[①]

中世纪哲学各派别的产生和冲突，反映出已经发展起来的封建主义制度内部的阶级斗争。唯名论者站在反对官方教会的立场上，反映出新兴城市手工业和商业阶层的思想体系。他们渴望经验、知识和某种程度的自由思想。实在论者显然是唯心主义的。不过，唯名论者没有看到一般和个别的统一，他们否定了那些表现在个别物体的联系和有规律的发展中的一般的本质的特性。

三、中世纪的另一面——孕育着文艺复兴的到来

13 世纪，城市和它的手工业行会制度、商业、货币流通、高利贷等的作用愈来愈大了，天主教会首先享受到由此而产生的一

---

① 《列宁全集》20 卷，173 页。

切利益。罗马教会的实力和财富快速地增加，13世纪达到了顶峰。城市工商业发展所提出的需要刺激了研究技术、科学的兴趣。在科学和哲学中形成了一种进步倾向，开始考虑古希腊、罗马文化和东方文化的卓越成就。

此时封建制度固有的一切矛盾尖锐化了，带有异教形式的思想斗争愈来愈激烈。为了和异教作斗争，宗教裁判所建立起来了，在好几个世纪里，残酷地镇压一切与宗教学说相违背的文化、科学活动和异教思想。

在巴黎、意大利和英国许多城市建立了第一批大学。它们都是经院神学的正统信仰的发源地。但在这里也产生了从内部反对经院哲学的派别。对于正统的经院哲学来说，和13世纪末、14世纪初重新活跃的唯名论思潮作斗争是最困难的事。

13至14世纪期间，英国经济发展较快，农民已获自由，阶级斗争尖锐，反对罗马教皇运动风起云涌，城市和某些封建主集团跟王室政权进行了斗争。14世纪中叶，手工业者奥特·泰勒领导了农民及城市贫民大规模起义。

英国出现了先进思想家、新时代实验科学的先驱罗吉尔·培根（约1214—1294年，法兰西斯科教派僧侣，被禁闭在教会牢狱14年）。他揭露僧侣甚至教皇的丑事败行，他写道："教会成为欺骗与谎言的渊源，僧侣们沉溺于奢侈的生活。"

他批判了经院哲学的方法，主张依靠经验，因为经验"能够认识现象的原因"。他认为进行实验的本领胜于一切思辨的知识和方法，实验是科学之王。他认为单个的物体是最高的实在。他试图割断哲学和神学的联系，使哲学摆脱教会的压迫。

苏格兰经院哲学家、法兰西斯科教派僧侣约翰·邓斯·斯各脱（约1265—1308）是个唯名论者。他提出罗马教皇最为痛恨的问题：关于教会财产的危害性和关于贫民的福利问题。这种言论非常引人注意。当时人民认为他们自己夹在两片磨盘中间：教皇的压榨和君主的暴虐。

马克思说:"唯物主义是大不列颠的天生的产儿。大不列颠的经院哲学家邓斯·斯各脱就曾经问过自己:'物质能不能思维?'为了使这种奇迹能够出现,他求助于上帝的万能……,此外,他还是一个唯名论者。唯名论是英国唯物主义者理论的主要成分之一,而且一般说来它是唯物主义的最初表现。"①

英国经院哲学家威廉·奥卡姆(约1300—1350)发展了邓斯·斯各脱的唯名论思想,一生都与教皇作斗争。他认为只有单个的物体才是真正存在的,而共相仅存在于"心灵和词句"中。他认为对客观世界的认识是从经验开始的。他断言物质实体无始无终,是永恒的。认为物质本身就是现实,它并不需要什么想象的"形式"。奥卡姆划分了教会权力范围和国家权力范围,这与他划分信仰领域和知识领域是有联系的。他否认神学的意义,站在城市居民(仇视封建主)所支持的巴伐利亚的路易皇帝一边。

唯名论加速了经院哲学的破产,为自然科学的发展准备了条件。尽管奥卡姆的观点遭到官方教会的禁止,但在14—15世纪这一思潮却在巴黎大学建立了完整学派,并展开研究数学、力学、天文学等。但教会查禁并焚毁了他们的著作。

经院哲学在中世纪占统治地位,但它不是唯一的哲学派别。当时各种神秘主义的学说也相当盛行,特别是在异教徒中间。

神秘主义把认识归结为人的直接"彻悟",或人的灵魂与神的本原相"汇合",他们既排斥经验又排斥逻辑。但在中世纪特殊的历史条件下,他们的某些社会观点是有意义的。例如:他们认为不需要教会组织,认为神和人之间不需要这种"中间人";经院哲学家的学识是虚妄的等等。最激进的神秘主义异教徒甚至要求取消教会的统治以及它的一切财产和等级制度。他们要求建

---

① 《神圣家庭》。

立人与人之间的"自然平等",消灭等级特权。他们最喜欢的格言是:"在亚当耕田,夏娃织布的时候,贵族在哪里呢?"

四、中世纪初期音乐等艺术状况

(一) 造型艺术在中世纪初期几乎完全被禁止

《圣经》旧约上的戒律:"你们不可以自己雕刻偶像;也不可作任何天上、地上和地底下水中百物的形象。"[①]《使徒行传》中记述圣徒保罗在希腊神庙看到许多雕像的情况:"保罗在雅典等候他们的时候,看见满城都是偶像,心里非常难过。他每天在会堂里与犹太人和敬拜上帝的外邦人辩论,又每天在广场上跟偶然遇见的人辩论。……然后保罗……说,雅典的居民们!我知道你们在各方面都表现出浓厚的宗教热情。我……观看你们崇拜的场所,竟发现有一座祭坛,上面刻着:'献给不认识的神'。我现在要告诉你们的,就是这位你们不认识、却在敬拜着的神。这位创造天、地和其中万物的上帝乃是天地的主,他不住在人所建造的殿宇。……既然我们是他的儿女,我们就不应该幻想上帝的本性是能够以人的技巧,用金银或石头所雕刻的偶像相比拟的。"

公元754年,君士坦丁宗教会议正式通过决议:"基督在他的光荣化的人身中,虽然不是无形体的,却提升到超越感性事物的一切局限和缺陷,所以决不能通过人的艺术,按照一般人身的类比,用形象把基督表现出来。"因此最后宣布,凡是用图形去表现基督和圣徒的人一律开除教籍。理由很简单:上帝是超人的,是超越感性事物的一切局限和缺陷的,所以决非以人工技巧,用金、银、木、石雕塑的偶像所能比拟。

这样,不仅圣经、宗教会议制定戒律,而且从实际行动上,肆

[①] 《出埃及记》第二十章、4、5节。

无忌惮地破坏捣毁古希腊、罗马已有的成千上万的雕塑珍品。当然，民族大迁徙，以及连年的战争等，也损坏了不少珍贵的古希腊、罗马的文明，但是基督教镇压文艺的活动，也是惊人的，历史上屡有记载。

例如公元4世纪，希阿多什大帝在罗马帝国东部镇压"邪教"（异教），把境内所有的希腊罗马庙宇、建筑、雕刻、图画、文物等一概毁灭。这种运动延续几百年。6世纪，当教皇格里高利一世（在位期590—604年）在位时，法国马赛区主教下令销毁所有的圣像，开展"销毁偶像运动"。尽管教皇格里高利一世认为基督图像有利于不识字的教徒理解教义，他出面干预这个运动，但东教会这种销毁运动竟持续一百多年。君士坦丁宗教会议决议（754年）也是到公元9世纪中叶以后才告无效。

物极必反，几世纪以后，建筑、诗歌、雕塑和绘画都成了基督教礼拜的组成部分。特别是大量的表现宗教内容的镶嵌画和壁画被认为是"不识字人的《圣经》"而风行一时。与造型艺术相比，音乐是唯一得到教皇赏识、运用的艺术。音乐这种特殊地位，恐怕是西方历史上空前绝后的。

（二）音乐为宗教服务

与造型艺术的命运相反，音乐成为宗教仪式的工具，因而受到教会的有力支持。

犹如哲学变成神学的"婢女"一样，音乐也从罗马时代的自由艺术变成了普通奴仆。鲁派尔特神甫写道："七种自由的科学（艺术）以女仆的身份走进了自己智慧的女主人的神圣的房屋，好象接到了命令：叫她们由从事放荡的活动转变成为神学服务，而从前她们好象是放荡而爱说闲话的姑娘，整天在大街上闲逛。"[①]

七种自由艺术即："三艺"（文法、修辞学、逻辑学）与

---

① 引自《从美育论到主情论》。

"四艺"（算术、几何、天文、音乐）。这四门又都放在数学的科目下面，当时认为音乐是数学的一部分。

不熟悉基督教在欧洲的兴起、成长、传播的过程，就无法理解中世纪音乐艺术的发展。因为在这段时间里，基督教教会是音乐艺术最大的保护者。音乐是基督教会里礼拜仪式中唯一允许使用的艺术，而且使用得很频繁。甚至可以说，哪里有礼拜仪式，哪里就有音乐。例如基督教礼拜仪式，从夜晚到白天，几乎每三小时要礼拜一次。最古老的称作日课，内容包括圣诗、颂赞经或是颂歌。音乐最有效地帮助了教会，反过来在教会的保护下，音乐的发展得到了比以往任何时候，包括古希腊的黄金时光，都要大得多的推动力。

然而，音乐为教会服务，得到教会的大力支持是以排除、攻击世俗音乐为前提的。教会神父们为了巩固基督教在意识形态领域中的绝对统治地位，激烈地斥责、排除世俗音乐。他们认为教会的音乐

唱圣咏者

改善人的性格、培养人的虔诚；世俗音乐却正相反：伤风败俗，腐化人的灵魂，使他们丧失理智，受情欲操控等等。

（三）推崇声乐，压制器乐

早期基督礼拜堂里只允许唱歌，不许演奏乐器。教会神父对器乐的否定是与对世俗音乐的否定结合在一起的。古希腊、罗马解体时代的音乐文化中，技巧性的器乐最富特色，很有表现力，正是民间所喜爱的。但是古希腊罗马末期，炫耀技巧的器乐，被认为是淫荡的，从而败坏了器乐的名声。奥洛斯管尤其受到憎恶，里拉琴和基萨拉琴在教堂中不许使用，除非私人礼拜堂。

公元370年无名作者在《信徒问答》中指责"没有灵魂的乐器",高度赞扬"纯净的歌唱":"歌曲使肉体的贪欲平息;歌曲消除无形敌人激起的邪恶思想;歌曲像露水滋润土地那样,使灵魂适于完成善行;歌曲使虔诚的战士在忍受巨大痛苦时表现得高贵、勇敢;歌曲是能医好人生斗争创伤的药膏。圣保罗把歌曲叫做'灵魂之剑',因为它保护虔诚的骑士抵抗无形的敌人;如果在激动时把'上帝的话'唱出来,它就有驱逐魔鬼的力量。"

显然基督教推崇歌曲,是因为它首先有宗教内容的歌词,同时用音乐表现虔诚的情感,能发挥为宗教服务的巨大作用;而器乐被认为不能如此,因为它没有歌词,它只能用音乐本身抒发情感,而这种令人难以捉摸的情感内容,不见得就一定是宗教性的。

教会要求使人们全身心的虔诚崇拜,不分一点心于其它任何事物。正如13世纪,经院哲学大师托马斯·阿奎那(1226—1274)在《神学大全》中,对教会只接受歌唱所作的解释:"器乐和歌唱都在《旧约》里提到了。但是教会只接受歌唱,是因为歌唱的道德价值;教会反对器乐,因为乐器是有形的,而且使人眼花缭乱,甚至会把人引向世俗的情欲。所以使用乐器是不明智的,因此教会禁止乐器,只以对上帝的赞颂来分散会众对世俗事物的注意力"。

所有声乐中,歌词高于一切,歌词都是赞颂上帝、宣传宗教的,是神圣的。教会神父要求旋律服从歌词,把歌词、言语看得比音乐演唱高。在歌唱中,重要的不是声音而是语言。有的神父甚至为了歌词而牺牲旋律,宁可用发音不准的歌手,也不愿意用忽视歌词意义的歌唱家。

圣诗的演唱方式主要有两种:

"应和式"(responsorial)指的是合唱队与独唱者的应答。这种应和式风格把炫耀技巧的因素——独唱者复杂华丽的花腔带进了教堂音乐。这种华丽风格早被引进了罗马教会,公元4世纪末教皇达马苏(Pope Damasus 约304—384)认可了花腔,这一技巧在《哈利路亚》中得到使用，它充满了快速华丽的花腔的欢乐曲调。五百年后，这些欢乐的花腔发展为教堂音乐的一种新的重要形式"继叙咏"（sequence）。

这种花腔，直到今天仍然为东方的歌手——阿拉伯、波斯、埃及的音乐家及犹太教会歌手所喜爱。

"对答式"（antiphonic）指的是一个双重合唱队的交替对话。在中世纪音乐中，对答式音乐保持了一种相当朴素的、音乐清晰的朗诵风格。参加礼拜仪式的会众也要参加歌唱，礼拜堂中无听众。

（四）格里高利圣咏的传播

胡果·莱希滕特里特认为早期中世纪音乐，也就是基督教音乐从犹太圣殿礼拜中获得它的结构和礼拜仪式程序；从希腊音乐中得到它的乐理基础和音乐体系。它的音乐素材，包括旋律和节奏来自犹太和希腊—罗马。至于归依基督教的高卢、日耳曼各国、英格兰、爱尔兰这些国家的影响，在一千年以后才显露出来。

教皇格里高利一世任职期间，争取到了对所有意大利国家事务的领导权，并在罗马帝国势力中取得越来越独立的地位。著名的格里高利圣咏，虽然不能把功劳全归于他，但至少应把圣咏系统化的功劳归于他。

格里高利圣咏从6世纪至今都作为天主教音乐的基础。

据一些学者，例如埃德松（Abraham Zei Idelsohn 1882—1938，犹太音乐史的奠基人）认为：在格里高利圣咏里，有许多旋律程式，甚至完整的旋律，和犹太曲调非常近似，有的部分则完全相同。也就是说：现在叫做格里高利圣咏的音乐，有相当一部分留有由天主教会继承的古代犹太音乐遗迹。

同时，格里高利圣咏中也有古代希腊音乐艺术遗留下来的东西，至少古希腊的乐理是格里高利圣咏形成的一个因素。古老的希腊调式——多利亚、弗里几亚、里底亚、混合里底亚和伊奥尼亚音阶或曲调都由天主教音乐继承下来，尽管有误解误传之处。

从6世纪到12世纪格里高利圣咏已经发展了五百年，并已成为一种基础巩固、有气势、有条理、富于表现力的艺术。

格里高利圣咏包括无数旋律和好几千首歌曲，集中了大量的音乐作品。全是单声部旋律，没有和声，没有伴奏，是用纽姆谱记录声音的体系。全部注意力和趣味都集中在旋律的结构、表现，以及旋律同歌词、节奏的关系。

胡果·莱希滕特里特认为：所有中世纪关于音乐思想中那些合理的、有创见的部分，最终都在格里高利圣咏中找到了恰当的位置。它的雄伟结构不仅是当时宗教感情最完美的表现，也是音乐上最伟大的成就之一。同时期的欧洲文学、其它艺术没有比得上它的。他认为：格里高利圣咏的所有特点，如严肃的宁静、奇妙恰当的比例、旋律的壮丽轮廓、激动而不失于克制、巧妙而吸引人的结构、外观简练基础平稳，都类似罗马式建筑风格。"只有11世纪——13世纪的基督教艺术的不朽作品罗马式建筑才比得上"。

（五）中世纪初期的音乐教育

中世纪时期，如前所述，只是在修道院这个被迫害和被压迫者的避难所及文学艺术的庇护所里，文艺和科学中留传下来的东西才被保存和加以研究。修道院所建学校，成为传授知识的场所。（直到查理曼大帝时，才重视教育，招聘学者入境，创立宫廷学院，教授七艺。）

经院哲学把音乐看成数学，当时几乎没有一位有地位的神学家、哲学家或政治家、历史学家、诗人不认为自己有责任探讨音乐的性质。这也解释了中世纪之所以有大量理论性文章留下，而音乐除格里高利圣咏和赞美诗以外，几乎没有其它实际音乐文献留下的原因。

较早的专修音乐的修道院学校，起先在近东地区，包括叙利亚、安蒂奥克①和埃及建立。

公元 5 世纪，罗马也仿效这种做法，在教皇西克斯特斯在位（432—440）期间，建立了一个专门练习唱圣诗的修道会；接着教皇大列奥在位（440—461）期间创建了圣·约翰修道院和圣·保罗修道院，后来在圣·保罗修道院增设了著名的（schola cantorum）教皇歌咏学校。这个学校在以后几百年里，对教皇在圣彼得大教堂中作礼拜，以及罗马教会势力范围内的教会音乐都非常重要。

迟至 15 世纪，著名的巴黎大学、牛津大学、波伦亚（Bologna，意大利北部城市）大学、帕多瓦（Padua，意大利东北部城市）大学、布拉格大学明确规定：不仅专业音乐家，而且每个要取得文学硕士学位的人都要学习音乐。在这里，音乐被当作一种经院哲学意义上的艺术，即一门科学，而不是现代意义上的艺术。

五、中世纪音乐美学的三个阶段

第一阶段：5—11 世纪，从奥古斯丁到阿列金市的规多；单声部占优势，采用纽姆记谱法推广格里高利圣咏。

第二阶段：从 11 世纪（阿列金市的规多）到 13 世纪；音乐中的复调音乐因素的发展和精确的记谱法出现。规多所作的记谱法的改革，产生了精确地记录旋律和时值的可能性，从而影响到音乐的创作和音乐观点。

第三阶段从 13 世纪"新艺术"产生到 14 世纪末，为文艺复兴的艺术与美学作了准备。

中世纪有许多重要的哲学家、音乐家、理论家：如奥古斯丁、鲍埃修、卡而奥多尔、伊西多尔、别达、列基诺。在这一大批人物中占领导地位的是基督教神学家奥古斯丁和罗马市的新柏拉图派的哲学家鲍埃修。

---

① 土耳其南部城市，今之安塔基亚（Antakya）。

第七章 奥古斯丁

第一节 活动简况

圣·奥古斯丁（S. A. Augustinus, 354—430）生于北非希波安那马①。北非当时已处在罗马帝国版图之内，完全在罗马文化笼罩之下。父亲巴特里基乌斯（Patricius）是个异教徒，母亲蒙尼加（Monica）是个基督教徒，对他都有很大影响。18岁时到迦太基攻读文法和雄辩术，19岁开始爱好哲学，由于探索恶的来源问题，皈依了摩尼教。毕业后，先在本城执教，后赴迦太基教授雄辩术八年。因为对迦太基的学风不满，382年渡海至罗马，到米兰，仍教授雄辩术。

奥古斯丁

在米兰，他钻研哲学，对柏拉图、西赛罗、普洛丁等著作进行研究，深受新柏拉图学派的影响。对希腊罗马古典文学有相当深入

---

① 安那马（Annama）原称 Bone，在阿尔及利亚境内南部的塔加斯特（Thagaste），即今阿尔及利亚的苏克阿赫拉斯（Souk Ahras）。

的研究。

在米兰因受该城基督教主教安布罗斯①的影响，正式脱离了摩尼教，经过激烈的思想斗争（在《忏悔录》中有关于这个斗争过程的叙述）决定信奉基督教，并辞去了教职，预备献身教会，于387年在米兰领受了基督教洗礼后回非洲。391年在希波升为神甫。395年，升任希波主教。从此开始在教会中与教内宗派展开剧烈论战，成为当时基督教学术界的中心人物，并写下上千封信件与重要著作。430年汪达人侵入北非，是年8月，希波城被围的第三个月，奥古斯丁病逝。

奥古斯丁是古代基督教拉丁教父中著述最多的一人，至427年，他本人提出修订的已有93种。他自己提到他写过一本论文法的书，并写有论辩证法、修辞学、几何学、算术和哲学著作等，但多数已经失传。

《忏悔录》据考证成书于公元395或396—401年之间，共分十三卷。奥古斯丁在这本书中对自己的思想、观点作了深刻的分析，感情真挚、文笔生动，成为晚期拉丁文学中的代表作，如今已是古代西方文学名著之一。透过他对上帝的赞颂和忏悔，能看出他的宗教神学、哲学、美学以至音乐美学观点。

《美与适宜》完成于380年，当时他还没有信奉基督教，这本书在一次诗歌比赛中赢得了阿格尼斯蒂伽的荣誉称号。当他于397—400年写作《忏悔录》时该书已经遗失。

其它还有如《三位一体》、《教义手册》、《上帝之城》、《评约翰福音书》、《论音乐》、《论秩序》、《论宗教的本质》等等。

波兰的塔塔科维兹在《中世纪美学》中称"奥古斯丁，这位略晚于那些寄兴于美学的希腊教父的学者，是西方基督教美学的

---

① 安布罗斯（St. Ambrosius，约339—397年）米兰主教，创大众化赞美歌，结构简单，在米兰甚为流行。

创立者。生于罗马帝国，阅读了古代学者有关美学的著述。由于他具有把握各种美学难题的非凡能力和更为独特的兴趣，他建立了希腊教父们所难以企及的、更为完善的基督教美学"。

奥古斯丁在充分利用旧有文化的基础上创造了一种新的文化。"两个时代、两种哲学、两种不同的美学体系在他的著作中汇合在一起。他继承了以往的美学原理，对之加以改造并以新的形式介绍给中世纪。他是美学史中的一个汇合点。"① 所以，奥古斯丁是一个承前启后的人物，既是古希腊、罗马文化的继承者，又开创了中世纪美学的基本轮廓。

第二节 哲学思想

奥古斯丁被神学家们称为"圣人"，天主教"真理的台柱"，是中世纪教父学派最有威望和成就者。他虽然与异教进行斗争，但他的哲学是以新柏拉图主义为基础的。新柏拉图主义在基督教"教父学"中起了决定性的作用，对基督教和伊斯兰教国家中封建社会哲学的发展有很大影响。

奥古斯丁直接受到柏拉图学派的影响，柏拉图的理念论被他利用为宗教服务。他说："这时，我读了柏拉图派学者的著作后，懂得在物质世界外找寻真理。"与"其它满纸烂言的形而下的哲学著作"不同，"柏拉图派的学说，却用各种方式表达天主和天主的道"。

这里，需要先介绍一下新柏拉图主义主要人物普洛丁②的学

---

① 《中世纪美学》58页。
② 普洛丁（Plodinos, 204—约270），古罗马时期的希腊唯心主义哲学家（生于埃及的莱科波利斯），在亚里山大里亚跟安莫纽·拉卡斯研究哲学11年。243年他到罗马，建立一所学校，但是50岁以后才把他的哲学写出来。269年死后，他的学生波尔菲修订和出版了他的手稿，并附老师传记，手稿编成六卷《九章集》，每卷有九篇作品，均流传下来。

说。普洛丁认为上帝是一切存在物、一切对立和差异、精神和肉体、形式和物质的泉源。但是，上帝自己没有对立和差异，是绝对的一，即排除了杂多和分歧的一。他是无所不包的太一，是无限的，无因自成的初始因，从中产生一切，流出一切。他是超验的，对他的任何表述，无非是限定他，因而不能肯定他是美、善、思想或意志。所有这些属性都是限定，实际上不完善。我们不能说他是什么，只能说他不是什么。

上帝最完善，宇宙是从上帝那里流出来的，是他无限权威或现实性的不可避免的漫溢。普洛丁比喻：上帝是无限的喷泉，从中涌出流水，而无限的水源，永不枯竭；上帝是太阳，从中辐射出光芒，而无损于太阳。世界依赖上帝，上帝不依赖世界。认为"最高理念"这个宇宙之源是"太一"，是浑然一体的神，它是一切之源，是纯粹的精神，最高的真善美的统一体。那么现实世界如何产生的呢？普洛丁提出"放射"说（"流溢"说，或"分享"说）。

他认为神最早放射（流溢）出来的是"理"、理性或宇宙大法，这个"理"只有理智能达到。第二步放射出"世界精神"或"世界心灵"，再从理性流溢出灵魂。第三步，"世界心灵"放射出或具体体现于个别心灵。最后神才放射出感官所接触的物质世界。

就是说物质只是从精神的始源中神秘地"放射"出或"流溢"出来的，物质处于宇宙等级的最下层。物质是和神或"太一"对立的，它是杂多的，也是罪孽的根源。理性世界（灵魂、心灵）、个别心灵都有回归到太一或神的倾向，只有物质不能回归到神。人生的目的就是通过直觉同"太一"亦即"至善"重新合而为一。人只有凭清修静观，苦行默想，达到迷狂状态，灵魂才能凭神原来放射给它的智力或直觉本领，见到神的绝对的善和美，才与神契合。也就是哲学的最高阶段不是通过经验和理性而是通过神秘的入神状态达到的。

普洛丁的学说对中世纪早期基督教的教父哲学影响很大。

从奥古斯丁写《忏悔录》就可以看出他基本的哲学、美学观点。这当然要透过那些长篇累牍的赞颂上帝之言和他真心实意的向神忏悔的词句来进行研究。

在奥古斯丁那里，哲学与神学是混在一起的，是名符其实的教父哲学。他的哲学思想一刻也离不开上帝。他认为：

1. "上帝"是真、善、美的化身。

奥古斯丁继承发展了普洛丁学说：把"太一"、"理性"和"灵魂"三者合而为一，统一为上帝。把上帝人格化，是"万能的"，是真、善、美的化身。宣扬天主是"至高、至美、至能，无所不能、至仁、至义、至隐、无往而不在，至美、至坚、至定、但又无从执持，不变而变化一切，无新无故而更新一切"。①

2. 上帝创造一切。

"是你，创造了天"；"你一言而万物资始，你是用你的'道'——言语——创造万有"。上帝创造了时间而又超越一切时间："你是永远现在的永恒高峰上超越一切过去，也超过一切将来……"；"你创造了时间，你在一切时间之前……"②

上帝还从虚空中创造万有：

"你创造天地，并非你从本体中产生天地……你只能从空无所有之中创造天地……创造了我们子孙们所赞叹的千奇万妙"。③

整个世界是上帝从虚无中创造出来的，这是对圣经"创世纪"给予哲学上的概括。

3. 提倡禁欲主义，宣扬蒙昧主义。

奥古斯丁提倡禁止一切感官享受，摒弃一切感官带来的快感。理由很简单，就是上帝要人们清心寡欲，也只有这样人们才能作到全身心地、唯一地、绝对地热爱上帝，奉献上帝。他说：

---

① 《忏悔录》，第5页。
② 同上，241页。
③ 同上，262—263页。

"你命我们清心寡欲。……清心寡欲可以收束我们的意马心猿，使之凝神于一"，"假使有人爱你之外，同时为外物所诱，便不算充分爱你"。①

禁欲，不仅是谨戒"淫欲、声色、荣华富贵"，而且还要禁止口腹之欲：

"我们这个不幸的灵魂……找寻借口，以养生的美名来掩盖口腹之欲。我每天努力抵抗这一类的诱惑，并且恳求你的帮助"②，"我被围于诱惑之中，每天和口腹之欲交战，这种食欲和淫欲不同，不能拿定主意和它毅然决绝……必须执住口腔的羁勒，驾御控纵。"③

禁止嗅觉之欲：

"芬芳的诱惑对我影响不大；闻不到，并不追求；嗅到了，也不屏绝；但我准备终身不闻芬芳。"④

尽管奥古斯丁满腔热情、全身心地敬奉上帝，透过那些自责的口吻，通过他直率、生动地叙述种种欲望对他的诱惑，看出他的主张是难以作到的。连他自己也说："没有你的恩赐，一人决不能清心寡欲"，⑤并引圣经《智慧书》8章21节的话"我知道，除非天主恩赐，无人能以贞白自守的"。⑥

奥古斯丁不仅提倡禁止通过肉体感官获得快感的欲望，还进一步反对人们对知识的认识，实行蒙昧主义：

"除了上述之外另有一种诱惑具有更复杂危险的形式"，那就是"我们的心灵中尚有另一种挂着知识学问的美名而实为玄虚的好奇欲"。"这种欲望本质上是追求知识"，而求知的工具在器官

---

① 《忏悔录》，210页。
② 同上，213页。
③ 同上，215页。
④ 同上，215页。
⑤ 同上，213页。
⑥ 同上，210页。

中主要是眼睛,因此圣经上称为"目欲"。①

他认为求知的欲望驱使人们追求外界的秘密,而这些秘密知道了一无用处。

他把人们寻求知识,探索外界秘密一概看成是好奇欲,是一种更复杂危险的欲望形式,并把它与巫术相提并论,认为都是虚妄知识。

奥古斯丁毫不隐晦地宣扬用信仰代替理性、用愚昧代替知识,排除科学,否定哲学。他说:

"如问我们在宗教上所信仰的是什么,那么,我们不必如希腊人所说的物理学家那样考问事物的本性;我们也无须唯恐基督徒不知道自然界各种元素的力量和数量——诸天体的进行,秩序及其亏蚀;天空的形状;动植、山、川、泉、石的种类与本性;时间及空间的意义;风暴来临的预兆;以及哲学家所发现或以为发现了的其它千万事物。……我们基督徒不必追求别的,只要无论是天上的或地上的,能见的或不能见的一切物体,都是因创造主(他是唯一的神)的仁慈而受造,那就够了。宇宙间除了上帝以外,没有任何存在者不是由上帝那里得到存在;上帝是三位一体的——即'父',由父而生的'子',和从父出来的'圣灵',这圣灵就是父与子之灵。"②

第三节 政治、伦理思想

一、主张原罪论,为奴役制度辩护

奥古斯丁认为亚当和夏娃的"原罪"遗留给全人类,人类天

---

① 《忏悔录》,219—220页。
② 《教义手册》

生就有罪。在《忏悔录》中他援引《诗篇》第50首7节说"我是在罪孽中生成的,我在胚胎中就有了罪",①而人类渺小的力量不能使来生得救,只有"全面的上帝的奇妙恩赐"才能得救。

人有罪,所以奴役制度是合理的。因为奴役产生于上帝对人的惩罚。

"……上帝只指示所要求的创造秩序和罪的标准。犯罪受到的奴役惩罚,都是公正的。……过去在战争中被俘虏的人,落入战胜者手中有两种可能:或杀死,或保存。……但这也不能离开罪的惩治来讲。因为在正义战争中,总是由于一方的罪所引起,如果坏人竟至战胜(有时不免如此),上帝的敕令,总是贬抑被战胜者,不是在这里改造他们的罪,就是惩罚他们。例如上帝的圣徒但以理,在被俘虏的时候,就向上帝忏悔说:他的罪,民族的罪,是那次被俘的真正的原因。"②

因此,罪是奴役制度之母,是人服从人的最初原因。它的出现是依照最高的上帝的指导,而在最高的上帝那里是没有不公正的事的。

奥古斯丁劝告人们安於奴仆地位,安於奴役制度,要忠诚服侍主人,因为这是罪有应得。他明确指出:

"使徒警告奴仆要顺从他们的主人,并且要愉快地、善意地服侍主人:以此为目的,如果他们不能从他们的主人那里得到自由,那他们就把他们的奴役作为自己的一种自由,不用虚惊而用忠诚的爱来服侍主人,直到不公道消失,这样,一切人的暴力和国家被废除,就只有上帝是一切了。"③

不仅如此,他公开主张:

"服从君王是人类社会共同的准则,那末对万有的君王,天

---

① 《忏悔录》,11页。
② 《约翰福音》,8章34节。
③ 《上帝之城》。

主的命令更应该毫不犹豫地服从。人类社会中权力有尊卑高下之序，下级服从上级，天主则凌驾一切之上。"①

早在罗马帝国奴隶制危机时期，在基督教与奴隶政权合流从而实现基督教国教化过程中，就出现了许多不肯屈从的教徒和教派，他们反对正在形成中的基督教官方神学的教条、教义，甚至发动武装起义。奥古斯丁任北非主教后，就和各种不屈从的教派作斗争，把各种异端压下去。所以他这种宣扬"原罪论"，宣扬奴仆要善待主人，甘心情愿受奴役等等，就是为封建教会与世俗政权的奴役制度辩护。西欧中世纪黑暗统治时期在人类进程中，拖得那样长，奥古斯丁等所宣扬的蒙昧主义，不拒抗主义是起了一定作用的。

二、幸福在于拥有真理，真理就是上帝

奥古斯丁在《论自由意志》中写道：

"你也许记得，我曾应许将那高于我们心灵和理性的东西指示给你。那东西便是真理本身。你若能够，要怀抱它，以它为乐；又要以上帝为乐，他就将你心里所求的赐给你，除有福以外，你还有何求呢？谁比那以稳固、不变、最优美的真理为乐的人更有福呢？"

在《忏悔录》中，他把真理与上帝视为一回事，拥有真理，也就是认识了上帝之光。"你（上帝）的法律即是真理"，而"真理即是你"等等。②

"我在你（上帝）引导下进入我的心灵，我所以能如此，是由于你已成为我的助力。我进入心灵后，我用灵魂的眼睛——虽

---

① 《忏悔录》，46页。
② 同上，60页。

则还是很模糊的——瞻望着在我灵魂的眼睛之上的、在我思想之上的永恒之光。这光,不是肉眼可见的、普遍的光,也不是同一类型而比较强烈的、发射更清晰的光芒普照四方的光。不,这光并不是如此的,完全是另一种光。这光在我思想上,也不似油浮于水,天复于地;这光在我之上,因为它创造了我,我在其下,因为我是它创造的。谁认识真理,即认识这光;谁认识这光,也就认识永恒。惟有爱能认识它。"①

最后,奥古斯丁认为,幸福就是敬事上帝。他说:"有一种快乐决不是邪恶者所能得到的,只属于那些为爱你而敬事你,以你本身为快乐的人们。幸福生活就是在你左右,对于你,为了你而快乐;这才是幸福,此外没有其他幸福生活。谁认为别有幸福,另求快乐,都不是真正的快乐。"②

第四节 美学思想

在《忏悔录》中,不仅哲学与神学混在一起,而且神学与对美的探讨也混为一谈。人们称奥古斯丁的美学是"神学美学"、"教父美学"。

一、事物是美的,美的根源在于上帝

世界是上帝创造的,上帝是至美,他创造的各种事物也是美的,因为它们体现了上帝的美好。上帝以外以及身外美丽的事物都来自上帝,"这些美好的事物,如不来自你,便不存在"。③

---

① 《忏悔录》,410页。
② 同上,206页。
③ 同上,60页。

"艺术家得心应手制成的尤物，无非来自那个超越我们灵魂，为我们的灵魂所日夜想望的至美。创造或追求外界的美，是从这至美取得审美的法则。"① 而且，一切美好的事物比起上帝来是次要的美好，上帝才是绝对的美好。

"美好的东西，金银以及其他……这些东西的确有其美的动人之处，虽则和天上的美好一比较，这显得微贱不足道。"②

从这些论述可以推论出美的客观性问题。各种事物是美的，只是它的根源在于上帝，在于永恒的至美。就象柏拉图美于美的观念是客观存在的看法那样，奥古斯丁认为美独立于人的主观意志而存在。据塔塔科维兹说奥古斯丁曾经说过："我尤其要问：事物是因为其给人以快感才美，还是因其美才给人以快感。我无疑会得到这样的回答：它们之所以给人以快感是因为它们美。"③

二、美在整体和统一，各部分的美在时空中流动

正如狄德罗在援引奥古斯丁的美学思想时说："可以看到他以为美的显著特征是：整体的部分间的正确关系构成'一'。"奥古斯丁认为："假如我问一建筑师……这个统一在您所计划的建筑中指引着您，这个统一在您的艺术中，您将它视为不可触犯的法则，这个统一，是您的建筑物要美所应当仿效的；但是既然大地上没有一样东西能够完全是'一'，这个统一也就在大地上没有一样东西能够仿效得完全；那么，您在哪里见到它呢？……是否应该承认在我们的精神之上，有某种根本的、至上的、永恒的、完全的统一，是美的基本尺度，而为您在您的艺术实践中所寻求的呢？"于是奥古斯丁在另一本书中结论说："统一可以说是

---

① 《忏悔录》，218页。
② 同上，31页。
③ 《中世纪美学》，75页。

构成一切美的形式和本质的东西。"①

他认为美在整一,仍然来自上帝的创造。

"天主,你看了你创造的一切'都很美好',我们也看见了,一切都很美好。你对每一项工程,说:'有',就有了,你看见每一样是好的。我计算过,你前后共七次看了你创造的,说好;第八次你看了创造的一切,不仅说好,而且说一切都很好。因为每一项分别看,仅仅是好,而合在一起,则不仅是好,而且是很好。任何美好的东西也都如此说。因为一个物体,如果是荟萃众美而成,各部分都有条不紊地合成一个整体,那么虽则各部分分别看都是好的,而整体自更远为美好。"②

奥古斯丁认为上帝造的每一事物都是美好的,因为是上帝造的,都能体现上帝的美。但事物仅仅是宇宙这个整体的一部分,事物的美是局部的,不能与整体的美相比,众美好荟萃成整体,则更为美好。"构成一个整体的各部分并不同时存在,如果能感觉到整体,那么整体比部分更能吸引人"。③

整体的美也包括事物在时间中展开的运动过程。而上帝之外的任何美丽的事物又仅仅是上帝所造的宇宙万物整体中的来去匆匆的一个部分。

"一个人的灵魂不论转向哪一面,除非投入你的怀抱,否则即使倾心于你以外和身外美丽的事物,也只能陷入痛苦之中,而这些美好的事物,如不来自你,便不存在。它们有生有灭,由生而长,由长而灭,接着便趋向衰老而入于死亡,而且还有中途夭折的,但一切不免于死亡。或者生后便欣欣向荣,滋长愈快,毁灭也愈迅速。这是一切事物的规律。因为你仅仅使它们成为一个

---

① 转引自狄德罗《美的根源及性质的哲学研究》,《文艺理论译丛》1958 年第 1 期。
② 《忏悔录》,314 页。
③ 同上,62 页。

整体的部分，事物的此生彼灭，此起彼伏，形成了整个宇宙。譬如我们的谈话，也有同样的过程：一篇谈话是通过一连串的声音，如果一个声音完成任务后不让另一个声音起而代之，便不会有整篇谈话了。"①

就是说无论从横向看还是纵向看，从空间看还是从时间看，美好事物的各部分构成的整体是更美的。美在整体，但这整体并非静止的。它是活生生的，川流不息的，是一个完整的过程。

三、美在和谐、适宜

奥古斯丁在《忏悔录》中进一步阐述他关于美的整体的思想。这种整体不仅是部分组合成整体，而且谈到了美的事物本身形成和谐，各部分与整体之间要适宜。

"我对朋友说：'除了美，我们能爱什么？什么东西是美？美究竟是什么？什么会吸引我们，使我们对爱好的东西依依不舍？这些东西如果没有美丽动人之处，便决不会吸引我们'。我观察到一种是事物本身和谐的美，另一种是配合其它事物的适宜，犹如物体的部分适合于整体，或如鞋子的适合于双足。这些见解在我思想中，在我心坎酝酿着，我便写了《论美与适宜》一书，大概有两三卷……"②

就是说美在事物本身的和谐，以及事物部分与部分之间，部分与整体之间或事物与事物之间彼此有一种适宜的关系才能构成整体的美。而整体，不仅是一般的纯物质的，它也体现在精神领域。例如理性、真理和至善，内心的和平等，本身就体现纯一性，它就是精神领域的美。

---

① 《忏悔录》，60—61页。
② 同上，64页。

"我的思想巡视了物质的形象,给美与适宜下了这样的定义:美是事物本身使人喜爱,而适宜是此一事物对另一事物的和谐,我从物质世界中举出例子来证明我的区分。我进而研究精神的性质……可是使我跃跃欲试的思想从无形的事物转向线条、颜色、大小;既然思想中看不到这种种,我便认为我不能看见我的精神。另一面,在德行中我爱内心的和平,在罪恶中我憎恨内心的混乱,我注意到前者有纯一性,而后者存在分裂,因此我以为理性、真理和至善的本体即在乎纯一性。"①

这里,奥古斯丁批评了自己曾经主张美在于事物的线条、大小、颜色的思想。他曾受毕达格拉斯的影响,主张"物体美是各部分之间的适当比例,再加上一种悦目的颜色"。"快感仅生于美;美取决于形状;形状取决于比例;比例又取决于数。"② 但他否定了自己的主张,转而强调美的根源在上帝。

四、渴求杜绝艺术的吸引

奥古斯丁禁欲主义的主张,反映在美学观上,主张禁止听觉、视觉的感官欲望导致对听觉和视觉艺术的反感,对"好奇欲"的反感又导致他取消戏剧。

关于听觉:"声音之娱本来紧紧包围着我,控制着我,你解救了我"。③

关于视觉:"最后我将忏悔我双目的享受……我的眼睛喜欢看美丽的形象,鲜艳的色彩","白天,不论我在哪里,彩色之王、光华灿烂浸润我们所睹的一切,即使我另有所思,也不断用各种形色向我倾注而抚摩着我。我具有极大的渗透力,如果突

---

① 《忏悔录》,66 页。
② 《中世纪美学》,61 页。
③ 《忏悔录》,216 页。

然消失，我便渴望追求，如果长期绝迹，我的心灵便感到悒悒不乐"，"……我拒绝了眸子的诱惑，不让它们阻碍我的双足走你的道路；我向你睁开了无形眼睛，盼望你把我双足从罗网中解脱出来。"①

奥古斯丁在反对"好奇欲"的同时，也反对戏剧。他说人们正在追求这种好奇欲，"舞台上便演出种种离奇怪诞的戏剧"，并向上帝忏悔："的确，戏剧已经勾引过我"等等。

总之，他认为美的事物也好，艺术也好，只是满足人们感官欲望，引导人们奔向虚空，使人们灵魂不安宁。他认为人们从上帝的至美法则中取得审美的法则，但是没有采纳如何利用美的法则，而这法则就在至美之中，但人们"视而不见"，因此人们"舍近求远"，不去为上帝保留自己的力量，而去"消耗力量于疲精劳神的乐趣"。② 就是说，人们从事艺术创造或追求外界的美都是舍近求远，都是消耗力量于疲精劳神的乐趣之中，都很不必要。他主张，人们追求美，就应该追求上帝的美，应该克制自己追求感官快感的欲望，不应沉醉于创造和追求外界事物的美。这样实际上走上了取消艺术的道路，除非这些艺术有利于崇敬上帝，例如圣咏，它可以得到有限制的利用。

第五节 音乐美学思想

值得注意的是奥古斯丁写过六本有关音乐的书，《论音乐》传下来已不完整，是些提纲。从他给门莫里（Me morius）的一封信里，可了解到有关这方面的情况。他写道："我专门为节奏写

---

① 《忏悔录》，217—218页。
② 同上，218页。

了六本书，并且，我承认，如果以后有空闲的话，我有意为旋律另写六本书。"

这六本书是在《忏悔录》之前写的，那时他刚入基督教不久，尚未对音乐作天主教美学所特有的解释。在某种程度上说，它是古希腊、罗马音乐理论的系统化的整理，古希腊、罗马音乐理论通过他成为中世纪音乐思想的财富。从《论音乐》可看出他主要的音乐美学观点。

下面是《论音乐》六本书的目录：第一本书，音乐的定义，谁与音乐科学有关，节奏运动的样式和比例；第二本书，讨论音节和韵脚；第三本书，节奏、节拍和诗节之间的不同，分开讨论节奏，并开始讨论节拍；第四本书，继续讨论节拍；第五本书，诗节；第六本书，从感觉中的节奏追溯真理中不朽的节奏。

奥古斯丁对音乐的态度是矛盾的、复杂的、动摇的。

一、音乐既能表达情感，又能激发情感

在评《诗篇》第二十二首时，奥古斯丁热情地赞颂了哈利路亚的音乐，特别是对于这种无词装饰性花腔。他说："欢喜若狂的人讲不出词句，只会发出快乐的声音来。充满快乐的灵魂尽可能地尝试用声音来表现他的感情，尽管没有赋予这种感情一种清楚的意义。一个充满巨大欢乐的人在狂喜中首先发出一些不清楚的声音，而不是有特别意思的词；然后，他发出的仍然是无词的、欢快的声音，使人看到他在用他的声音来表示欢乐，一种他找不到词句来表现为极度欢乐。"[①]

"我们自己唱或听别人唱一支熟悉的歌曲，一面等待着声音

---

① 胡果·莱希腾特里特《音乐历史和思想》。

的来，一面记住了声音的去，情绪跟着变化，感觉也随之迁转。"①

在谈到圣咏音乐时他指出，配了乐曲的赞美诗比未配乐的赞美诗具有打动人们情感的力量："听到这些神圣的歌词，通过乐曲唱出，比不用歌曲更能在我心中燃起虔诚的火焰，我们内心的各式情感，在抑扬起伏的歌声中找到了适合自己的音调，似被一种难以形容的和谐而荡漾。"②

并承认："回想我恢复信仰的初期，是怎样听到圣堂中的歌声而感动得流泪……"③

二、音乐的过程犹如人生和人类历史的过程

奥古斯丁对音乐很喜欢、很熟悉而且很有研究，在他复杂而矛盾的认识中，对音乐的本质的评价，一直是很高的。他在阐述有关宇宙法则、人的思维法则时，常用歌曲或人们的唱歌过程来比拟宇宙的原则。而宇宙法则、人的思维法则等等又无非是上帝自身性质的体现，因为音乐的美也就是上帝在音乐这个对象上打下的烙印，也就是音乐的价值所在。

（一）人们唱歌的进程体现了人生和人类历史的进程

要说明这个问题，首先要追溯到奥古斯丁对时间问题的研究。他对时间以及如何度量时间等问题，在当时的科学水平条件下，进行了很多思索和探讨。在阐述时间问题时，体现出他运用了比较、分析方法，强调时间的存在和度量是相对的。他认为时间是很难确定其存在的，"如果没有过去的事物，则没有过去的

---

① 《忏悔录》，254页。
② 同上，216页。
③ 同上，216页。

时间；没有来到的事物，也没有将来的时间，并且如果什么也不存在，则也没有现在的时间"。①

"设想一个小得不能再分割的时间，仅仅这一点能称为现在，但也迅速地从将来飞向过去，没有瞬息伸展。一有伸展，便分出了过去和将来：现在是没有丝毫长度的"。

"但我们通过感觉来度量时间，只能趁时间在目前经过时加以度量"。②

"或许说：时间分过去的现在、现在的现在和将来的现在三类，比较确当。这三类存在我们心中，别处找不到；过去事物的现在便是记忆，现在事物的现在便是直接感觉，将来事物的现在便是期望。"③ 正是在这种理论基础上，奥古斯丁提出："人的思想工作有三个阶段，即期望、注意与记忆。……"④ 并用唱一首歌的进程来说明人的思维的三个阶段。

"我要唱一支我所娴熟的歌曲，在开始前，我的期望集中于整个歌曲；开始唱后，凡我从期望抛进过去的，记忆都加以接受，因此我的活动向两面展开：对已经唱出的来讲是属于记忆，对未唱的来讲是属于期望；当前则有我的注意力，通过注意把将来引入过去。这活动越在进行，则期望越是缩短，记忆越是延长，直到活动完毕，期望结束，全部转入记忆之中。整个歌曲是如此，每一阕，每一音也都如此；这支歌曲可能是一部戏曲的一部分，则全部戏曲亦是如此；人们的活动不过是人生的一部分，那末对整个人生也是如此；人生不过是人类整个历史的一部分，则整个人类史又何尝不如何。"⑤ 从这里看出：奥古斯丁用唱歌来

---

① 《忏悔录》，242页。
② 同上，244页。
③ 同上，247页。
④ 同上，255页。
⑤ 同上，255—256页。

说明时间过程，反之，音乐本身就是在时间中展开，唱歌本身就是一个过程。

（二）用声音与歌曲的相互关系来说明上帝"创世"的思想

如前所述，奥古斯丁认为上帝从虚无中创造世界，但不是立即创造出各种事物，而是先创造出无形无相的"原质"，然后才定型为世界万物。但这种先后又不是时间上的先后，他认为上帝创世之前是无时间的，时间是上帝创造的。对于"原质"与定型世界的次序，特别是从起源上的区分，他又以声音与歌曲的关系来说明。

"如果说最先造无形无相的原质，后造定型的世界，便不矛盾，只要恰当地分清有关永恒、时间、优劣、起源的先后：永恒方面，如天主先于万物；时间方面，如花先于果；优劣方面，如果优于花；起源方面，如发声先于唱歌。这四个方面，第一第四极难理解，第二第三则很易领会。……其次，要领会声先于歌，也需要敏锐的思想，费却很大的力量，因为歌曲是有组织的声音，一样没有组织的东西能够存在，而不存在的东西却不能有组织。因此原始物质是先于由此而形成的品物，但所谓先，不是说后者是由原始物质创造，应说后者是由此形成，而且不是指时间方面的先后。我们不是先发出无组织的、不成歌曲的声音，然后加以调制而成为一支歌曲，和我们用木材、银子制成箱盒杯盏一样，因为木材、银子等原材料在时间上也先于制成品，但对歌曲并不如此。唱歌时，人们听到歌声，不是先有无秩序的声音，然后有协律的歌曲。声音一响即逝，已不存在，艺术不能把声音收回而重新配合。歌曲是由声音所组合，声音即是歌曲的原料，同一声音接受形式，便成为歌曲。因此我已说过，声音作为歌曲的原料是先于已成形成的歌曲，不是说声音有创作歌曲的能力所以先于歌曲，因为声音并非歌曲的制作者，声音服从发声器官，由歌唱者的灵魂制成歌曲。这也不指时间上的先后,因为声音是与歌曲同时的。也不指优劣方面的先后,因为声音并非优于歌曲,歌曲不仅是声音,而且是美化的声音。这是起源上的先后,因为不是歌曲接受形式后成为声音,而是声音接受形式后成为歌曲。"①

当然,用音乐来比拟上帝的"创世",也就是唯心主义宣扬基督教的"创世说",并无太大意义。值得注意的是,在叙述过程中有些说法,例如:"声音一响即逝,已不存在";"声音并非优于歌曲,歌曲不仅是声音,而且是美化的声音";"声音并非歌曲的制作者,声音服从发声器官,由歌唱者的灵魂制成歌曲"等等,都涉及到音乐本身性质的问题,有可取之处。说明他并不是简单地说上帝创造了歌曲就完事,还表明了他对音乐有一定的见解。

三、必须用理解来警惕和排除音乐的诱惑

奥古斯丁深知音乐的表现力和感染力,同时又给予音乐以高度的评价,认为音乐的原则能体现上帝创世的法则,那么,就应推崇音乐,提倡音乐吧!不,他仍然从禁欲主义立场来看音乐,处在一种矛盾态度之中。他忏悔音乐使他"神魂颠倒",忏悔"声音之娱本来紧紧包围着我,控制着我"。从禁欲主义的立场出发,他主张用理性来排除这些世俗尤物,但他又从自己亲自感受看到配了曲调的圣咏比仅仅是神圣的歌词,更能动人心弦,更能激发人们虔诚之心。所以他主张用音乐来为宗教服务,用音乐表现人们对上帝的虔诚,对现世一切罪恶以及欲念的鄙视,以及对天国的向往,对上帝的永恒真理的追求等等。总之用音乐配合着

---

① 《忏悔录》,284—285页。

神圣的歌词来赞颂上帝,"使人听了悦耳的音乐,使软弱的心灵发出虔诚的情感"。但又要时时警惕着,不要被音乐所诱惑,必须用理智来领导感觉和情感,反之就是犯罪。

他说:"对于配合着你的言语的歌曲,以优美娴熟的声音唱咏出来,我承认我还是很爱听的……但我往往不能给它以适当的位置。……这种情感本不应使我神魂颠倒,但往往欺弄我;人身的感觉本该伴着理智,驯顺地随从理智,仅因理智的领导而被接纳,这时居然要反客为主地超过理智而自为领导。在这方面,我不知不觉地犯了错误,但事后也就发觉的。"①

四、音乐是研究优美的运动的科学

奥古斯丁音乐哲学方面的基本概念就是数和运动。他认为音乐就是由数所规定的运动,它是研究优美的运动的一门科学。

"至于音乐,它是和运动有关的。但是,手工业者用木头和银加工成东西,也产生运动,并且努力追求一定的尺度。在这种情况下,手工业的职业和音乐家的职业有什么区别呢?说得合情理的是:运动的科学是关于优美的运动的科学,这种运动是一个为自己而独立的运动,因此是自己娱乐自己的运动。"②

奥古斯丁给音乐下定义为 ars bene modulandi,就是说怎样以正确的方法去造成有控制的变化的声音。他又称音乐为"测量源泉的艺术"(bene modulandi scientia),音乐测量着时间和音程。好的测量必然意味着是处于和谐的比率之中,真正的音乐科学是建立在对支配音乐艺术的数学比率的理解之上的。

---

① 《忏悔录》,216页。
② 奥古斯丁《论音乐》,转引自舍斯塔科夫《从美育论到主情论》(张泽民译稿)。

五、音乐是以数字为基础的科学

奥古斯丁还是象毕达格拉斯学派那样,将音乐归结为数。他认为音乐再美也只不过是体现了从数中所理解到的美。真正的音乐美就在这里,于是人们应当去追求严峻的、理性的、神圣而具有数的真理的美,更甚于去追求那感性的音乐。他认为音乐首先是科学,其次才是艺术。认为夜莺和音乐没有关系。"难道那些演奏长笛和基萨拉琴而没有任何数字和音程认识的人不是和夜莺一样吗?他们不靠科学,只藉助模仿"。音乐不能只看成是普通的模仿。音乐必须立足于数字的对比关系上,没有数字对比的知识就不可能有节奏和节拍感,而数字是用听觉和视觉感受的美的基础。他说:"美丽的东西所以使人喜欢,就是全靠有数字关系,正如我们已经指出的,数字中显示了追求相等的意志。所说的意志不只显示在属于听觉的美中,或物体的运动中,而且也显示在可见的形式中。在这种形式中的这种意志已经比较经常代表美了……。对过度强烈的闪光,我们就会回避,对于太暗的东西我们就想看清楚,就好象在声音中,太响的声音使人厌恶,我们因为它嗡嗡响而不喜欢它。问题不在于时间的间隔,而在声音本身,声音在这样的数量中好象是光线,静默是和声音相对立的,好象黑暗和颜色是相对立的一样。"①

《论音乐》与"音乐是以数字为基础的科学"这个思想相联系的是,如前所述,奥古斯丁认为美有两种,一是和谐,一是适宜。

---

① 奥古斯丁《论音乐》,转引自舍斯塔科夫《从美育论到主情论》(张泽民译稿)。

奥古斯丁关于音乐美在数与运动的思想，还体现在他关于美在于相称和一致之中。他认为节奏学和节拍学正是立足于声音间的相称的规律之上的，最好的声音的结合是由相等的部分组成的。

关于节奏，奥古斯丁认为有五种节奏（numerus，拉丁文同时有数字、节奏之意）。

第一种：发声响（sonantes）的节奏，存在于宇宙中，不受人们是否听见所左右，不论人们是否听得见；

第二种：存在于听者的知觉中（occursores）；

第三种：运动（progressores）节奏，它是在没有现实的声音、也没有听觉的感受时想象出来的；

第四种：由记忆保存着，可以使人想起旋律来（recordabiles）；

第五种：判断节奏（judiciales），它是一个美学的尺度，藉助它可以评价一切别的节奏，才可以称之为愉快的或者不愉快的节奏。

所有这五种节奏构成音乐艺术和它的感受的基础。

总之，在写《忏悔录》之前，受毕达格拉斯的影响，奥古斯丁认为物体美是"各部分之间的适当比例，再加上一种悦目的颜色"等等，但是他后来放弃了这种观点，走向新柏拉图主义，认为美的根源是上帝。并在《忏悔录》中也忏悔自己曾把思想从无形的事物转向线条、颜色、大小等等。但是从总的说来，在《忏悔录》中，奥古斯丁还是始终主张美在"整一"、"和谐"、"适当"等，只不过，这些都与神学的说教结合起来，都要把这一切的根源说成来自上帝。尽管如此，仍然可以看出古希腊毕达格拉斯学派等强调从形式方面探索事物、探索音乐艺术的美这种思想在中世纪并没有中断。

六、音乐的美只能从神秘的静谧中才能体会到

这方面，奥古斯丁受新柏拉图派创始人普洛丁的哲学与美学思想的影响。

普洛丁认为感性事物的美，或者说物体美是由分享一种来自神明的理念或者从神的美来的。这在前面已说过。奥古斯丁认为事物的美来自上帝，上帝是美的根源，审美法则也是来自上帝的至美。

普洛丁认为人们只有凭清修静观、苦行默想，达到迷狂状态，灵魂才能凭神原来放射给它的智力或直觉本领，见到神的绝对的善和美，才与神契合。与此相联系，他认为音乐决不存在于我们所能听得到的声音和发响的物质之中，而是存在于一种静谧的精神形式之中。

圣·奥古斯丁重新回到普洛丁这一观点：音乐的美，一种静止而纯粹的精神的形式，只能从神秘的静谧中才能体会到。

第六节　小　结

奥古斯丁的哲学、美学思想包括音乐美学思想是唯心主义的，神秘的、宗教化的。他把一切归之于上帝，用哲学为基督教教义提供理论基础，宣扬基督教的"创世"说，"原罪论"、"三位一体"说，"天堂地狱"说，"禁欲主义"等等。引导人们去服从奴役，安于贫困，忍受苦难，服服帖帖地接受上帝所确定的身份地位，老老实实地为教会和世俗统治者效劳，鄙弃一切物质欲望，把希望放在死后升入天堂。

在美学思想上，奥古斯丁认为美的根源在于上帝，把美与存在分开，认为美并不存在于事物当中，而是来自上帝，只有天国，才是至美，才是美和存在的统一等等。这些都导致人们对现实世界的鄙夷，对"来世"、对"天堂"的追求，竭力加深人们对上帝的无限崇拜。他把审美活动由美的享受变成愚昧的纯主观的信仰和永远没有结果的追求。他鼓吹虚伪的禁欲主义思想，导致否定艺术的价值，取消艺术，实际也取消了美。

在音乐美学方面，他的观点也深深地打上了神学的烙印。他把音乐看成上帝自身性质的体现，把音乐作为礼拜上帝、宣扬宗教的工具，音乐中表现的情况必须是对上帝虔诚的信仰，对现实世界罪恶的鄙弃和对"天国"的向往和追求等等。

当然，奥古斯丁哲学、美学思想的产生有其必然性。柏拉图的客观唯心主义、新柏拉图主义的思想以及在西欧日益瓦解的基督教义，都为他哲学、美学思想的产生准备了条件。特别当时他所在的时代，基督教正处于国教化过程中，已经失去了如恩格斯所说早期基督教作为"奴隶和释放的奴隶，穷人和无权者，被罗马征服或驱散的人们的宗教"[①]性质，已经逐渐消失了那种对罗马统治阶级的仇视和敌视，转而极力美化罗马统治者，向群众灌输逆来顺受的伦理道德，放弃反抗罗马帝国的斗争，公开为奴隶制辩护等。宣扬阶级调和，反对暴力、对恶不抵抗等等，这些都成为奥古斯丁唯心主义哲学思想的组成部分。

另一方面也要看到古希腊美学思想中有积极意义的东西，也被奥古斯丁吸收或发展了。例如：古希腊罗马的音乐"美育论"（Ethos）流传了下来，而且有了重大的变化。

中世纪关于 Ethos 理论的解释有一个发展过程。开始，把音乐只解释为有忏悔的效果，拉班·马尔夫说："唱歌是使信徒内心悲哀的手段，只靠说话是不能充分深入他们心中的"。到约翰·兹拉罗乌斯特·瓦西里一世说：音乐是驱除魔鬼的手段，"神

[①] 《论早期基督教的历史》，《马恩全集》22卷525页。

圣的、和谐的是圣咏；它包含歌词，不是为了悦耳的，而是为了推翻和降服狡猾的魔鬼，这种魔鬼使经常受它打击的人心灵不安"。显然古希腊的美育论变成了神学的伦理学。到了五世纪，对音乐的意义理解得比较广泛了。音乐被看作是道德、感情和快感的结合。教父们说"虽然上帝喜欢那些用心而不是用声音唱歌的人，但是无论心还是声音都是从上帝那里来的，假如心和声音都同时进行，就可以得到双重的好处，就是说，用心歌唱对上帝的虔诚。"

奥古斯丁属于这种类型，他既看到了音乐表现情感，激发人的情感给人以宗教道德的影响，并使人享受到崇高的乐趣，同时又从禁欲主义立场出发，处处限制、防范、排除音乐的感染力。既要利用又要限制音乐。

由于他肯定了音乐与情感的关系，音乐能表现和激发情感，尽管仍然带有神秘的色彩，但对古希腊艺术来说，既是一种继承，也是一种发展，因为古希腊关于艺术与情感，音乐与情感的关系，还停留在艺术音乐体现一定的道德品质，或者调式体现某种情绪，对于音乐体现情感的论述没有这样明确。

关于音乐是一种优美运动的科学的论述，以及把音乐美归结为数字的关系等的论述，显然也继承和发展了毕达格拉斯学派等的学说，当然也是与神学美学结合在一起的。

另外，奥古斯丁一方面强调音乐的神学性质，音乐美是上帝至美的体现；另一方面又强调事物的美在于和谐、适宜与整一等，可看出，古希腊时期强调从形式方面探讨美的思想，在奥古斯丁等中世纪哲学家那里也得到了继续。

所以，美学史家们肯定：奥古斯丁在一定程度上延续了古希腊古典美学的主张，一定程度上保持了古希腊音乐美学思想的传统。这在中世纪，特别是对于中世纪早期这个黑暗荒凉的年代来说是值得肯定的。

第八章 鲍埃修

一些历史学家认为公元450—850年为中世纪黑暗时期之一。5世纪前，希腊文化和艺术的微弱影响还能见到。5世纪以后，古代文明和学术本来就不稳固的基础，在北方蛮族——条顿人、日耳曼人、法兰克人、加上后来的蒙古人种的匈奴人和汪达尔人的猛烈袭击下，连同罗马帝国一起被推翻了。民族大迁徙，部落与各地原有居民之间的争斗以及无休止的战争等等，使得古代辉煌的建筑和雕塑几乎全部遭到毁坏，图书馆被烧，旧有的社会制度、国家、政府被推翻。

而在这个贫瘠黑暗的时代中，全部音乐活动可以用四个人的名字来概括，那就是鲍埃修、卡西奥多尔（Cassiodorus, M. A., 约485—580年，政治家、作家、僧侣）、教皇格里高利和圣·贝尼迪克（Benedict of Nursia, Saint, 约480-547年）。鲍埃修与卡西奥多尔在意大利东北部海港城市拉文纳（Ravenna）市活动。教皇格里高利和圣·贝尼迪克在罗马活动。这里，主要介绍鲍埃修。

第一节 活动简况

鲍埃修（Anicius Manilius Severinus Boethius, 480—524年）是罗马政治家、思想家、作家、音乐理论家。早期中世纪影响最大的学者之一。他出生于罗马一个高级主教家庭，487年父亲去世后，寄养于另一位主教西马赫（Symmachus）家中，从西马赫学习希腊哲学与文科科目，后与其女儿结婚。在日后的参议会斗争中，西马赫与鲍埃修是同僚。

鲍埃修在实践和理论方面学识渊博，很得东哥特王国的缔造者塞奥多里克大帝①的赏识，通过另一政治家卡西奥多尔（Cassiodorus）的推荐，510年，鲍埃修成为执政官。522年蒙召到拉文纳，成了塞奥多里克大帝的地方长官。523年，赛奥多里克的大臣基普里安（Gyprian）攻击参议员阿尔宾恩（Albinus）叛国，鲍埃修为他辩护，为此受牵连，一并被监禁，最后被处死。

与同时代的人不同，他不仅是古典传统和古典文化的维护者，而且是以希腊哲学传统进行思考的思想家。

他翻译了亚里斯多德的著作，尼考马赫（Nicomachus）的《算术》（De arithmatica）、艾夫克利德（Euclid，几何学家）的几何学论文《要素》（Elements）、普托列麦（Ptolemy）的天文学著作《天文学大成》（Almagest），同时还翻译了尼考马赫遗失了的《音乐》（De musica）以及普托列麦的《和谐的尺度》（Harmonics）。可惜，只有尼考马赫的译本（第1—4册）和普托列麦的译本（第5册）的开始部分得以幸存。

他著有《哲学的安慰》以及亚里斯多德著作若干种的译汇，包括《波尔费留〈引论〉注释》。

他的音乐著作《关于音乐的教导》是在毕达格拉斯、尼考马赫、克拉夫迪亚以及普托列麦的音乐著作的基础上写成的。

关于他的译文，在卡西奥多尔代替东哥特皇帝写在书函里，得到高度的赞颂。卡西奥多尔写道："……不论在雄辩的希腊用自己的男子的力量创造了什么样的科学和艺术。你用非常美好的语言使这些科学和艺术变得清楚、明彻。你用的语言特别精确，

---

① Theodoric the Great，约454—526年。

甚至希腊原文的著者如果有可能把自己的著作和你的翻译相比较，他们也会觉得你的译文比自己的著作还要好。"① 鲍埃修，首先以古希腊罗马哲学的宣传家角色对古希腊罗马哲学的传播、继承而起到了巨大的作用。

第二节 音乐美学思想

一、音乐是一门数学

他把音乐作为一门科学，作为一门数学，并在思维领域中给音乐以很崇高的地位，例如，比修辞学还要崇高。但这里所说的音乐是排除了世俗歌舞在外的。鲍埃修认为作为一种思想成就，科学远比艺术要高超。音乐是一门数学科学，因此音乐的地位也很崇高。有人说这种看法是鲍埃修提出来的，至少他是起了重要作用的。他的影响很大，使中世纪的人们认为音乐是值得学习和研究的。这也解释了为什么中世纪留下了大量的音乐理论文章。

鲍埃修的第一部分著作是在西马赫要求下写的，也是献给他的。这些著作论述了古代的四种数学学科，即：算术、音乐、几何、天文。他认为这四门学科是高级学科（quadrivium），是通向"本体"（essenses）知识的四重道路。

鲍埃修认为音乐和谐的基础是数的辩证法："任何数字都是由完全分离和矛盾的东西所组成的，正是由奇数和偶数组成的。后者是稳定的，前者是不稳定的；后者是不动的东西的力量，前者是动的，变化无常；后者是巩固的固定的聚结，前者是多数东

---

① 《卡西奥多尔论文集》。

西的不固定的聚结。同时，这种对立仍然是在某种友谊和亲属关系中混合着，靠这种统一的形式和统治形成了统一的数字体……因此说来不是没有理由的，一切由矛盾组成的东西，都用某种和谐结合着和组合着。因为和谐是多数东西的统一，分歧的东西的协调。"①

假如音乐要为人所知，就必须确定音乐的数量，能感觉到的、短暂的音响必须译成数字。鲍埃修以及中世纪理论家倾向于研究音乐的比率计算及其计算方法。鲍埃修建立了一套关于音响之间的比率的体系，音响之间是否协和，是由其数字比率的简单与否来决定的。通过测定数学比率的乐器：一弦琴，这一数学体系被译成音响。

在《音乐的教导》一书中，涉及到以上这些问题，例如：在第一册第 14 章中，鲍埃修对音响理论的论述明确而有洞察力；第四册的最后一章，提出音程与协和音程之间的区别，音程是指连续的音响之间的关系，而协和音程则是同时发生的音响之间的关系；第四册的第 14—17 章，论述了古希腊的形式理论的基本论点，附有注释图，明确地说明这一体系的基本原理。

二、音乐具有道德的倾向性

鲍埃修认为音乐是四门高级学科之一，但它占据着不同一般的地位。原因就是音乐具有道德倾向性，具有一种向善的力量。他认为其它学科都涉及对真理的追求，但音乐同时涉及道德与纯知识。既然人类的行为受到音乐的潜在的影响，就很有必要去理解并控制音乐的要素。

---

① 《算术的教导》。

三、宇宙间存在着三种音乐

鲍埃修认为，音乐的比率关系，音乐的和谐与宇宙间日月星辰的和谐，以及由自然按比例形成的人的肉体和人的精神的比例是相似的。他认为音乐在宇宙中是渗透一切的力量，而且是统一人的肉体与灵魂以及人体的各部分的一种原则。

他把音乐分为三种：

1. 宇宙音乐（Musica mundna），宇宙的"和谐"或秩序，表现在天体星球的运动和季节的嬗递中。

2. 人类的音乐（Musica humana），高尚的、健康的身心秩序，把人的灵魂、理智和身体，以及身体的各部分彼此联结成为统一体的一种原则。

3. 器乐或应用的音乐（Musica instrumentalis），人们所作的、可以听到的音乐，也就是和现实音乐实践相联系的音乐。

第一、二种类型的音乐与现实发出音响的音乐没有任何关系，它们是作为人们对音乐进行思考的对象，是进行一切可能的计算、比拟和类比的对象。这种计算、比拟和类比在中世纪音乐理论中大为盛行。

四、必须通过理智掌握音乐的本质

音乐是可以被感觉和被理解的，与其它三学科（算术、几何、天文）相比，音乐的恰当的显示是可以感觉到的，有感染力的。它通过听觉被感受到，但听觉太变幻无常，不固定、含糊。因此讨论音乐时必须采用理智。感觉是动摇不定的、软弱的、容易迷路的，所以，感觉应当把理智当做可依靠的手杖，理智应该掌握感觉。对音乐的感受不可能不依靠知识和理论。他说：

"……应当集中思考能力，使得科学也能掌握自然所给予我们的东西。只享受音乐的优美旋律是不足的，也要知道声音彼此是按什么比例联结的。"

他认为音乐的理论高于音乐的实践，"就好象进行认识的智慧高于机械行动的肉体一样，认识音乐基础的音乐理解也高于普通的音乐本领。只有当一个人不是通过手的操作，而是通过理智掌握音乐的本质时，那个人才是音乐家"。

五、音乐可以与演说术相结合作为哲学的助手

在《哲学的安慰》中，鲍埃修提出音乐和演说术是哲学的忠实助手。书中举出"哲学"时说道："……毫无疑问，一切生活的突然变化，在人心中促起惊慌失措的心情。因此你短时间内丧失内心的平静。但是现在到时候了，你该喝一种柔和和愉快的饮料，这种饮料直沁人心脾，它为使你服食更有效的药品开辟一条道路。请甜美的演说术的说明力来帮助我吧！这种演说术只有在以下条件之下应用才是正确的。即：不要脱离我们的教导，要和音乐一起出现，音乐要用七弦琴伴奏得很协调，音乐用快的和慢的调子来和演说术相配合。"

第三节 小 结

一、继承和发展了古希腊的音乐理论传统

鲍埃修的音乐美学思想，是在古希腊某些音乐理论基础上继承和发展来的。

首先，把音乐归结为数的比例，继承了毕达格拉斯学派的学

说；而强调音乐的道德倾向，又是受到古希腊哲学家亚里斯多德的影响；关于存在着三种音乐的学说，使他与新柏拉图学派相联系。

按照新柏拉图学派的说法，人能够而且应该与更高的、可以理解的现实标准相结合，而把他们的弱点归之于较低级的、感官的标准。由于这样的考虑，把音乐分为两种类型即所谓"二分法"的倾向日益显著。

一种是崇高的、理智的、神圣的，它与宇宙和谐、人的身体与灵魂的和谐相联系，它是推理的而不是实践的。

另一种是低级的、感官的、世俗的、应用的音乐，它是实践的而不是推理的。

又因当时一种理论认为人声不是人工制造的，而是智力的直接体现，在一定意义上说，它属于人类的音乐，不属于器乐或应用的音乐。因此声乐是崇高的、精神性的，器乐则是低级的、感官性的。

鲍埃修关于三种音乐的学说大大加强了这种音乐的二分法，这种学说的影响萦绕中世纪音乐理论家的头脑达一千年之久。

正是从这点出发，他推崇音乐理论而贬低实践的音乐，音乐理论家比音乐实践家要高。或者说不仅能演奏，而且能用理智研究音乐的本质的才是真正的音乐家。

鲍埃修的音乐论文是中世纪所掌握的有关希腊理论的完善体系，其中包括希腊的四声音阶、毕达格拉斯的协和音学说，使协和音成为有理数的数学以及一弦琴测定音程的原理。这些基本论点在中世纪后期成为有关音乐理论的基础。

鲍埃修的《音乐的教导》（De institutione musica）在6世纪至9世纪之间被遗忘了。但在神圣罗马帝国期间，即查理曼大帝时期（史称"卡洛林文艺复兴时期"），却成为一部重要著作。10世纪起，它的手抄本大为流行，成为中世纪后期，以及文艺复兴中流传最广的音乐理论著作。从这时期起，保留的手抄本多达120种。

二、音乐美学思想中的基督教色彩

中世纪音乐美学思想中广泛流传着一种比喻和象征的倾向。例如：几位缪斯女神被说成是九个天体；四个音意味着土、水、火、风四种元素或是四季；第四度音象征希望，第五度音象征信仰；人体就是一台为赞美神而调好了音的管风琴；格里高利一世宣称："拨弹乐器可以宣告天堂，铃鼓预告肉体的灭亡，长笛意味着对参加永恒的快乐的哭泣，基萨拉琴给忠诚的信徒以永恒幸福颠扑不破的快乐"；十根弦的乐器和摩西十诫结合；三角形的基萨拉琴意味着神的三位一体；四音音阶象征耶稣一生四个阶段：人化、死亡、复活、升天。

同时还有数字象征："一"，一切的泉源；"二"，意味着开始和结束，又被比喻为天上和人间；"三"，有特殊意义：是一个完成数（有开始、中间、结尾），意味着三体一体；"四"，象征和谐，把组成它相反的方面联系起来了，意味着灵魂和肉体的统一，有助于人脾气性格的净化；"七"不能划分为别的数字，证明了它的完美，它表现音乐和宇宙的神秘关系，七个声音与七个行星、一个星期的七天相一致；七弦琴的七根弦象征天体和谐。

关于奥菲欧与妻子尤丽狄茜的神话，比喻成尤丽狄茜象征世界和谐，奥菲欧可以把她从地狱深处带出来，但是一见阳光就失掉了她。比喻人永远不能够了解世界和谐的奥妙。

音乐的比喻、象征是中世纪音乐美学的特点之一。它是从古希腊、罗马晚期、新毕达格拉期学派继承来的。不过新毕达格拉斯学派的传统在这里获得了天主教的解释。

鲍埃修在《哲学的安慰》一书中，谈到不少有关世界的均衡、

对称、和谐的构造等,并赋予了宇宙和谐论以基督教的色彩:

"自然力千方百计地统治世界,
它睿智地用规律束缚着巨大的地球,
它用不可分割的链条结合了个别现象,
它喜欢以运用自如的基萨拉琴,
弹出优美的音乐来表现这一点。"①

鲍埃修的三层形而上学结构和认识力的结构已经适应于三位一体的上帝的看法。中世纪既然把音乐看成是数的比率,这种比率在宇宙结构中到处可找到例证,因此比喻式解释很多。鲍埃修的音乐思想也有这种看法。

"像在传说里说的一样,你们很想让智慧领导你们走向天堂,让不幸的人们看看地狱的深渊吧!如果他们不去看看遥远的世界,他们就像少了一件重要的东西而感到苦恼。"②

---

① 第三卷,第二首。
② 《哲学的安慰》,第三卷,第十二首。

第三编　文艺复兴时期

文艺复兴时期简况

一、西方文明史的一个新时代

"文艺复兴"这个概念早在14—16世纪就已被人文主义者所使用。从宗教改革到17世纪期间，文艺复兴的研究被放在次要地位。启蒙运动又重新增加了人们对它的兴趣。所谓复兴，就是复兴古典文化。19世纪早期，把文艺复兴看作对西方文明有重要贡献的一个特定时代。

文艺复兴时代不是突然出现的，它是中世纪与近代历史的过渡时期。它的经济和社会历史转变的根源仍应追溯到中世纪，是根植于中世纪的城市背景和知识环境中发展起来的。

文艺复兴主要在意大利及欧洲北部即法国、西班牙、英国、荷兰等地。13世纪意大利由城市发展为城市国家，14世纪末，独裁制在欧洲已经很普遍。各城市间的竞争，使欧洲兴起了一批新的君主，如法国的瓦罗亚王朝建立了绝对君权；西班牙与哈布斯堡家族联姻出现了查理五世的庞大帝国等。

二、人文主义思潮盛行

人们常把文艺复兴（法语 Renaissance 含有"再生"之意）分为意大利文艺复兴与北方文艺复兴。实际上不可能非常严格地区分开。

　　文艺复兴在意识形态方面最突出的就是人文主义。人文主义重视人与上帝的关系、人的自由意志和人对于自然界的优越性的态度。从哲学方面讲，人文主义以人为衡量一切事物的标准。人文主义从复古活动中获得启发，注重人对于真与善的追求；扬弃偏狭的哲学系统、宗教教条和抽象推理，重视人的价值。在意大利，人文主义关于人的概念是通过内省和检验人的实际行为来研究人，强调人的本性中的意志和感情方面，而不是理性方面。人文主义者作为城市有文化的俗人的代表，反对中世纪神学家的人生概念，从古典文化中找到与他们相通的人生概念，当然他们仍然深受基督教的影响。

　　在政治思想方面，马基雅弗利所著《君主论》阐述了如何获得并掌握权力，并以古代的政治、军事史实作例证。在他的《论李维》一书中推崇共和国统治形式，在基督教道德与政治道德的冲突上，宣扬政治道德。

　　人文主义有两方面涵义：一是指人文学科，另指欧洲文艺复兴时期同维护封建统治的宗教神学体系对立的资产阶级人性论和人道主义。人文主义运动从14世纪下半叶在意大利兴起，15、16世纪传到欧洲各国。

　　文艺复兴的主要代表有：意大利人彼特拉克、薄伽丘、彭波那齐；尼德兰的伊拉斯谟和法国的蒙田等。

　　人文主义者以古希腊人培植的自由艺术为榜样，来研究他们感兴趣的语法、修辞、诗歌、道德、哲学、历史、数学、音乐、拉丁文、希腊文等人文科学。

　　北方的文艺复兴：新君主制的兴起是欧洲创造力恢复的一种体现，它是经济、社会、人口诸因素相互影响的结果。粮食生产的增长和新技术的采用促进了农业的商业化、庄园制的瓦解和工业的繁荣。欧洲恢复的一个标志是某些城市的惊人成长，其中最突出的是安特卫普。北方的人文主义就在这些城市中兴起。习惯上把北方人文主义称为基督教人文主义，以区别意大利的世俗的人文主义。

基督教人文主义者认为：爱、和平与简朴是基督教生活的准则。宗教冲击力的加强也在宗教礼拜的各种形式中体现出来，特别是神秘主义。它后来扩展到隐修院以外的俗界，在各地区产生了不同的影响。

三、文艺复兴时期的文学艺术

文学：在意大利，人文主义者用对话形式，既用拉丁文写诗歌与戏剧，又按古典形式写各种散文。拉丁文原是意大利通行的唯一语言，到13世纪后期，托斯坎语（后称意大利语）开始成为主要的地方语言。

用对话形式写的最著名的著作是卡斯蒂利奥内于1528年用意大利语写的《廷臣论》；但丁的《神曲》、薄伽丘的《十日谈》以及彼特拉克的抒情诗歌也是用意大利语写的。16世纪，北方本地文学发展的突出特征是民族文学的真正复兴。路德将《圣经》译成德文，创造了一个民族语言。而意大利文艺复兴中的文学方法和形式促进了各国文学的发展。如拉伯雷的《巨人传》，塞万提斯的《唐·吉诃德》，马洛的诗歌和莎士比亚的戏剧。

艺术：学者们并不认为Renaissance一语意味着与中世纪价值观念的断然决裂。对自然界、人文科学和个人主义的兴趣，在中世纪后期即已出现。15、16世纪意大利随着社会和经济的变化，如日常生活的世俗化、合理的货币信贷经济的兴起及社会流动性的大大加强，人们对自然界、人文科学和个人主义的兴趣开始占了主导地位。

文艺复兴时期的绘画、雕塑及建筑艺术可分三个时期：

1. 原始文艺复兴阶段：13 世纪末 14 世纪初，艺术在思想上受方济各会的激进主义的影响。圣方济各摈弃当时盛行的基督神学中的正统经院哲学，深入劳苦大众阶层，歌颂自然的美和精神价值。他影响鼓舞了意大利艺术家和诗人热爱他们周围的世界。

最著名的画家乔托（1266/1267—1337 年），采用新的绘画风格，重视清晰简单的结构和深入的心理刻画，不像他的前辈或同时代画家那样偏重平面的勾线装饰和恪守等级秩序的构图。文艺复兴绘画奠基人是马萨乔（1401—1428 年），他的构思富于理智，构图气派宏大，作品的自然主义高度使其成为文艺复兴的中流砥柱。

罗伦佐·德·梅迪契（梅迪契家族最后成员，1449—1492年），团结了一批画家、诗人、学者、音乐家，他们信奉新柏拉图主义，通过对美的沉思，在心灵上和上帝取得一致。这种美的哲学在自然主义方面不如 15 世纪上半叶的风尚，但在华丽优雅方面则有过之而无不及。其主张由皮科·德拉·米兰多拉阐释得淋漓尽致，在绘画方面体现在波提切利的作品，在诗歌方面表现在罗伦佐本人作品中。

北欧文艺复兴画家注重再现物体轮廓是否清晰，象征性含义是否达意，而不太注意科学的透视和解释，尽管这方面当时已广为人知。

2. 文艺复兴盛期：从 15 世纪 90 年代到 1527 年，约 35 年。此时期的三位大师是达·芬奇、米开朗琪罗和拉斐尔。

达·芬奇（1452—1519 年）学问广博，在世时举世闻名。作品有《蒙娜丽莎》（1503—1505 年，卢浮宫）、《岩间圣母》（约 1485 年，卢浮宫）、《最后的晚餐》（1495—1498 年，米兰格拉齐圣母院）。

米开朗琪罗（1475—1564 年）具有非凡创造力，思路广阔。他以人体作为表达感情的手段，从中吸取创作的灵感，早期雕塑有《哀悼基督》(1499,罗马圣彼得教堂),《大卫》(1501—1504年,佛罗伦萨美术学院)。最著名的作品是罗马梵蒂冈西斯廷礼拜堂的巨幅天顶湿壁画(1508—1512)。

拉斐尔(1483—1520年)的创作,完美地表现了古典主义的精神实质:和谐、优美和恬静。最有名的作品是《雅典学园》(1508—1511年),作于梵蒂冈。在这幅大壁画中,亚里斯多德和柏拉图两个学派的代表人物聚集在一个现代的庭院里,讨论哲学问题。

文艺复兴作为一个历史时期,在1527年随着罗马的沦陷而告结束。

3. 后期:16世纪后期,未受风格主义(因基督教信仰和古典人文主义的矛盾而产生)影响,在意大利北部和北欧仍有伟大作品出现,如柯勒乔(1494—1534年)和提香(1488/1490—1576年)的作品。他们发扬了富于抒情的威尼斯绘画风格,把非基督教的题材、色彩和绘画表面的巧妙处理和对华丽背景的爱好融为一体。德国画家丢勒(1471—1528年)同15世纪比较理智的佛罗伦萨画派相近,用光学仪器作试验,研究大自然,把文艺复兴风格和北欧哥特式风格合成一体,通过雕刻,传播于西方。

四、文艺复兴时期的音乐

早期中世纪音乐主要是单声部的,从9、10世纪开始产生了复调音乐的最初形式,即奥尔加农、康杜克图斯(Conductus)、戈凯特、经文歌。随着城市发展,多声部音乐形式愈益得到广泛承认。到16世纪复调音乐达到顶峰,被称为复调音乐的黄金时代。

最早谈到复调音乐特点的是荷兰哲学家约翰·斯考特·艾里乌根纳的哲学论文《自然界的划分》。后来约翰·德·格洛海欧在《论音乐》中对多声部问题赋予更大意义。

文艺复兴时期音乐在创作方面由于艾奥尼安调式以及伊奥利安调式，即今之大小调的发展，中世纪调式音乐渐趋衰落。三和弦为和声基础，乐曲以和弦式和赋格式并存。

著名的乐派和作曲家有尼德兰乐派（杜费、沃克海姆、约斯堪、拉索）、威尼斯乐派（加布里埃利和他侄子）、罗马乐派（帕利斯特里那）等。重要的音乐体裁有法国歌谣曲、意大利牧歌，以及新产生的歌剧。

世俗音乐在贵族王侯保护推动下得到很大发展，与宗教音乐处於同等地位。由于城市的发达，音乐家不仅是寺院的僧侣和教会歌手，也广泛地进入社会和私人生活中。意大利宫廷贵族从事音乐活动不再被认为有失身份。有的贵族演奏乐器很好，有的唱得很好，不少宫廷和贵族宅第里开音乐会成为时尚。

从意大利作家、政治家巴尔达萨尔·卡斯蒂里昂涅写的《论宫廷的内侍官》中可以看出音乐在宫廷中的重要地位。他要求宫内官员要懂音乐。"如果一个宫内官员不是一个音乐家，不会读谱，对各种乐器也不知道，这个宫廷官员就不能令我满意，因为只要好好想想就能明白：从恢复疲劳、使人更好地休息的功能来看，世界上没有什么比音乐更好的了，也没有比音乐再好的医治灵魂疾病的药品了。特别是在宫廷内需要音乐，因为除了可以使人的无聊得到消遣外，对妇女可以提供很多满足。妇女的心灵是温顺和柔和的，和谐的音乐容易渗透到那里去，使她们充满了温情"。

意大利佛罗伦萨、米兰都是音乐盛行的地方，成为文艺复兴音乐的中心，吸引了欧洲各国的音乐家，如荷兰作曲家廷克托里斯、西班牙作曲家拉密斯·达·帕莱亚。这时期波沦亚、帕多瓦、巴维亚等城市大学开设了音乐系。

1498年，罗马的奥塔维安诺、派特鲁契发明了乐谱印刷，在此之前音乐全靠手抄本流传。

文艺复兴时期人文主义思想个性解放的体现之一还在于，妇女参加到音乐生活中来，而且表现出色。不少文献证明妇女活跃于宫廷的社交音乐生活，揭开了欧洲音乐史上新的一页。中世纪音乐为宗教服务，妇女不可能参与音乐活动，只有文艺复兴时期，世俗音乐文化发展，音乐成为社会生活的一部分，妇女才有可能从事音乐活动。

当时的人们惊叹宫廷妇女的音乐才能。温琴磋·朱斯蒂尼阿尼在《关于我们时代音乐的论断》中描述了宫廷妇女的演奏和唱歌。在曼托瓦市和菲腊腊市举行了大规模的比赛，称赞她们不仅在嗓音上有功夫，还有优美的经过句装饰自己的歌唱，善于运用声音表现强弱，用面部表情来协助歌声等等。

音乐会

第九章 廷克托里斯

第一节 活动简况

约·廷克托里斯（Jchannes Tinctoris，1435—1511年），荷兰音乐理论家，曾在意大利拿波里为国王费迪南服务，1484—1500年在罗马教堂任职。

生于伊比雷（今比利时境内）附近的小镇，1471年入洛文（Louvian）大学，1476年以前成为费迪南教堂牧师以及费迪南女儿比阿佛利斯公主（Beafrice of Aragon）的家庭教师。1487年廷克托里斯为了给皇家礼拜堂寻找歌唱者在法国和德国旅行。

他的主要著作包括：一篇谈论记谱法的论文《音乐的比例》；西方最早关于音乐术语的字典《音乐术语辞典》，这是为他的皇家学生写的，1495年出版；一本关于调式的性质、特征的书，1476年奉献给他的杰出的同时代人沃克海姆和布斯洛依；一本谈论对位艺术的书，完成于1477年。廷克托里斯同时也是流行的《军人》（L'homme arme）弥撒曲以及几首经文歌的作曲者。

第二节 音乐美学思想

一、只有人们听得到的声乐和器乐才是音乐

"在提出这个问题之前，我不能在无数哲学家之间的柏拉图、毕达格拉斯以及他们的后继者西塞罗、麦克罗比斯（Macrobius）、鲍埃修、和我们的艾西多尔（Isidore）的意见面前经过而保持沉默，就是关于星辰领域在和谐的运行的指引下旋转，也就是说，依靠各种不同和弦的谐和。但是正如鲍埃修提到的，当某些人宣称土星运行带有最深沉的声音，同时正如我们经过其余行星时，月亮则以最高的声音运行。相反，而其他的把最深沉的声音归之于月亮，而把最高的声音归之于恒星的领域。我不同意这些意见。我宁愿毫不动摇地相信亚里斯多德和他的注释者，以及我们近期的哲学家们，他们明显地证明在天空既没有实际上的也没有潜在的声音。由于这个原因，永远不可能劝服我相信没有声音也能产生'音乐'的协和，声音能够产生自天空星体的运动。"[①]

"正如拉克坦蒂斯（Lactantius）所说'耳朵所衍生的愉快不是由于天空星体，而是由于地球上的乐器与自然的合作而产生的'。对于这些和谐，古老的音乐家们——柏拉图、毕达格拉斯、尼考玛赫、亚里斯托克森、菲洛兰斯（Philolaus）、普托列麦和其他人，甚至包括鲍埃修——绝大多数勤勉地要求他们自己，到目前为止他们怎样地习惯于安排和构成它们（指天体关系），我们这一代几乎毫无所知。假如我可以归知我自己的经验，在我手中已有某种古老歌曲，叫做 apocrypha（可靠性值得怀疑），作者不

---

① 《对位艺术》。

详,如此笨拙,如此愚蠢地创作,以致只能烦扰而不能愉悦耳朵。"①

二、对音乐以及各种音乐术语下定义

《音乐术语辞典》是西方第一部音乐辞典。大体上写于1474—1476年之间,按拉丁文字母顺序排列,近三百个条目,包括了文艺复兴时期常用的音乐术语,给音乐、音乐家以及音程、调式等作了解释。文字简明、精辟,反映了当时音乐理论的水平。

例如,"音乐"是大量单个的声音编排成的,或者是单个旋律,或者是齐唱,包括使用歌唱和演奏的技巧。它有三种:由人声表演的,由乐器吹奏的,和由弹拨乐器演奏的。

"音乐家"是一个人,他具有唱歌的专长,他依靠学习来把握它的原则。音乐家和歌唱者是有区分的:音乐家知道他们谈论的音乐是什么,而歌唱者不知道他们自己谈论的是什么,就象动物一样。

"作曲家"是某些新作品的创造者。

"乐器"是一种产生声音的器件,或是自然的或是人工的。

三、只有听觉的印象才是判断协和音的标准

听觉感受是否愉快是判断协和音的尺度。"和声就是由于一个声音配合另一个声音所获得的一种愉快性,协和音是对听觉说来感觉愉快的各种声音的组合,不协和音是按照天性使耳朵感到不快的各种声音的混合。"②

---

① 同上。
② 《音乐术语辞典》,转引自舍斯塔利《从美育论到主情论》(张泽民译稿)。

第十章 扎尔林诺

扎尔林诺（G. Zarlino，1517—1590年），意大利音乐理论家、作曲家、文艺复兴时期音乐美学的中心人物。他是16世纪复调音乐方面的重要理论家，从亚里斯托克森到拉莫之间的最有影响的人物。

第一节 活动简况

扎尔林诺生于威尔斯附近的基奥贾（Chioggia），20岁时由于父亲的坚持入了威尼斯市圣方济各会，但他并不研究神学，而是努力学习古希腊文化、拉丁文学、历史、数学、天文学及音乐。

圣方济各教派于13世纪初期创立天主教苦修会，原始文艺复兴阶段（13世纪、14世纪）方济会的激进主义影响已经很大。他们摒弃当时盛行的基督神学中的正统经院哲学，深入劳苦大众阶层，歌颂自然的美和人的精神价值。

扎尔林诺从当时的作曲大师阿德里安·维拉埃尔特[①]学作曲，扎尔林诺称他为"新毕达格拉斯"。1565年扎尔林诺成为圣马丁

[①] 维拉埃尔特（Adrian Willaert，1527—1562），圣·马丁教堂合唱团领导人，他离开后，由扎尔林诺接任。

教堂合唱团的音乐领导人,这期间写了《和谐的规律》(1558)、《和谐的表现》(1571)与《音乐附录》(1588)。他的声誉很高,当选为威尼斯科学院会员。

"人们称扎尔林诺为文艺复兴的真正的儿子,他为古老世界的音乐描绘一幅理想的图画;他以他自己的时代得以使它重放光彩而骄傲,他断然否定中世纪音乐,认为那是一种人工的诡辩"。

扎尔林诺赞赏、继承古希腊、罗马的音乐文化,但他并不停留在转述,更重要的是他牢牢地站在文艺复兴人文主义者立场上,探讨音乐的问题。他特别受意大利哲学家、人文主义者皮科·德拉·米兰多拉的影响,把人摆在世界中心的位置上。他写道:"虽然至高无上的和至善的上帝,由于他的无限仁慈使人和石头一起存在,同树木一起生存,并和其他动物一起感觉外物,可是……他把智慧赐给了人类,因此人类就和天使很少区别了。"

扎尔林诺认为人们的五官都很重要,其中最重要而能给智慧带来好处的是听觉。音乐正是从听觉感受而又提高到理性的把握中产生的。

第二节 音乐美学思想

一、小宇宙论

扎尔林诺认为宇宙充满和谐,人是宇宙的中心,也具有这种和谐,人的本性中的和谐与宇宙和谐相一致。可以说宇宙是大宇宙而人是小宇宙,都具有和谐。而灵魂是人本身具有和谐的原因。

"如果从造物主的世界创造出来就充满了这种和谐,为什么认为人不具备这种和谐呢?特别是当上帝按照大世界的样式,按照希腊人所谓宇宙的大世界的样式创造人(也就是说创造人这个装饰品和被装饰品)的时候,特别是当上帝和上述大世界相区别地创造小规模的类似物——小宇宙(也就是说创造人这个小世界)时,如果正如一些人所想的:世界的灵魂也是和谐,那么我们的灵魂不是我们本身中一切和谐的原因吗?显然,这种推测并非没有根据……因此,认为'没有一件好东西不包含音乐构造'的看法真是对极了。"①

二、人的和谐与音乐和谐相适应(或相似)就能得到愉快

扎尔林诺依据当时流行的关于人的气质的学说来论述音乐与人类情感的关系。

当时,意大利自然哲学家、医学家卡尔达诺(Gerolamo Cardano,1501—1576)主张,光和热是世界灵魂形成的原素。哲学家特勒肖(Bernardino Telesio,1508—1588)以冷、热两种原理为基础,认为它们是感性经验和自然认识的泉源。扎尔林诺利用他们的理论,认为人的气质是受物质因素(冷、热、干、湿)的对比所决定的。他认为愤怒中占统治地位的是湿热,恐惧中占统治地位的是冷干,湿热使人激怒,冷干使人拘束。上述某种因素占优势,某种情感就占优势。

这些情感是有害的,但若使其有一定的比例,一定的大小,也就是达到一种和谐,这些情感就是有益的。

因此人类有益的情感是和谐的类似物,因为宇宙和谐也是由这些因素的合比例地组成的。音乐本身的和谐与宇宙和谐是一致的,是对比关系按比例的各种因素组成的,这就可理解旋律与和声为什么能动人心弦,激起人的情感。所以人经常经受强烈的情

---

① 《西方哲学家、文学家、音乐家论音乐》,35 页。

感，一听到对比关系一致的和谐，这种强烈情感就会增大。反之，听到对比关系不一致的和谐，这种强烈的情感会减弱或产生相反的情感。

由此看出，音乐的和谐不是受天体运动决定，音乐是受身体各因素的对比关系决定的。扎尔林诺不再认为音乐起源于神，而认为音乐是人类的认识与自然存在的和谐相适应，而人又认识到这种和谐时而产生的。他说："音乐是非常自然的，与我们有非常亲密的关系，所以正如我们看到的，每一个人，都在某程度上（虽然很不完善地）在音乐上尝试自己的力量，但是可以说，谁如果从音乐中得不到愉快，他就是天生的没有和谐，因此正如我们所说过的，如果任何快乐和愉快是从相似产生的，那么必然得出结论：如果谁不喜欢音乐的和谐，那么他就是在某种程度上缺乏和谐，并且在和谐方面他是一个无知的人。"

扎尔林诺对节奏的解释也是和人体相联系的。他认为节奏是与人的血液流动的脉搏跳动有关的，正是脉搏使人产生对音乐节奏的感觉。"完全好象根据研究医学的公爵们的有价值的意见：脉搏有两种，就是平衡的脉搏和不平衡的脉搏，声音所产生的具有一定数量衡量的运动，就可以归结为这两种脉搏。"①

三、强调听觉的重要和优越，把音乐放在艺术的首位

文艺复兴时期绘画艺术非常繁荣，人们把它放在艺术分类的首要地位。绘画大师达·芬奇把绘画放在音乐之上，他说：视觉是第一感官、听觉是第二感官。音乐是"绘画的妹妹"，第二感官的对象，它是靠把自己按比例的部分相配合形成和谐的，这些

---

① 《西方哲学家、文学家、音乐家论音乐》，35页。

按比例部分是在同一时间内创造出来的,并不得不在一个和谐的节奏或多个和谐的节奏中产生和消亡……但是,绘画越超音乐并统治音乐,因为绘画不像不幸的音乐,在它诞生之后紧跟着就消亡了"。①

扎尔林诺却认为"听觉真是一切感官中最需要和优越的感官"。他强调音乐是与一切种类的艺术和科学相联系的知识,例如,若没有音乐知识,演说者就不会在演说中安排重音;建筑师就不能正确地"音乐化"地处理他们的建筑;天文学家因而不能知道七大行星的和谐运动;而医生也完全不懂得脉搏。因此他不同意当时把绘画当作"科学的科学"的看法,而把音乐放在艺术分类之首。

扎尔林诺以听觉的直接感受为判断音乐唯一尺度。他说:"听觉的直接感觉是音乐问题的直接判断者。"而具有音程的声音是否好听,在于它"所能提供给人们的愉快。"②

四、要求作曲家成为全面人材

《和谐的规律》(35章)谈到作曲家必须有全面的知识,除音乐理论之外,还必须很好了解几何学、算术、文法、逻辑与演说术;在艺术实践方面要会演奏独弦琴,调理乐器等。他要求作曲家:"首先,要在学术上深有体会,亦即在理论部分深有体会;其次,在艺术上亦即在实践中深有体会;还必须有好的听觉和会创作。实践的音乐家没有理论知识,或理论家没有实践,永远会迷失方向和对音乐形成不正确的判断。正如我们认为一个既不掌握理论又不掌握实践的医生是荒谬的一样,如果谁相信一个只从

---

① 达·芬奇《论绘画的书》。
② 格鲁贝尔《音乐文化史》。

事实践的音乐家的判断或相信一个只从事理论的音乐家的判断，他就真正是个傻子或疯子。"

之所以要求作曲家掌握全面的知识，是因为他认为作曲家对器乐的美学判断应当以数学和音响学知识为基础；对声乐的判断应以文法、逻辑学、论辩法、演说术和对古代语言的研究为基础。而从事理论研究的音乐家则必须能演奏音乐，必须会用听觉辨别各种调式和调性的区别。

要求音乐家理论和实践的统一是文艺复兴的美学原则之一。它有助于克服自中世纪以来音乐家理论与实践分离而产生的矛盾。中世纪音乐家的理想是抽象的理论行家，他们认为搞实践的音乐是降低身份。

第三节 小 结

一、建树：强调音乐与歌词、旋律和语言的统一

扎尔林诺认为音乐和语言是平等的，人类语言中包含有音乐的规律性，而音乐能传达语言的因素和含义。

当时的情况是音乐与歌词结合得很差。"当听见和看见：在一些曲调中非常混乱，终止未完结、装饰手段不适当、歌唱乱七八糟的时候；当你听见和看见：把和声配在歌词上犯了无数的错误，完全不注意调式，声部联接得不好，过门不优美，节奏彼此不相一致的时候，真能吓得你哑口无言……"[①]

当时教会音乐中由于强调"主"、"天使"、"光荣"等字眼时，把个别音节拉长声音来唱。扎尔林诺强调曲调应当尽可能流

---

① 《和谐的规律》32章，"如何使音乐配合所给予的歌词"。

畅、尽可能表现词的意义和内容。扎尔林诺并且为之制定了十条规则。

在扎尔林诺的著作中，他详细叙述了复调音乐作曲的程序、技巧等等，并强调选择主题的重要。

他力图清除中世纪神学对音乐理论的影响，公开声称对阐述基本原则更感兴趣而不是制定统治特殊情况的规则。他把音乐看成是对自然的模仿，并力图从自然法则去进行评论。从对基本协和音的比率开始，他成功地达到了现代理论从和声系列抽象出来的一些结论。

他第一个抓住吟诵调的全部含意并为它作出典范的解释；他是第一个按照三和弦而不是按照音程来谈论和声的；他第一个认识到大调与小调的基本对立的重要性；是第一个试图对旧规则禁止运用平行五度和八度作出理性的解释的人；第一个去隔绝（isolate）和描述不良关系的效果；由于他的建议，编辑出版了亚里斯托克森的《和谐论》(Harmonics)。

二、局限：轻视民间流行音乐，否定朗诵式音乐

苏联音乐学家认为，扎尔林诺音乐思想中也反映了文艺复兴美学的消极面，即他不仅与民间流行的新的音乐艺术的联系薄弱，甚至否定它们。例如他反对当时流行的意大利牧歌，说它是农民的"白痴式的"歌曲，他与当时音乐家们在"宣叙调风格"领域中的革新也格格不入。

当时，与他对立的是同时代人、他的学生温琴磋·伽里略。伽里略在他的《古代和新音乐的对话录》一书中抨击了扎尔林诺的主张，扎尔林诺的《音乐的补充》（1588）是对伽里略的反驳。

温琴磋·伽里略主张恢复发扬古希腊音乐的传统：单声部歌唱，乐器伴奏。他认为古希腊音乐"自然歌唱的纯朴性"被中世

纪"野蛮"的复调音乐代替了。他用但丁歌词创作音乐,用中提琴伴奏朗诵但丁的诗,并认为这种朗诵式音乐是模仿古希腊的传统。他的这种音乐美学思想后来导致歌剧的产生。

扎尔林诺否定这种朗诵式音乐,认为是"模仿喜剧演员的艺术——这与其说是音乐家的名份,倒不如说是演说家的名份。如果歌唱家采用了这种方法,那么与其说他是一个歌唱家,倒不如说他是喜剧演员了"。

相比之下,扎尔林诺是保守的,而他的学生温琴磋·伽里略预示了未来的音乐的发展。

第四编　17、18世纪
（巴洛克、古典主义时期）

第十一章　马泰松

马泰松（J. Mattheson，1681—1764年），德国作曲家、音乐理论家、音乐批评家。

第一节　活动简况

马泰松6岁起学音乐，9岁（1690年）在汉堡教堂演奏他自己创作的乐曲。自幼还学习英、法、意大利语，并学习舞蹈、击剑、骑马，后作为歌唱家参加汉堡歌剧团。1703年（22岁）开始了同亨德尔的友谊。1704年起旅行荷兰、法国、英国和意大利。1709年起成为哥尔斯坦公爵宫廷乐队长。

他的作品包括几部歌剧，24首大合唱和清唱剧，12首横笛奏鸣曲。

马泰松的影响主要在于他的学术著作，包括：1.《重新发现的管弦乐团》（1713年），2.《被捍卫的管弦乐团或它的第二次被发现》（1717年），3.《音乐的爱国》（1728年），4.《数字低音教程》（1731年），5.《完美的乐队长》（1739年），6.《凯旋门的建立》（1740）。

《凯旋门的建立》编纂了 148 名作曲家的生平,是最早的音乐家辞典之一。其中包括拉索、胡底米列、亨德尔、泰莱曼、凯泽尔等人条目,但没有约翰·塞巴斯蒂安·巴赫的条目,对巴赫的承认是后来的事情。

第二节 音乐美学思想

一、音乐艺术的源泉来自自然

(一)数学不是音乐的心脏和灵魂

《完美的乐队长》中有一章专论音乐与数学的关系,反对那些把音乐艺术服从于抽象规则和赤裸裸的数学统治的纯数学派。(在 17 世纪仍然有人这样主张。)他称这些学者是"纯粹的代数家"、"计算员"。他说:数学在音乐中起一定作用,但不能把它看成一切。

据他说音乐中存在四种类型的关系:自然的、道德的、修辞的、数学的。只有最后的属于速度、音程等关系要用圆规和直尺来计划,这只构成音乐中不重要的因素。他说:"音乐不反对数学而处在数学之上。"但音乐真正的美的开始是在数学结束的地方。"最精确的数学关系——这远不是一切,数学的艺术只是美的仆人,雄伟的自然的谦逊的工具"。

"至于音乐的其它因素,也不能用数学方法测量,为了理解它们,需要人的全部经验和感情"。

(二)音乐动人的力量来自声音的巧妙的结合,来自人的智慧和崇高的心灵

认为音乐作用于人的心或灵魂。怎样作用呢?"当然不是通

过声音本身,不只是通过声音的大小、性质、形成,而主要通过巧妙的、经常更新的层出不穷的结合,通过多样化、混合、提高、降低、跳跃、停顿、加速、力量、轻弱、强烈、简单和复杂的进行、缓和、抑制以及数以千计的其它手法,而决定这些手法的,不是圆规、不是直尺、不是计算,而只是受过训练而从自然和经验获得智慧的人的内心的崇高本质"。

他认为声音的艺术取自自然的无穷源泉而不是取自算术的水洼。他把模仿自然提到首位:音乐"只是自然的女仆",只是为模仿自然而存在。

二、音乐能表达人的意向、心情、情感

马泰松认为每个旋律可以像人的语言一样,在同等程度上激起和表现人心的极其不同的各种情态和激情。"可以用普通的乐器很好地描写人心的崇高、爱情、嫉妒等等。没有歌词,用普通的和弦与其连续来表达内心活动,以便听众抓住它们和了解音乐语言的过程、本质和思想,好象这是真正谈话的语言一样",[①]"我们必须假定每一旋律都有一种(如果不多于一种的话)心情波动作为它的主要目的",[②]"如果音乐家想打动别人,他必须懂得纯粹用音响及其组合,不借助文字,能表达出一切心底的意向,表达得让听众听起来,宛如那是一篇真正的演说,能够完全理解和领悟其意欲、意念、意思以及每段、每句的语势"。[③]

主情论在18世纪德国音乐美学中起到了巨大作用。它正是

[①]《完美的乐队长》,1739年影印复印本,转引自舍斯塔科夫《从美育论到主情论》。

[②]《完美的乐队长》,转引自汉斯立克《论音乐的美》,人民音乐出版社,1978年版,10页。

[③]《西方哲学家、文学家、音乐家论音乐》,75页。

从马泰松之手传到德国音乐理论家万茨·马尔普尔格、菲利浦·依曼纽尔·巴赫那里的。主情论之于德国音乐美学正如音乐模仿论的争论在法国一样起了巨大作用。

三、旋律是音乐完美的最高峰

关于旋律与和声的关系：法国音乐理论家拉莫在他的《关于和声的论文》中认定：音乐作品的基本不是旋律而是和声。

法国的卢梭反对拉莫的观念，马泰松也反对拉莫的观点。马泰松指出"必须竭尽全力反驳不正确的、具有引诱力的和有害的论题：好象旋律必须从和声中产生。抱有这种观点的是最有名的法国作曲教师之一和他的耶稣派的追随者（唉！这些追随者现在正当权呢）……"

在《完美的乐队长》中特别有一章"论旋律与和声"，其中，马泰松说："旋律具有主要的意义，并且是音乐完美的最高峰。"

（一）旋律是音乐的基础

"只有旋律是世界上最自然和最美的东西"。他论证旋律的优越性：第一，旋律的感情和表现意义比和声大得多，单一声部可以独立存在，而和声，没有旋律就不是歌唱，而是空洞的声音堆砌；第二，不是和声的规则决定旋律的构成，而是相反，和声是受旋律结构和性质决定的，因为和声不过是各种旋律的结合；第三，旋律在历史上先于和声。

但是马泰松并不否定和声的意义，他认为和声可以为表现和发展旋律而服务。

正因为他认为旋律是音乐的基础，所以任何创作必须从创作旋律开始，学习音乐也如此。他所论证的音乐理论是从旋律的性质、结构、特征推论出来的。

(二) 旋律艺术的特征和规律

音乐创作过程由五个阶段组成：发明、布置、加工、装饰和演奏。五个阶段是一个相互联系的整体，只有加在一起才能赋予音乐以意义。他在《完美的乐队长》中还专有一章"论创作好旋律的艺术"，专论旋律的发明。他认为旋律的发明给予音乐以灵魂和火，布置赋予音乐以秩序和分寸，加工赋予音乐以审慎性。

他认为旋律具有四个特性：灵活、明确、流畅、优美。他还对如何达到这四个特点，列举若干规则。

如灵活：1. 旋律中应包含某种众所周知的东西；2. 应避免不自然和凭空臆造的东西；3. 应合乎自然；4. 应用的艺术技巧不应当显眼；5. 应多模仿法国人；6. 旋律要易于理解；7. 与其冗长不如简短。

如明确：1. 善于避免多余的音符；2. 注意词义而不注意字；3. 正确记谱。

如流畅：1. 避免旋律的分散；2. 避免过长的休止；3. 避免一个旋律打断另一个旋律。

如优美：1. 应喜好不大的音程，甚于大的跳跃；2. 不大的音程等级中可以巧妙地多样化；3. 仔细避免使用不便于歌唱的乐汇（最好编个目录）；4. 保持一切部分、片断、环节的对比关系；5. 使用适当的重复；6. 从主调关系的纯音开始作品；7. 经过句不可太长，华彩应多样化。

他总结33条作曲规则，只要善于运用这些规则，就能达到尽可能地完美。

他同时强调关键是正确地使用这些规则，才能得到好处，否则这些规则不能给我们任何东西。

四、音乐还必须是优雅的

"一直到现在,在音乐作品中只要求旋律与和声。在今天,这样的音乐,如果其中不加上第三个因素——优雅性,就不能算做好音乐。这种优雅性不能学会,也不能用规则来规定它。它只能用好的趣味和健全的意识来达到它。对于不太优雅的读者来说,为了理解什么是音乐的优雅,我们可以把音乐和衣服相比。作衣服的衣料是和声,衣服式样是旋律,金银饰和绣花是优雅性。"①

这反映了18世纪中叶德国音乐发展中的趋向,即追求装饰性,而这是与当时音乐中的巴洛克和洛可可音乐风格相联系的。

历史学家认为马泰松及意大利的斯卡拉蒂(1685—1757年),一心接受洛可可音乐风格导致了艺术标准的降低。可是,洛可可风格成份仍然出现在卡尔·菲利普·埃马努埃尔·巴赫、海顿和莫扎特的作品中。

五、提倡混合风格

马泰松认为每个民族都有自己的风格、作曲和演奏方式。他说:意大利人最善于演唱和演奏,法国人最善于使听众获得消遣,德国人具有崇高的品质,英国人最善于作出有分量的批评性判断。他反对对意大利音乐的盲目模仿,反对意大利音乐家在德国称霸。他提倡一种混合风格,吸取法国和意大利音乐的优点。肯定法国作曲家吕利把法国和意大利风格结合起来。但他并不主张制定什么严格的规范,主张趣味无争议。

---

① 《新发现的管弦乐团》14页,原注。

六、应造就完美的音乐家

反对三种音乐家类型:

1. 学者音乐家:这类音乐家把音乐归结为数学和抽象的、与实践脱节的规则(这里马泰松的讽刺对象为基海尔,他说某人读了基海尔的书,立即环顾四周,恐怕这部书中无数难懂的名词会招来魔鬼),他并不反对音乐上的博学,而是反对这些学者音乐家把音乐当成了逻辑学或数学一样精密的学科。他认为音乐是要求自由想象的。

2. 业余爱好者类型:这种人拒绝严肃地学习,以为靠自己天才就可轰动。

3. 工匠式音乐家:为赚钱而贩卖艺术,除了物质利益什么都不顾。马泰松认为这种人对于导致音乐的衰落负有责任,他们象不值钱的劣马,赶到哪里都可以。

音乐的衰落与这三种音乐家的存在有关。他主张应培养完美的音乐家,在《完美的乐队长》一书中论及这个问题:完美的乐队长应是立足在真实的现实之上,善于把理论和实践相结合,而不成为陈腐的音乐理论的奴隶。

第十二章　歌剧史上的第一、二次争论

西方音乐美学史上有三次关于歌剧问题的争论：第一次，以卢梭为中心的"喜歌剧之争"；第二次，以格鲁克为中心的歌剧改革之争；第三次，以瓦格纳为中心的"乐剧——总体艺术作品"之争。

第一节　以卢梭为中心的第一次歌剧之争

一、第一次歌剧之争的背景

（一）历史背景

17世纪中叶，法国经过长期宗教战争和权力争夺，树立了路易十四的绝对王权统治，成为欧洲第一个中央集权的君主专制国家。波旁王朝的专制君主政体在路易十四时期达到鼎盛时代。

1. 封建统治下的法国

17世纪40年代初，英国爆发了推翻斯图亚特封建王朝的资产阶级革命。从1640年到1688年经过革命和反革命、复辟和反复辟的长期、反复的斗争，资本主义制度终于在英国确立起来，资产阶级专政取代了封建阶级专政。17世纪英国资产阶级革命标志着人类历史从封建社会进入资本主义社会，对欧洲和世界有深远的影响。

从英国资产阶级革命到法国资产阶级革命这一百五十年间，欧洲各国政治、经济发展很不平衡。18世纪，欧洲除了英国和荷兰以外，绝大部分地区都处在封建制度统治之下。法国和俄国是当时欧洲大陆上最强大的封建国家。当时欧洲普遍面临着一个推翻封建政权、废除封建制度、建立资产阶级专政、发展资本主义的历史任务。所有这些国家中，法国资产阶级革命的条件成熟最早。

当时法国是欧洲大陆资本主义工商业最发达国家。资产阶级力量最强大。资产阶级上层通过多种经营，积累了大量资金购置地产成为地主资本家。资产阶级感到自己经济实力同政治社会地位很不相称，买爵做官也被贵族杜绝，因此对特权等级极大不满，一心想夺取政权。

全国三个等级（或说四个等级）：教士——第一等级；贵族——第二等级，这两个等级同属一个阶级，即封建地主阶级，享有特权，国王为总代表。教士每年以什一税名义从农民身上搜刮一亿二千万锂，特权等级霸占全部宗教、政、司法要职，对人民实行专政，巴黎的巴士底狱就是暴政的象征。法律规定，只要偷窃十二个苏（一个苏等于二十分之一锂）就要被处死刑。

农民、城市、平民、资产阶级构成所谓第三等级。① 他们把仇恨集中在两个特权等级身上（即教士与贵族）。推翻地主阶级的专制统治，打破封建所有制的桎梏是解放生产力，促进生产的根本途径，是摆脱教会与封建剥削、压迫、奴役的唯一出路。

2. 启蒙运动

反封建的政治斗争，首先在思想战线上反映出来。从18世纪20年代起，资产阶级思想家就不断提出各种对社会弊端的分析和改革方案。在历史上掀起了一个启蒙运动。

---

① 另一种划分：将农民、城市平民分出来，划为第四等级，但他们当时的利益是与第三等级一致的。

启蒙运动是18世纪法国资产阶级革命以前，法国资产阶级进步思想家如伏尔泰、卢梭、狄德罗等人所进行的文化教育运动。特点是对当时的教会权威和封建制度采取怀疑或反对态度，把"理性"推崇为思想和行为的基础，作为衡量一切的尺度。正如恩格斯所说："宗教、自然观、社会、国家制度，一切都受到了最无情的批判；一切都必须在更理性的面前为自己的存在作辩护或者放弃存在的权利。"他们以为在"理性"的阳光照耀下，"迷信、偏私、特权和压迫，必将为永恒的真理、为永恒的正义、为基于自然的平等和不可剥夺的人权所排挤。"但是这些启蒙思想家所谈论的只可能是资产阶级的理性。法国革命的历史证明："这个理性的王国不过是资产阶级的理想化的王国……18世纪的伟大思想家们，也和他们的一切先驱者一样，没有能够超出他们自己的时代所给予他们的限制"。①

法国启蒙思想家们选择了编辑出版百科全书的办法来开展文化宣传、教育启蒙运动。他们的《百科全书》（全称为《百科全书，科学、艺术、工艺详解辞典》）共三十五卷，1751—1780年出版。主编是法国哲学家狄德罗，写稿人包括130个启蒙思想家、科学家、律师、医生、工艺师等。其中有伏尔泰、爱尔维修、霍尔巴赫、卢梭、达兰贝尔等。他们哲学观点不尽相同，政治主张也不一致，但都坚决反对天主教会和经院哲学以及封建等级制度。《百科全书》吸收当时的新思想和自然科学知识，许多条目尖锐地抨击专制制度和教会的黑暗，宣扬理性主义、资产阶级人道主义和唯物主义。在当时历史条件下，对动员群众，启发觉悟，推动革命运动方面，起了很大的作用。

卢梭撰写了《百科全书》中的所有音乐条目，他与狄德罗有十五年的深挚友谊，与霍尔巴赫等也有来往，但后来都走向对立

---

① 《反杜林论》选集三卷，56—57页。

而绝交。卢梭与伏尔泰笔战，互不相让。其实，他们总目标是一致的，他们之间的矛盾反映了第三等级内部的不同阶级思想倾向的矛盾，或者说反映了第三等级与第四等级之间的矛盾。

（二）歌剧的诞生

文艺复兴在音乐上最突出的表现就是歌剧的诞生。

当时在音乐理论和实践中逐渐兴起的主调音乐风络，特别是16世纪末"数字低音"的创立和使用，为歌剧音乐的产生作了准备。

1. 音乐美学思想方面的准备

文艺复兴运动的宗旨（人文主义艺术理想）就是恢复古希腊综合性的完美艺术，真实生动地表现人的生活、思想感情、人的形象等等，为歌剧的产生准备了美学上的和思想内容上的条件。在16世纪末的音乐生活中，意大利佛罗伦萨的音乐家、艺术家们甚至已经厌倦对位法，认为复调音乐的纷繁阻碍歌曲诗词的表达，提出"向对位法战斗"，主张恢复古希腊单音歌曲的音乐。

文艺复兴思潮体现在音乐上最突出的就是，恢复古代（古希腊）的简朴风格，抛弃对位的繁复手法，使诗歌和音乐紧密相联，使所有的艺术融会贯通，从而产生一种象古希腊悲剧那样具有巨大效果的艺术作品。他们通过文字材料构成对古希腊音乐的样式的认识，创造了音乐化的朗诵调，这种朗诵调需要和"复调音乐家的'滥调'断绝关系，在音乐创作中开辟新的，真正文艺复兴的时代"。[①]

温琴磋·伽里略[②]据传是当时模仿古希腊音乐而编出独唱曲（已失佚）的第一人。他激烈抨击他的老师扎尔林诺，特别是老

---

① 转引自《从美育论到主情论》。
② Vincenzo Galilei, 约 1520—1591 年。著名天文学家伽里略的父亲，"佛罗伦萨之家"的领导人。随威尼斯著名风琴家、理论家、作曲家 G·扎尔林诺（1517—1590）学习，而后成为颇具名望的诗琴手和作曲家，曾出版几本牧歌及器乐作品。

师主张的调音法，出版了好几篇反对他的讽刺文章，如《古代和新音乐的对话录》（1581），其中有几首古希腊赞美诗的范例（从仅有的几首残缺不全的古希腊音乐作品中选出）。文章还抨击了同时用四、五个声部、用不同节奏的歌唱方式。《古代和新音乐的对话录》号召人们注意各种人物的语言音调。"当为了消遣去看市场演员演的悲剧和喜剧时，请抑制一下漫无节制的笑声吧！请你们也观察一下，如果是一个贵族和另一个安静的贵族谈话时，演员是用什么方法说话，看他们说话用什么声音（高还是低的音色），用多少长短音、重音，姿势的力量是怎样的，如何表达运动的快慢程度。如果其中一个人和仆人谈话，或他们彼此谈话时，请稍微注意一下，在这些方面有什么区别。请你好好想一想：一位公爵和他的臣民和仆从或求他保护的人如何谈话；一个愤怒和激动的人怎样说话；一个已婚的女人、一个姑娘、一个普通儿童、一个狡猾的妓女如何说话。还有当一个堕入情网的男人和他的情人谈话，努力使她对自己的爱情有好感时是如何说话的；发牢骚、喊叫、害怕胆怯、欢天喜地的人是如何说话的。如果你仔细地观察，周到地研究这些不同的情况，你们就可能得出为表现任何别的情况时应当怎样作的规律"。①

卡契尼在《新音乐》（1602）中指出："对于良好的歌唱方式来讲，花腔手段（即装饰音）并非必要，我认为它只不过是用来取悦于那些不懂得用感情歌唱的人的耳朵……要想很好地作曲或歌唱，就必须领会主题和歌词的意义，感受它们，并用意趣和感情来表达它们，这比只懂得对位法要重要得多。"

在《新音乐》中，他还说："这些最有学问的贵族，往往用最为精彩的论据说服了我，使我不去醉心于那种音乐。这种音乐不能使人听见歌词，消灭了思想，破坏了诗词，时而拉长音节，

---

① 《西方哲学家、文学家、音乐家论音乐》，37页。

时而缩短音节,以便适应把诗歌弄得支离破碎的对位。他们建议我接受柏拉图和其它哲学家所夸奖的办法。这些哲学家说:音乐不是别的,就是歌词,然后是节奏,最后才是声音,而不是正相反。他们劝我努力使音乐沁入听众们的内心,激起古代作家所赞赏的、我们当代的音乐所无能为力的惊人的感情。"

这是典型的歌词第一、音乐第二的主张。佛罗伦萨音乐家们的出发点是要创作像古希腊那样质朴的歌剧;他们认为对位法众多声调使人不能听清歌词,消灭了思想,破坏了诗歌,因此追求朗诵式、宣叙式的歌唱方式以便突出歌词,突出剧情和主题。

2. 表现手段方面的准备

在音乐技术手段方法有了不少进展。最大的发明之一是现代意义上的和声学。尽管人们可以把音调各声部混合起来,把几个旋律重叠起来,并尽力寻求协和音,却没有和弦的概念。直至15世纪末、16世纪初,音乐家们还对这一无所知。他们认为产生复调音乐的那些音的结合,不能脱离旋律声部的进行而出现。

16世纪末,意大利牧歌作者,尤其是西帕里亚诺·底·罗莱运用了更自由多变的和声。他们加进了半音音阶,还将不协和音作为和弦使用。属七和弦的出现在音乐技巧史上是一件大事,它是终止式的重要因素,确定了现代的调性,使转调取得了真正的性质。乐器制造的进步及其使用范围的扩展也大大有助于这场变革。人们开始习惯于在一些乐器上演奏一首复调乐曲的下面各个声部,而只唱最高声部。逐渐人们很自然地把所有那些非上声部或高声部的旋律都只看成是一种伴奏,以此来"衬托"歌唱的声部。

3. 第一部歌剧的诞生——"诗歌第一——音乐第二"模式的出现

温琴磋·伽里略似乎是第一个对"表现音乐"具有明确概念的人。他进行了"困难"而"被视为近乎荒唐的尝试",把但丁的《神曲》中"乌格林诺的哀怨"谱成音乐,并用古提琴自拉自唱（或在几个维奥尔琴的伴奏之下演唱）。在巴尔第的朋友中获得巨大成功，但"在外界却引起了激烈的争论以及老一辈音乐家们的愤慨。"

第二个人是罗马皇室侍从、托斯岗大公爵身边的艺术和节庆总管埃米里约·德·卡瓦莱里，他于1590年写了两部田园剧《讽刺家》和《费里诺的失望》。其中他试图"用一种革新的"音乐，使用"一种与通常完全不同的歌唱方式"，即所谓"朗诵式"的表达方式。但这音乐已失传。1599年他离开佛罗伦萨，1600年在罗马上演《精神与肉体的戏剧》。

这种试验影响了"佛罗伦萨之家"的成员，例如戈鲁里奥·卡契尼和雅可波·佩里（Jacopo Peri, 1561—1633），这两位歌唱家兼作曲家也都在威尔尼奥伯爵引导下进行类似试验。他们企图恢复古希腊的戏剧，但是谁也没有见过，只从文献中知道那是一种有音乐、舞蹈穿插其间的诗剧、歌、乐、舞合一的形式。佩里把当时流行的学生剧、假面表演、田园抒情喜剧、中世纪的典礼剧和神秘剧，以及情节性的牧歌（牧歌剧）等溶为一炉，加上自己对古希腊戏剧的想象，创作出不同于一般的戏剧。当时他们称它为"作品"（意语 opera），后来才被解释为"歌唱的戏剧"和"音乐的戏剧"。佩里在博学而又富有的雅各波·考西的帮助下，根据奥塔维欧·里努西尼的一些诗，创作了《达芙妮》，于1597年上演，后失传。

1600年，演出了《尤丽狄茜》[①]。佩里在这部作品中用了朗诵调风格，正如他在《尤丽狄茜》序言中所说"找到了一种新的歌唱方式"，即"用歌唱来模仿说话"。他称之为"宣叙方式"，并相信这就是古希腊戏剧的传统。他采用了一种"比平时说话高雅，没有歌唱中单纯旋律那样工整的、介乎两者之间的音乐形

---

① 为玛丽·德·梅迪西斯和法王亨利四世的婚礼而作。

式","因此,我让迄今为止我们听到过的任何一种别的歌唱方式都统统靠边站,而完全致力于这种对语言的模仿"。

《尤丽狄茜》中不存在完整的唱段,也无后来歌剧中的咏叹调,只用一台音量微弱的古钢琴即兴弹奏数字低音,为朗诵者的"宣叙"增加重音和韵律。但它既不同于后来的歌剧,又不同于当时的一般戏剧。在它之后又出现了一系列的新的歌剧,并很快传遍意大利。

接下来的一个人是克劳迪欧·蒙特威尔第(Claudio Monteverdi, 1567—1643),他在1605年受雇于曼图亚公爵时,把剧本《奥菲欧》写成歌剧,1607年上演,这是真正近代意义上的歌剧。

(三) 蒙特威尔第

朗多尔米写道:蒙特威尔第不是那种力图仔细地在每一个细节上都使音乐和诗词相协和的推理者,而是一个富于感情的人;他想通过自己的歌曲来表现内心的活动,而不是说话时声音的抑扬顿挫,是一个用自己的整个灵魂来生活的人;在讴歌别人的快乐和痛苦之前,他已经饱尝了悲欢离合的滋味。1605年在他妻子克罗迪娅临终的榻前,他创作了《奥菲欧》,而正是这种时候,他不得不为曼图亚王朝的节庆写作,即为王位的继承者——王子的婚礼(1608年)完成《阿丽亚娜》。传说剧中的一段著名的《阿丽亚娜》的悲歌"哀诉",使六千多名观众沉浸在一片哭泣之中。

1. 注重音乐的表情作用,而非词句的朗诵

蒙特威尔第把音乐看作表现人的最有力的手段,这种人是指整个的人:包括他一切的欲望、惧怕、愿望、幸福、失望、愤慨。在他之前,人们只会用音乐表达很少几种感情,如忧伤和宁静;而且,节奏总是平静的、温和的,他创造了"兴奋激动"的类型。他指出:"音乐不仅仅是用来指出歌词的原意,它还应该表现得更深刻。"它应该通过人物表达现时思想感情的歌词,使我们

深入"这一角色的过去与未来"。蒙特威尔第在许多歌剧中,特别是在他最后的歌剧《波培娅封后记》中,表现了典型的巴洛克美学原则:现实与幻想、崇高与平凡、英雄主义和日常生活的对比。

蒙特威尔第在声乐作品中,非常注意旋律线与歌词意义的配合,歌词内容涉及到"高"的范畴,就用高音区,反之用低音区。"我认为,我们的各种激情或情绪运动主要是在三个等级上表现的,即愤怒、谨慎的节制和屈从或祈求;对此最杰出的哲学家们已予以肯定,而我们人声的本性也已通过高、低、中音区表明了这一点。现在这三个等级又被音乐证明了,也就是被激动的、柔和的和有节制的性格"。"三位一体"思想在当时创作中极为流行。蒙特威尔第离开曼图亚宫廷之后,到教堂作曲三十年,他写的一首挽歌,采用三个男高音,用三个琉特琴伴奏,并采用三段体。

他使用了旋律性的朗诵调,完全不是生硬的、过分接近口语的朗诵调,而是一种灵活的旋律。尽管它顺从诗句中的一切要求,但它必须把诗句中最微小的声调起伏表现出来,使其具有纯粹音乐的意义。

蒙特威尔第认为旋律、和声与节奏,特别是旋律,都不是自然界的原型,而是人造的"第二度实践"的产物。"在我的实践过程中,也就是在我写作《阿丽亚娜》的悲歌时,我发现我无法找到任何一本这样的书,它能够教给我模仿自然的方法或者能够使我明白,我非得是个自然的模仿者。唯一的例外是柏拉图,然而他的'理式'是这样的玄奥,以至于以我之浅薄面对着遥远的距离,几乎不能领会他教给我的东西于万一。我必须说,我已尽了极大努力,来完成这件艰难而必要的工作,在对自然的模仿中,我才做到了少许"。[①]

[①]《致一位陌生人的信》,1633 年 10 月 22 日于威尼斯,转引自蒋一民《音乐美学》,25 页。

蒙特威尔第受柏拉图影响，使之能够相对摆脱外在的模仿而接近那代表"绝对"的东西，为器乐地位的提高创造了条件。

歌剧《阿丽亚娜》（1608）是唯一遗留于世的一段"悲歌"，从各个方面努力"表现激情最重要的特质和本性"。[①]它不是简单地模仿语言的语调语势，也不是机械地用音响象征歌词的内容，而是在"音乐的第二度实践"中，在音乐的"理式"中寻求音乐自己的独立价值。这是具有开创性的。它摆脱了自上演佩里的歌剧《尤丽狄茜》以来那种尽可能严格追随词句的"朗诵式"倾向，从而加强了音乐自身的表达能力和地位，而无需依附于诗歌或歌词。实际上，蒙特威尔第是第一个揭示歌剧音乐巨大戏剧可能性的作曲家。

2. 和声运用的创造性

蒙特威尔第在和声的运用上非常大胆，他在《牧歌》（第五卷序言）中曾指出："在协和音与不协和音的关系中，我们具有比学校所规定的原则更为高明的主张。这些主张可以用音乐所提供给听觉和健全的意识的满足来证明它们的正确，……那些喜爱革新的人，可能探求新和声，并且可以确信：现代的作曲家可以根据真理创作自己的作品"。为了伴奏朗诵调，蒙特威尔第大胆而集中地使用和声手法，用了减七度、九度、增五度等，转调也很大胆，以致使人听了以为是近代人的作品。

3. 开创了管弦乐队戏剧性伴奏的先例

与以前情况不同，蒙特威尔第在《奥菲欧》中大力启用乐队。雨果·戈尔德·施密特说它是"古代乐器法的顶峰与终结"。乐队由三十六件乐器组成，包括两架古钢琴、两架低音古钢琴，十个维奥勒琴，一架复音竖琴，两个法国式小提琴，两个琉特

[①] 《牧歌》第八卷前言《作曲家论音乐》，这篇前言是17世纪音乐的典型风格——巴洛克音乐美学最深刻的文献之一。转引自蒋一民《音乐美学》。

琴,两架木制管风琴,三个低音古提琴,四支长号,一架簧风琴,两支短号,三支带弱音器的小号,一支小长笛,一支尖音小号。这些乐器根据剧情和角色分组使用,开创了戏剧性管弦乐队伴奏之先例。

他首创小提琴的震音(Trem),表现恐怖场面;首次采用小提琴拨弦效果;发明半音阶转调,非功能的不协和效果和弦。并出现了与剧情发展紧密结合的器乐手段。例如当奥菲欧走下地狱时,四支长号吹奏的"乐队引子"(Sinfonia)造成了阴森效果。他还采用十六分音符密集形态,以便跟"以愤怒和怂慂的歌词"相配。

阿尔图齐曾在《论当代音乐的不完美性》(1600年)中责备蒙特威尔第破坏作曲的规则。阿尔图齐说:在蒙特威尔第牧歌中,"有声音的斑驳,声部的混合,为耳朵所不能忍耐的和声的喧嚣……他的音乐不但不使听觉快感,反而使人的耳朵极不愿听它……作者完全不考虑音乐的规范,忘记了这种规范的目的"。[①]蒙特威尔第在《牧歌》第五卷序言中反驳说,作曲家有自由不受"学校的"规则的束缚,他们可以探索新和声,并宣布"真理"是唯一的标准和创作的目的。

(四)吕利和拉莫

17世纪意大利歌剧传到欧洲各国,各国宫廷相继邀请意大利歌剧团和作曲家去为他们服务。不过,也有的国家利用意大利歌剧经验创作具有本国特点的歌剧艺术,特别是在法国,其代表人物吕利和拉莫。

1. 吕利

吕利(Jean Baptiste Lully,1632—1687)生于意大利佛罗伦

---

① 转引自《从美育论到主情论》,381页。

萨，11岁时贵族吉斯骑士把他带到巴黎，并推荐给蒙特邦茜埃郡主（路易十四的皇妹）。她留用了他，并让人给他上音乐课，使他成了卓越的小提琴家。后来成了国王的音乐总监。

他曾随巴黎三位管风琴师梅特吕、罗拜厄代和吉戈尔特一起从事作曲，由此吸取了法国风格。1658年，开始为宫廷创作芭蕾音乐，1672年起，由基诺撰写脚本，开始创作歌剧，如《阿尔契斯特》（1674），《阿蒂斯》（1676），《伊西斯》（1677），《罗兰》（1685）等。吕利在歌剧领域中实践了法国古典主义的原则。正当佛罗伦萨人佩里和卡契尼的朗诵调在意大利不再风行，并开始被"美声乐派"所取代时，吕利在法国把它兴盛起来。事实上他最关心的是尽可能在歌曲中模仿17世纪名演员的朗诵语调，严格遵照诗的格律，一字一音，始终把长音符置于全音节之上，在有顿挫和韵脚的地方留有休止。吕利说："我的朗诵调就是为说话而写的，希望它非常统一"。

吕利作品中感情表达往往十分薄弱。其作品的最佳效果来自台词中那些仔细记下、充满激情的音调起伏，而非出自感人肺腑的旋律线本身。最动人的时刻也经常只是表现得优雅、高贵和对称。芭蕾舞剧传统对他的音乐也产生影响，他的歌曲中到处可见方整的、明显的舞蹈节奏形式。低音呆板，速度一成不变，一个拍子一个音符，大音程跳跃，和声性强，旋律性不足。

他的悲剧不过分强烈，是一种宫廷悲剧，具有浪漫而高雅的感情的微妙色彩。从吕利始，法国歌剧音乐的风格特征逐步确立。

法国歌剧场面壮观，经常插入舞蹈、合唱等大场面，即所谓的"大歌剧"（Opera Grande）；音乐创作注意宣叙调，受拉辛戏剧的影响，宣叙调旋律符合法语朗诵的自然重音及起伏音韵，并采用通奏低音风格写作；序曲结构由"引子、慢板（庄严的进行曲））——快板、赋格——慢板，尾声"三部分构成，以烘托古典英雄悲剧的戏剧气氛。法国式序曲由吕利首创,这种开场白式的序曲,成为法国歌剧整体风格的鲜明体现,对欧洲器乐的发展有所影响。

吕利之后,法国歌剧趋向娱乐性的"嬉游演出"。歌剧五幕(当时的固定格式)各自独立,有各自的情节、人物,可任意颠倒,布景五光十色,舞蹈、合唱等音乐也可以随意套用、组合。代表性作曲家是坎普雷。

2. 拉莫

拉莫(Jean-Philippe Rameau,1683—1764)7岁就能视奏任何一首羽管键琴的乐曲,但他只能识谱,不会阅读。1701年去过意大利,只到了米兰就回法国。1702年任命为克莱尔蒙大教堂的管风琴师,后移居巴黎、第戎、里昂,又回到了克莱尔蒙。1706年发表第一部作品《拨弦钢琴曲集》,并研究扎尔林诺的《和谐的规律》以及麦尔生的《和声大全》。1715年完成了《和声学基本原则》,于1722年在巴黎出版,这本著作给他带来了名声。

1723年他重来巴黎,出版了《音乐理论新体系》一书,简明地阐述了对和声的看法,引起人们争论,使他成了众所周知的人物。第二年,出版第二部《拨弦钢琴曲集》。他在巴黎认识了税务总管、大富翁拉·布普里尼耶尔,负责其乐队和剧院。1733年,拉莫50岁时,创作了第一部歌剧《伊波里特与阿里奇耶》,演出取得成功。这激励作曲家不断作出新的努力。

接着他又创作了歌剧、舞剧二十多部,如《殷勤的印度人》(1735)、《达尔达奴斯》(1737)、《卡斯托与波鲁克思》(1739)等。77岁时还写了《游侠骑士》。

拉莫的歌剧受洛可可风格影响,不再是英雄性抒情悲剧了,转向田园牧歌的抒情风格。拉莫认为每个和弦以及每一连串和弦都有它们特殊的表情方式,这些表情在层次和色彩上有微妙的变化，人们可以依此而描绘出种种激情，只要确立起它的一套系统分类法，就足以表达音乐上的所有感情。

拉莫继承了吕利的歌剧思想，即音乐是自然的模仿，是泉水淙淙、风声阵阵；是鸟儿的歌唱，人类的言语；是舞蹈的动作，激情的流露。艺术的作用只是用最简明的方式把事物的本来面貌确切地表达出来罢了。真就是美，这种纯理性的观念，和古典文学的看法是一致的。拉莫对心理分析、性格与感情的音乐的刻画兴趣极小，他的兴趣在描绘自然界的物质现象，创作舞曲。马莱说："他声乐创作上的才能不及器乐创作上的才能。他很早就致力于器乐创作了。"他的歌剧，声乐部分令人难以演唱，受意大利旋律影响极小，仍是吕利那种朗诵——咏叹调，毫不柔顺。

拉莫像吕利那样，认为歌剧"首先是华丽的舞蹈场面"，而非悲剧，其中机关布景、奇妙仙境、翩跹舞蹈占领重要地位。而且在这方面拉莫比吕利有过之而无不及。科雷写道："所有和他一起共事的人都不得不扼杀自己的主题，将自己的诗歌改头换面，以供他分段插曲的需要。"拉洛伊总结说，拉莫"这位音乐家真正的荣誉是建立在舞蹈和交响乐方面的作品上，从某种意义上来说，他可被视为柏辽兹和所有现代交响诗作曲家的一位先驱"。

事实上拉莫适应他本人才能的需求及独特的主张，他创作的每部歌剧都由大量的分隔的小曲组成，每个小曲各自形成一个整体，又常常或多或少地与前后段连结起来。插舞的滥用造成他把音乐都剪切成一个模式的现象，音乐象插舞一样形成了非常狭隘固定的小段，而又与领近的小段非常清楚地互相分开。

（五）歌剧美学的产生

意大利在17世纪中形成了几大民族歌剧学派，包括拿波里学派、罗马学派、威尼斯学派。拿波里学派最后形成了"正歌剧",对欧洲歌剧的发展具有很大影响。它由咏叹调、合唱、重唱及宣叙调组成。此时也形成了美声歌唱文化范例。

随着1637年意大利威尼斯建成世界上第一所歌剧院之后，1656年在伦敦成立了歌剧院（不久在清教徒压力下关闭），1669年在巴黎成立了歌剧院，1678年在德国汉堡成立了歌剧院，1725年在布拉格成立了歌剧院，1741年在维也纳成立了歌剧院。

作为主导的音乐体裁——歌剧的产生，导致了歌剧美学的产生，它所涉及的课题是：各种歌剧体裁的研究、歌唱家的演唱艺术、歌剧的戏剧性布局，歌剧音乐的民族风格等。17世纪这些问题仅初具规模，到18世纪才获得全面探讨。以诗歌为主还是以音乐为主，二者什么关系？在歌剧的产生、发展这个过程中，就已酝酿着什么是歌剧、谁从属于谁等歌剧美学中的根本问题，并由此展开了争论。

二、喜歌剧之争（"丑角之战"）的情况

（一）有关歌剧《女仆作夫人》的情况

1733年意大利作曲家泊格莱西创作的喜歌剧《女仆作夫人》（La Serva Padrona）在那不勒斯首演，大受欢迎。这本来是他的正歌剧《高贵的囚徒》演出时的幕间剧，由于它的成功，压倒了正剧，次日便单独抽出来上演。

1746年《女仆作夫人》来到巴黎上演，未引起反响。1752年意大利巴姆比尼（Bambini）喜歌剧团到巴黎再次演出《女仆作夫人》，引起人们对这种体裁的兴趣和注意，在巴黎以至法国掀起轩然大波，从而展开了一场"喜歌剧之争"，或称"丑角之战"。

《女仆作夫人》三个角色：男主人乌佩尔托（Uberto）博士，

女仆塞尔毕娜（Serpina，女高音），男仆维斯波乃（Vespone，哑角）。

故事分为两幕。第一幕，女仆塞尔毕娜待候主人多年，她想改变自己的地位，自认应该成为女主人。她故意怠慢主人，早晨不给主人作早餐，显示主人离了她就什么也做不成。主人想从她的"暴政"下解脱出来，就说他要结婚了，但塞尔毕娜却说她自己就是他所需要的妻子。主人由于等级悬殊，犹豫再三，提醒自己不能答应。

第二幕，塞尔毕娜让男仆维斯波乃化妆为一名军官，假装是她的未婚夫，然后向主人诉说这桩不幸福的婚姻。主人吃醋、着急，怜悯塞尔毕娜的遭遇，最后决定娶女仆塞尔毕娜为妻。

从题材上说，这出戏剧一改已往歌剧只表现帝王将相、王公贵族的老传统，而表现下层市民、仆人，反映现实生活。这在当时是难能可贵的。它刻画的劳动者，聪明伶俐，本领高强，完全可以与"高贵"者平起平坐，反映了资产阶级上升时期强烈的时代气息。

音乐从内容出发，富有生活气息，风格清新明快，人物富有个性，手法精练。过去喜剧曲调可以互相挪动借用，这个歌剧音乐很有个性，无法随意挪动。丽莎说："为什么拿波里乐派的好几百部歌剧会被人遗忘呢？因为它们未能燃起作曲者的情感，因为这些歌剧是根据一些言之无物的、公式化的剧本写成的，那些剧本所描写的都是些无关紧要的内容。为什么泊格莱西的《女仆作夫人》却不会被人遗忘呢？那不仅是因为它属于当时民主的歌剧体裁这一进步的潮流，而且直到今天，人们还能从它的人物以及从它具有民主性的主角所唱的小咏叹调里一再地感受到作曲家内心对这一内容具有直接的感应和共鸣。"[①]

---

① 《音乐美学问题》，133页。

1752年《女仆作夫人》在巴黎的演出，虽然乐队很糟糕，还是使法国的歌剧大为逊色。"法国和意大利的两种音乐，在同一天，同一舞台上演奏，这就把法国人的耳目打开了；在听了意大利音乐那活泼而强烈的曲调之后，没有一个人的耳朵再能忍受他们本国音乐的那种拖拉劲儿。"①

卢梭说："那些滑稽剧演员为意大利音乐赢得了一批十分热烈的拥护者。整个巴黎分成两派，比争论国家大事或宗教问题都要激烈。一派权力大些，人数多些，都是些王公大人、富豪和贵妇人，他们支持法国音乐；另一派更自信、更激烈，都是些真正的内行，一些有才华，有天才的人。这一支人马在歌剧院里聚集在王后的包厢座下，另一派则充斥整个池座和正厅，但中心是在国王的包厢底下。当时那些著名的派系名称，什么'国王之角'和'王后之角'就是从这里出来的。争论起来激烈，就产生了许多小册子。'国王之角'想开玩笑，却遭到《小先知者》嘲讽；他们想说理，又被《论法国音乐的信》打垮了。这两篇小文章，前一篇是格里姆写的，后一篇是我写的，是这场争论后唯一存留下来的两部作品，其余的都已经烟消云散了。"②

这场争论绝不是简单的一部喜歌剧的评价问题。百科全书派的启蒙学者之所以维护这部喜歌剧，是他们感到它有强烈的现实感和浓厚的生活气息，音乐朴实、单纯、生动，从内容到形式恰好与法国宫廷化的歌剧形成鲜明对比。启蒙学者们在意大利喜歌剧中得到了对他们的启蒙艺术的理想的启发。"丑角之战"，使卢梭、狄德罗、霍尔巴赫、格里姆等积极投入，支持论战中比较民主的流派，对启蒙思想在艺术领域、美学领域的胜利准备了条件。而国王和他的情妇，著名的蓬巴杜尔夫人以及王公贵族们，

---

① 《忏悔录》，二卷473页。
② 《忏悔录》，二卷474页。

包括以皇家音乐研究院为代表的那些坚持宫廷美学观念的人，竭力维护僵化了、程式化了的法国宫廷歌剧，反对喜歌剧这种新体裁。巴黎音乐界、社交界中的保守分子，从剧场到社会、从沙龙到街头，从宫廷到商店，到处兴风作浪。改革派针锋相对，迎头痛击，演出一场大笔仗。

这场争论持续两年，当时发行的小册子有60余种。直到1754年3月国王下令，意大利歌剧团被迫离开巴黎。虽然"丑角被赶走了"，但是争论还在继续，一直持续到18世纪70年代。

特别是卢梭的《论法国音乐的信》出版以后，争论达到高潮。全国都注视着这场斗争，以致避免了一场内战。"那时正是议会和教会大闹纠纷的时候。议院刚被解散，群情激愤达到了顶点，武装起义大有一触即发之势。小册子一出来，登时一切争论都给忘记了，大家都只想到法国音乐的危机……"①

格里姆在1753年7月1日的《文学、哲学和批评通讯》中也谈到意大利的所谓丑角的演员吞没了所有人的注意，以致议会完全无人过问了。

卢梭的小册子除《论法国音乐的信》，还有《皇家音乐学院》②一位乐队队员致乐队同事的信》激烈地批评和尖锐地讽刺了法国歌剧的弊端，因而大大地激怒了歌剧院以至朝廷。反改革派以反对法国歌剧就是侮辱法国为名，攻击对方缺乏爱国心，甚至把对方维护喜歌剧的言论视作对王国安全的威胁，是"投石党人"。③ 卢梭本人受到压制，不仅被取消了出入剧院的免费入场券，还遭到"焚烧肖像"的侮辱。据说宫廷还讨论了如何处置卢梭：流放还是处死；传闻有人要暗杀他等等。

---

① 《忏悔录》，二卷475页。
② "皇家音乐学院"即歌剧院，系巴黎歌剧院前身。
③ 投石党运动是17世纪法国贵族及资产阶级反对专制制度的政治运动，因企图抑制王国政府的统治而被视作"叛乱"。

（二）卢梭的歌剧思想

第一，反对贵族艺术，颂扬平民精神。

卢梭在政治思想方面是第三等级中平民阶层的代表，在文学和音乐方面也是如此。他唾弃富人们不道德的奢华，赞扬穷人们高尚而动人的纯朴，他提倡艺术家们去描写平民的朴素而真实的生活，去表现平民精神世界的美。

在音乐论争中，卢梭竭力维护的是歌颂仆人聪明机智的意大利喜歌剧《女仆作夫人》；在他作词作曲的《乡村卜师》中，表现的是纯朴善良的农民和乡村卜师的智慧和热诚，从而表明他的信念：普通人民的自然本性是最符合崇高道德的。他终身喜爱的小曲是少女向牧童诉说纯洁爱情的歌；他在意大利和法国收集的是在船夫、乡民和市民们中间流传的歌曲。

从长期生活实践中，在感受到平民劳动者的美的同时，卢梭深深认识到贵族阶级的丑恶。他曾经尖锐地指出：贵族，"只不过是有害而无用的特权"，是"法律和自由的死敌"，只会实施"专制的暴力和对人民的压迫"。①

正是出于这种深刻的认识，卢梭笔下的平民和贵族的对比才如此鲜明生动。法国评论家圣·勃夫指出："没有一个作家像卢梭这样善于把穷人表现得卓越不凡。"

不仅在音乐的题材内容上，卢梭着力表现平民精神世界的美，而且在音乐语言，音乐风格上，也力求单纯、朴实、自然、清新。例如《乡村卜师》的音乐既没有繁复的对位，又没有浓重的和声，在独具特色的伴奏音乐陪衬下，充分发挥旋律的魅力，整个音乐朴实无华而又生气勃勃。在歌曲中也是如此，例如《难过的这一天匆匆而去》，仅用了三个音，来回变化，意趣横生，

---

① 《新爱洛伊丝》。

人们称它"三音咏叹调",在欧洲非常流行。

第二,音乐模仿自然,旋律模仿语言。

音乐只有模仿自然才能提高到艺术的地位,"自然"在卢梭那里不仅指自然界,它还有一个重要的含义,就是指人类的本性。人的本性又是指自然人的本性,没经过文明社会污染的人的天真、纯朴、自然的热情。音乐对自然的模仿就要模仿人的纯朴、自然的热情;音乐的感染力也正在于用"热情的抒写激起我们的热情"。在卢梭看来,"自然"不是一个抽象的观念,一个哲学范畴,而是活生生的实在物,充满了一切可以用感官享受的富有,它是灵感的源泉,是人的知己。①

他认为:首先音乐必须模仿自然才能成为艺术,"绘画决不是配合颜色构成悦目的形象的艺术,同样,音乐也决不是用声音结合求得悦耳的效果的艺术。如果其中任何其他因素都没有,那末绘画和音乐就属于自然科学之类,而不是艺术了。只是对自然的模仿,才把它们提高到了艺术的地位"。②

只是"模仿"在这里与当时流行的模仿论不是相同的。卢梭认为模仿不是再现事物,不是对事物的直接的、表面的模仿。1753年在致达兰贝尔的信中,他写道:"我认为您对音乐模仿的看法既很确切又很新鲜,事实上,除绝少例外,音乐家的艺术绝不在于对象的直接模仿,而是在于能够使人们的心灵接近于(被描述的)对象存在本身所造成的意境。"③ 在1767年出版的《音乐辞典》中,他又重申:音乐"并不直接再现事物,而是在我们的心中唤起当看到这一事物时所体验过的情感。"

这里,"意境"是对象存在本身所造成的,"体验过的情感"

---

① 《新爱洛伊丝》。
② 《试论语言的起源》。
③ 1753年致达兰贝尔的信,转引自《卢梭论旋律与和声》编者按,《音乐译丛》1962年第1辑79页。

是人们看到某事物时所引起的；这本身就有一个唯物论的前提，而音乐只是"唤起"，只是使人们的心灵"接近于……"，这就不是简单地把音乐直接与情感等同。显然，卢梭已意识到音乐模仿自然，表现情感这一问题的复杂性和间接性。

在这里自然是第一位的，音乐是第二位的。音乐通过旋律才能唤起人们的感情体验，而旋律只有模仿人声、模仿语言声调和语气才能表情。

其次，音乐通过什么途径来唤起人们的感情体验，或者促使人们接近于特定的意境呢？唯一的途径，就是通过旋律。而旋律为什么能起这样的作用呢？那是因为"旋律模仿人声的变化"，"旋律模仿着语言的声调和那些在每一方言中都符合一定心灵活动的语气"。

卢梭在论及语言的起源时提出了一个独特的理论，他认为最早的人类语言既不是言词，又不是单纯的声音，而是同时表达思想和感觉的单调的歌。而且，至今人们还能从有重音的慷慨激昂的演说中，或从原始人的激情的呼声中听到这种"原始的单调的歌"。人声本来就是表现人的情感的，所以旋律能够通过对人声变化的模仿，通过对人们语言音调和语气的模仿来表现情感。因此旋律"不仅摹拟，它还说话，而它的语言是非分节的，而是活的、热情的、激情的语言，它包含了比词语本身大一百倍的力量。"而"这就是音乐模仿的力量的来源！这就是歌曲的感人肺腑的力量的来源！"

最后，模仿正是为了表情。卢梭明确指出："旋律模仿人声的变化，是表现出怨诉，表现出痛苦或喜悦的呼声，表现出威吓和叹息：一切情感的发声表现都属于旋律表现的范围。"他认为音乐通过模仿，通过生动的抑扬顿挫——亦即说话的语调的模仿，来表达所有的情感，描绘一切景象，表现一切事物，把一切大自然置于它的巧妙的模仿下，音乐就能够"给人们带来足以使之感动的情感"。

第三，旋律在音乐诸因素中最重要。

当卢梭进入巴黎文坛时，拉莫已经是著名音乐家，他不仅创作了歌剧，还在前人的基础上创立了近代最早的和声体系，并从理论上论证了主调和声风格。他认为音乐中最基本的占统治地位的因素是和声，旋律应该从和声产生而不是相反等等。与拉莫相对立，卢梭认为音乐三大要素（旋律、节奏、和声）之中，旋律最重要，旋律是音乐的灵魂。

理由之一：旋律是音乐内容的支柱，音乐因为旋律才成为有内容的模仿的艺术，而不是悦耳之音的堆砌；只有依靠旋律，音乐才能模仿自然和作用于人的心灵。之所以如此，就是因为旋律能够表现感情。那么，和声呢？卢梭认为和声与人们的感情之间没有什么共同之处，和声本身没有任何模仿的东西，不能对人心诉说任何东西。"只有旋律是具有灵感的艺术所掌握的不可战胜的威力的泉源，只有旋律才具有音乐征服人心的力量"。和声只是音乐中的辅助手段，它能加强音调的力量，加强表现力并给曲调增加魅力。但是，"和弦的最科学的进行如果没有旋律，经过一刻钟功夫就会使人感到厌烦。而没有任何和声的美丽曲调，可以经得住长时间的考验，而不使人感到枯燥"。[①]

卢梭强调旋律是音乐美的源泉，他甚至认为如果人们对艺术和真正自然的美更敏感一些，恐怕就从来不会去发明和声了。

理由之二：只有旋律能够体现民族特性。卢梭认为民族性只能体现在旋律中，和声是不带民族性的，它对一切国家来说是一样的。

卢梭说："因为和声的基础是自然本身，和声对所有的民族是一样的，如果它有什么区别的话，这种区别是由旋律的区别决

[①] 《新爱洛伊丝》

定的。只有根据旋律，可以判断民族音乐的典型特点。"① 旋律之所以具有民族性，关键在于它与民族语言关系非常密切。如上所述，旋律是从模仿人声的变化，模仿人们的语言声调和方言语气而来。旋律中的习惯变化正是来自这些语言专用语、方言语气所包含的人们的心灵活动，它体现出人们长期习惯了的语言变化所带来的生气，人们熟悉自己的美妙的歌调。而和声只是建立在声音的自然属性上，它与人们距离很远，人们对它是陌生的，它不能体现出民族语言的特点。

理由之三：和声很难被一般听众所接受。卢梭认为和声的美是人工的，是程式化的，没有受过训练的耳朵听起来，丝毫不悦耳。为了要感受它并从中得到快感，就需要有长期的习惯，否则人们只能听到一团噪音，而这时就连声音自身的美也被破坏了，自然的快感也就随之消失了。他批评作曲家们由于创作不出好的旋律，就去向和声求救；因为写不出如歌的曲调，就把伴奏复杂化，这样作的结果，是声部的"堆垛"，是"制造一片喧嚣"，不是谱写音乐。这样作是引进人工的美来代替自然的美，这样作出来的音乐不是对听众起作用的音乐而是学者的音乐，所有这些不是音乐的进步，而是音乐的倒退。

他说意大利的音乐胜过法国，因为它的旋律性强而"不象我们这里，时常要求和声的织体，旋律声部总也摆脱不掉那持续低音上的和弦进行"。②

第四，歌剧音乐中宣叙调最重要

咏叹调与宣叙调相比，虽然都属于旋律范畴，都是音乐，但宣叙调模仿语言声调，语气更直接，更能连结贯通戏剧情节。他曾说："咏叹调、合唱、管弦乐段和任何花哨诱人的曲调"都是

---

① 《新爱洛伊丝》
② 《音乐与语言》文集。

"为了迎合人的听觉享乐需要才产生的"。① 真正能够打动人心的离不开诗歌。

他给宣叙调规定的作用是：1. 使剧情保持连贯，从而使歌剧结为一个整体；2. 使那可能因突然出现而不堪忍受的咏叹调发挥自己特点的良好作用（为咏叹调出现作准备）；3. 使不应或不能在曲调的完整结构表达的大量细节得以表达。

他认为理想的宣叙调是这样的："很明显，最好的朗诵调（不管是哪种语言，如果它具备必要的条件）应当是最接近于口语的。如果有一种朗诵调是那样地接近口语，同时还保持着与它相适应的和声，并且在听觉上或心理上都难分辨，我们就可以大胆地宣布，这就是达到了至高的地位，没有能比它更好的朗诵调了。"歌剧中宣叙调之所以重要，因为它直接朗诵诗歌，直接模仿口语，而这种思想首先来自卢梭对古希腊戏剧的推崇，并以之为戏剧的理想。

他在1767年出版的《音乐辞典》"歌剧"条目中写道："我敢担保，古代希腊人的戏台上所上演的这种音乐体裁肯定不像我们现在这样子，他们所演出的样式与我们截然不同。因为他们的语言咬字特别清晰，再加上他们不过度使用器乐，所以他们的诗歌总有一种音乐性，他们的音乐又总有一种吟诵性，以致于他们唱起歌来简直就象是一种被记录在音高中的谈话。""如果硬要咬定我们现在的歌剧跟希腊的类似，那么我们就得设想一种至少是没有咏叹调的歌剧；也就是说，在我看来，如果不算器乐的话，希腊的音乐纯属某种真正的宣叙调。"②

以上看出：音乐中旋律与和声相比，旋律最重要；而旋律中更富音乐性（歌唱性）的咏叹调同与口语更接近的宣叙调相比，

---

① 《音乐与语言》文集。
② 同上。

宣叙调更重要。而旋律（包括宣叙调）模仿人声、语言声调和方言语气，因此具有动人心弦的表情意义。而宣叙调直接朗诵诗词，抑扬顿挫，"接近口语"，就象是"一种被记录在音高中的谈话"。他特别要求像古希腊戏剧那样"诗歌总有一种音乐性，而音乐又总有一种吟诵性"。

这里，卢梭没有特别明确指出，而时时又蕴含着的思想是：歌剧中语言、口语、诗歌是第一位的，音乐是为了清晰地表达诗歌，因此服从于诗歌朗诵的需要，是第二位的。宣叙调因此是最重要的，而整个的音乐无论是咏叹调、宣叙调、器乐、和声等都是为展现剧情，传达诗歌的含义服务的。

那么，在歌剧这种综合性的体裁中，戏剧和音乐究竟什么关系？什么是歌剧？什么是歌剧的特殊性？这是歌剧美学中的核心问题，也是歌剧创作过程中戏剧家和音乐家争执不下的问题。

第五，音乐与语言的关系

卢梭高度赞扬意大利语言，贬低法国语言，高度赞扬意大利歌剧，贬低法国歌剧。

18世纪，法国百科全书派对音乐与语言的关系，特别是音乐与朗诵，旋律与方言语气的关系，歌剧的宣叙调等问题非常重视。狄德罗等对此都有论述。卢梭作为启蒙运动中的音乐家，尤其重视这些问题。

卢梭认为旋律的表现特点完全受某个民族语言的特点所左右。他说："我们可以想象：有些语言适合于音乐多一些，另一些语言适合于音乐比较少些；也可以假定一种语言完全不适合于音乐。只由复母音、清音、鼻音和由具有不太响亮的元音与许多辅音的哑音节构成的语言，还短缺许多其它必要条件的语言，都是完全不适合于音乐的语言。"①

---

① 《论法国音乐的一封信》。

在把法语与意大利语、法国歌剧与意大利歌剧相比较之后，他得出结论说：意大利语言灵活，变化自由，节奏清晰，因此很适合歌唱；而法语没有明显的重音，不具有意大利语那些优点，因此只能表达思想而不善于表达感情，法语的这些不足体现在法国歌剧中尤为突出。法国音乐中旋律因素贫乏，咏叹调和宣叙调都不能令人满意，甚至节奏拖拉，结构冗长等等都与法语的特点有关系。他甚至否定用法语可以唱好歌剧。卢梭写道："我们的语言既不适宜做诗，更丝毫不宜配乐……在我看来，法兰西语言是一种属于哲学家和圣哲的语言。"他说："意大利人的歌唱之美完全是放在音乐本身，而法国人呢，则仅仅放在歌唱者的技巧上。"他还批评法国人只懂得弱和强，而"其它一些字眼，强而不急（rinforzando）、柔和（dolce）、活泼（risoluto）、雅致（congusto）、生气勃勃（spiritoso）、持续（sostenuto）、兴奋（conbrio）等在我们的语言中甚至找不到同义词，在这里表情这个字是毫无意义的"。

意大利人在"转调手法上还勇于大胆创新，这在音乐表现上更增添了一种活力"。在他们最慢的乐章中也能感觉到其准确的节拍。另外，通过变化多端的节奏，他们的音乐还能表达各种"我们甚至难以想象的"特性。在意大利音乐中一切都服从于旋律，而不是空洞的理论。而法国人推崇的是"这种富有条理的、刻板的，但没有才气，没有创新的音乐，这就是在巴黎被称为最好的'纸上音乐'，实际上它充其量也不过好在写作上，而不是在表演上"。

在谈论理想的朗诵调之后，卢梭批评法国歌剧中的咏叹调，他说："非常明显，能与法国语言相适应的最好的朗诵调，应当是完全与目前正在应用的那种朗诵调截然相反。声调应当在非常小的幅度里变化，既不太高也不太低，很少有强音，更不能有巨响声，也不能有喊叫声；尤其不能像歌唱那样。各音符的时值和音级尽量要均匀。一句话,如果有一种真正的法国朗诵调的话,那只能够在与吕利和他的继承者截然相反的道路上找到。对于那些如此固步自封,自高自大,不愿意感受和喜爱真理的法国作曲家们,肯定不会这么早就去探索这条新的道路,也可能他们永远不会发现它。"(朗多尔米评价这段话说:"卢梭早在一百多年前就那么精辟地预言并指出了德彪西在我们的音乐性的朗诵中进行的改革。")

这场以卢梭为中心的喜歌剧之争,首先是从社会学角度来看歌剧主题内容的民主化问题,这一点百科全书派的卢梭是胜利者,在历史上有进步意义;从社会审美意识问题上看,当时宫廷审美趣味遭到贬斥,大大提高了平民精神世界的美的地位和价值。从音乐美学上看,更多涉及音乐与语言的关系,旋律的表情性问题,但在评价和声的作用以及和声的美方面有些偏激。而从歌剧本身的特性来说,问题还不是十分明确。强调宣叙调问题比较多,而卢梭的歌剧虽也影响后来者,但在实践上没有更多的进展,这个问题是在 20 年后的歌剧美学的争论中展开的。卢梭未明确说出来的主张从理论上和实践中取得了胜利,那就是格鲁克的歌剧改革以及与皮契尼之争。

第二节 以格鲁克为中心的第二次歌剧之争

一、背景情况

(一) 格鲁克

格鲁克(Christoph Gluck,1714—1787),洛勃维茨亲王的猎场看守人之子,童年生活艰苦,在科莫陶耶稣会学校里学音乐(歌唱、古钢琴、风琴、小提琴)。最初在布拉格作为小提琴手和流动歌手谋生,后来在切诺哥斯基方济会神父的指导下成为一大提琴手。

1736年来到维也纳,在洛勃维茨亲王举行的晚会上受到伦巴第的王子梅尔基的重视,把他带到米兰。在那里向萨马蒂尼(在交响乐及音乐四重奏方面是海顿的先驱者之一)学习。

1741年创作了第一部歌剧《阿尔泰赛斯》,获得成功。1745年应邀赴伦敦,结识亨德尔,并于第二年上演了两部歌剧《巨人之崩溃》和《阿塔梅尼》,反应平平。1746年在维也纳公

格鲁克

演了《赛米拉密德》,从此生活于意大利和奥地利两地。他这个时期的歌剧创作基本上遵循意大利歌剧风格,音调优美但缺乏真挚、强烈的感情。

50年代,与他周围的志同道合者(包括剧院经理、布景师、舞蹈演员等,特别是诗人卡萨比基)过往甚密,一起酝酿歌剧改革。1762年上演了《奥菲欧与尤丽狄茜》(卡萨比基编剧),使观众感觉到歌剧领域正在发生革命。其中戏剧效果先于一切,音乐只是一种手段,而非目的;不再有花腔,完全没有歌唱者的技巧炫耀。奥菲欧由著名的阉人歌手古阿达尼担任。

1767年在维也纳上演了格鲁克与卡萨比基合作的第二部歌剧《阿尔采斯特》,更充分地体现了格鲁克的歌剧改革原则,但也引起了一些人的反对,互相展开争论。1773年,格鲁克应邀来到巴黎。第二年演出了《伊菲姬妮在奥立德》。接着,略加修改并译成法语的《奥菲欧》与《阿尔采斯特》相继上演,均获巨大成功。

卢梭赞赏《奥菲欧》说："既然我们在两小时里可以得到这么大的享受，我觉得生命的存在是值得的"。但格鲁克的改革引起了反对派更激烈的反应。他们约请拿波里乐派最有名的作曲家之一皮契尼来与格鲁克对抗（详见下面"改革与争论的历程"）。两人根据同名剧本各写各的音乐，结果格鲁克使皮契尼的歌剧黯然失色。

格鲁克一生共创作歌剧四十余部。1779年创作的歌剧《回声与那喀索斯》演出失败，他深感痛苦，离开巴黎，几次病倒，才能日益衰退，于1787年在维也纳去世。

值得一提的是皮契尼后来公开赞扬格鲁克并提出每年举行一次格鲁克音乐会以兹纪念，但未能如愿。

（二）当时风行的意大利歌剧情况

1. 意大利歌剧只求歌唱的优美，不顾戏剧的真实性，歌唱技巧压倒一切，歌唱者成为歌剧中心。

"唱女高音的男歌手在歌剧中占主导地位，作曲家和剧团团长都得受他的奇思幻想支配。他总要求'讨人喜欢'的角色；让男高音扮演长者、奸细和暴君（男低音则被发落到喜歌剧里使用）。他只乐于扮演多情的英雄，一切都出于他的一时高兴！第一场出场时非骑在马上不可，或者喜欢从高山上下来。他一会儿宣称，如果头上没有一根羽毛饰，要他唱歌是绝对不可能的；一会儿又拒绝在剧终时作死去的表演。他那种难以想象的怪癖往往就是法令。他经常要剧作者修改脚本，一会儿又要作曲家修改音乐，而且都得顺从他。歌唱的优美是当时唯一的基本准则，戏剧的真实性丝毫不被当作一回事。'女主角'登台时后面总是跟着他的年轻侍从，侍从片刻不离'她'的裙侧，即使在最悲伤的时刻也如此。当'唱女高音的男歌手'一旦结束他的歌曲时，就留在台上吃他的桔子或喝西班牙酒，毫不倾听同台演员的接话，也丝毫没有感到表演还在进行的样子。至于观众们，他们在玩牌，或在包厢中吃冰淇淋,他们完全不看台上的表演,只是当一些喜欢的曲子或红角上演时才看一下舞台。"①

2. 作曲上流行"新瓶装旧酒"。

据朗多尔米《西方音乐史》叙述:"1745年,已成名的格鲁克应邀去伦敦,在那里上演了《巨人之崩溃》和《阿塔梅尼》。在这些歌剧里,他选用了以前作品中最好的曲调,并且配上了新的歌词。这是一种非常流行的做法,没有一个意大利作曲家肯放过这样的机会,即不把他那开头就受到了观众热烈欢迎的作品放在其他各个作品里随意重新使用,并用于千百种新的用途。但格鲁克未得到很大的成功。……他虽认识到这种无聊的特点,却仍旧长期继续发展下去"。

二、改革与争论

(一) 格鲁克改革思想的由来

1. 卢梭美学思想的影响

格鲁克一直受卢梭的歌剧思想的影响,对意大利歌剧现状不满,1754年,他在维也纳开始对法国传来的喜歌剧进行音乐加工,供维也纳歌剧院演出。从1758年起,他写了一系列的法国喜歌剧,在积累的写作经验和总结演出效果的基础上对歌剧改革产生了想法。

2. 卡萨比基歌剧思想的影响

诗人拉尼埃罗·卡萨比基 (1714—1795),是格鲁克主要的三部歌剧改革剧本《奥菲欧与尤丽狄茜》、《阿尔采斯特》和《巴利德与艾伦纳》的作者。他特别主张歌剧朗诵调。他说:"我不是音乐家,但是我对朗诵作了大量研究。朗诵本身就是一种不

---

① 朗多尔米《西方音乐史》,118—119页。

完全的音乐，如果我们已经具有足够数量的符号来标出人们在朗诵时所发生的那么多的声调，那么多的音调变化，各种嘹亮的声音，柔和的声调……变化无穷的微妙音色，那么我们就可以把朗诵本来的面貌记录下来。……我向格鲁克朗读了我的《奥菲欧》并对他反复多次朗诵了几个片断，还向他指明我在朗诵时声调的一些细微变化，延留，放慢，加快，声音有时加重，有时减弱，有时一带而过，这些我都希望他能运用到作品中去。同时我也请他删除过门、即兴发挥、插段和一切在我们的音乐中表现出来的哥特式的和粗野的、荒唐怪诞的东西。格鲁克先生赞同我的观点。"[1]

1733年格鲁克写道："……如果我同意把这种新的意大利歌剧体裁的创造（它的成功已证明这一尝试的正确性）归功于我自己的话，我将更多地谴责自己。这方面主要的功绩应当归功于卡萨比基。"[2]

（二）改革与争论的历程

1762年上演的《奥菲欧与尤丽狄茜》，是一部按照法国喜歌剧的理想加以改革的法国大歌剧。

朗多尔米说："格鲁克可能不是他的戏剧体系的发明者，仅仅是一位有见识的、聪明的艺术家，善于巧妙地运用别人的思考。"这种新思想是由佛罗伦萨人提出，后经吕利、拉莫、卢梭等人继承下来。格鲁克的功绩在于把这些思想付诸实现，并取得了令人赞赏的成就。

1767年上演的格鲁克与卡萨比基合作的第二部歌剧《阿尔采斯特》，主题悲伤而真实，没有情节，缺乏连贯性。但是，正如一位观众所描述的："我是在一个奇妙的境域里：一部正歌剧竟

---

[1] 朗多尔米《西方音乐史》，120—122页。
[2] 同上，122页。

没有男声的女高音；一场音乐没有元音的花腔，或者更确切地说没有喉声的炫耀；一首意大利诗竟然没有浮夸和嬉谑。这就是刚刚重新开放的宫廷剧院的三大奇迹。"①

格鲁克两年后在这部作品出版的前言中阐明了他对歌剧改革的主要观点：音乐应该质朴，不应追求新奇，炫耀技巧。它的功能是通过声调来为诗歌服务，并从属于故事情节。这篇前言被史学家看作是歌剧改革的"宣言书"。

1773年，格鲁克赴巴黎，为履行与法国歌剧院签定的合同，创作《伊菲姬妮在奥立德》。它的脚本是法国驻维也纳使馆人员巴里·卢雷模仿拉辛的作品写成的。他在向法国歌剧院主管推荐格鲁克时写道："这位非凡的人物深信意大利人在他们的歌剧作曲中已经背离了真正的道路；法国戏剧的体裁才是一种真正的戏剧。"② 歌剧于1774年4月19日正式演出，特别是第二次演出后，反响热烈，引起轰动，就像当年《女仆作夫人》的演出效果一样。于是，二十年前关于歌剧的争论死灰复燃，再次展开。

但这次争论双方地位变了：喜歌剧之战中的百科全书派支持意大利喜歌剧反对法国歌剧；而卢梭支持格鲁克，支持法国大歌剧，反对传统的那不勒斯派意大利正歌剧。事实上，卢梭的观点并没有变（当然关于对法语的看法有所转变），而是意大利正歌剧与当初意大利喜歌剧的路子不同。

接着，1774年8月2日又公演了用法语演唱的《奥菲欧与尤丽狄茜》，大获成功。奥菲欧首次由男高音担任。

格鲁克达到了事业和荣誉的顶点。他被任命为皇家宫廷作曲家，薪俸为2000弗罗林，并允许他自由去巴黎演出。

1776年译成法文并按卢梭建议修改的《阿尔采斯特》上演。

---

① 朗多米尔《西方音乐史》，122—123页。
② 同上，123页。

像往常一样，继续引起争论。来自反对意见、猛烈抨击格鲁克的，主要有法国诗人、文学评论家拉阿帕（1739—1803）、法国文学家马松泰尔（1723—1799）等。

长期以来，反对派就想寻找一个能与格鲁克相抗衡的意大利歌剧作曲家。后来决定，通过拿波里乐派最著名的作曲家之一，皮契尼来与格鲁克较量。皮契尼①是拿波里乐派最后代表，长于用方言写作滑稽歌剧，并在罗马写过《塞克希纳》获得广泛声誉。1776年12月31日他来到巴黎，一句法语不会说。马松泰尔只好给他上课，替他把要谱曲的那些诗句中的重音和音节标出来。他的歌剧遵循拿波里学派特点，强调音乐。演出之后，格鲁克的追随者说他的音乐只是音乐会音乐而非戏剧音乐。

1777年，格鲁克的歌剧《阿尔米德》上演，取得成功；第二年，皮契尼的歌剧《罗兰》上演，也大受欢迎。（据传，格鲁克于1775年就已着手谱写《罗兰》，而皮契尼通过不合法手段得到了这剧的脚本，抢先谱曲并上演，格鲁克因此愤怒地撕毁了自己已经写好的草稿。）"丑角之战"愈演愈烈。人们打算让他们两位作曲家用同一个主题进行较量。1779年，格鲁克的《伊菲姬妮在陶立德》上演，激起了前所未有的热烈反应。1781年，皮契尼的《伊菲姬妮在陶立德》上演，观众对格鲁克歌剧的美好回忆压倒了他对手的作品。一段时间内，两部同名歌剧同时上演，但是，最后只剩下格鲁克的《伊菲姬妮在陶立德》继续演出。歌剧之战以格鲁克取胜告终。

三、格鲁克歌剧改革的美学追求

格鲁克在《阿尔采斯特》前言中写道："我也认为，我的工

---

① 皮契尼（Nicedo Piccinni），意大利歌剧作曲家，师承杜朗泰，创作《结了婚的蔡姬娜》、《被遗弃的狄多奈》等133部歌剧。

作的主要任务应当归结为探索美好的质朴，因而我就避免卖弄有损于明晰的各种富有效果的困难手法的堆砌；一种新手法的采用，如果不是自然地出于情势的必要，同表现因素毫无关系，那我就不认为它有任何价值。最后，为了使歌剧感人，没有任何一条规划是我不乐意放弃的。"① 显然格鲁克追求的美学理想是质朴、真实、自然。这与他心目中有关歌剧的使命的看法是分不开的。也就是说，关于歌剧中诗歌第一还是音乐第一的问题，他主张音乐必须服从于诗歌。

在同一"宣言书"中，他写道：

"当我着手创作《阿尔采斯特》时，我给自己定下一个目标：要避免那些多余的东西，它们从久远以来，由于歌唱家们考虑不周和爱慕虚荣，由于作曲家们过分迎合听众，就被带进意大利歌剧里，他们使意大利歌剧从最华丽、最美妙的舞台演出变成一种最乏味、最可笑的东西。我想使音乐担负起它真正的使命——和诗配合，以便加强情感的表现，使舞台情境很有兴味，不打断剧情发展，不以不必要的装饰来冲淡剧情。我觉得，音乐在对待诗的关系上所起的作用，应当同鲜明的色彩和布局恰当的明暗对比在它对一幅准确的好画的关系上所起的作用一样，这些色彩和明暗对比使形体显得生动，而又不改变它的轮廓。"格鲁克在1773年2月写给《法兰西信使报》的信中，更明确地表达了他关于歌剧的美学理想："我承认如让它（《伊菲姬妮》）在巴黎公演，我将会感到愉快，因为通过它的影响和通过著名的日内瓦人卢梭先生的帮助，我们将能一起寻求一种高尚的、富有情感的和自然的旋律，和一种与各种语言韵律和各民族的特征相一致的朗诵调，同时将能够确定一种方式，来创造出一种适合于所有民族的音

---

① 转引自《西方哲学家、文学家、音乐家论音乐》，82页。

乐，并且消除各民族的音乐间的可笑的差别。"①

格鲁克遵循着古老的法国传统，使音乐为诗歌和戏剧服务，否认"纯音乐"在戏剧中的地位。

在题材上，他喜欢古代的题材和悲剧。在格鲁克之前，法国歌剧已不是真正的抒情悲剧。思想平淡，感情肤浅，场面豪华。这正是一个追求享乐、近于腐败的社会写照。格鲁克重新明确了悲剧的真正含义，选择了一些古代题材，抓住主要性格，表现古希腊和谐而纯朴的特性。

激动的情感在格鲁克歌剧中占有十分重要的地位，而这正是吕利和拉莫的歌剧中所缺少的，他们过于理性和理智。所以，格鲁克指责基诺尔"意志重于感情，文雅重于激情"，而不去寻求"风格和情景的动人心弦"。朗多尔米认为在卢梭的帮助下，格鲁克找到了一种"高贵、动人和自然的"旋律，极力探求"古人赋予音乐不可思议的效果"。他不仅从法国，还从意大利、德国、古典的、民间的音乐中吸取音乐素材和有用的东西，来表现歌剧人物的感情和性格。

格鲁克并非总是拘泥于他的改革原则，比如他虽然强调音乐应该服从于诗歌和戏剧，但他仍然要求诗歌要照顾音乐的特点。他曾写信给《伊菲姬妮在陶立德》的剧作者说："关于我请你写的那些歌词，我需要的是十个音节的诗句，如果你愿意配合我的音乐的话，请注意把响亮的长音节放在我指定给你的地方；这样，最后的一句诗应该阴沉而庄重。"②

四、格鲁克歌剧改革的具体做法

格鲁克在歌剧的改革中采取了以下一些做法：

---

① 朗多尔米《西方音乐史》，124 页。
② 同上，132 页。

1. 改革咏叹调:"我不愿打断一个演员正处于情绪高潮之中所进行的对话,而让他等待一段令人生厌的间奏;不愿让他长时间停留在能够显示他声音的一个母音上;不愿设计冗长乏味的段落只是为了炫耀他美妙的歌喉;也不愿等着让乐队给他喘息的时间来接着唱他的华彩段。"①

2. 改革宣叙调:把本来只用单独的键盘乐器伴奏的"宣叙调"改变成用交响乐队(通常用弦乐队)协奏的近代的宣叙调,由此加强了宣叙调的戏剧性和音乐性。

3. 合唱不再仅仅充当一幕开始和结束时的陪衬和装饰的角色,而与剧情发展的需要相适应。

4. 芭蕾舞的使用也跟剧情紧密结合,它同时具有合唱、哑剧、舞蹈三种功能。格鲁克不顾巴黎歌剧院著名的芭蕾舞演员威斯特里(1760—1842年)和公众的抗议,把多余的芭蕾舞看作无用的插曲,尽量加以取消。如在《伊菲姬妮在陶立德》中只有一场芭蕾舞,并与剧情相吻。

5. 改变歌剧序曲的地位,赋予新的意义。此前歌剧序曲只是开幕前的一段器乐演奏,跟剧情毫无联系,以至于一部歌剧的序曲也常常用作另一部歌剧的序曲,甚至几部歌剧拥有同一首序曲。格鲁克在"宣言"中说:"我曾设想,序曲应该使听众预先知道即将在他们眼前展现的剧情的性质,并把其中的主题告诉他们;乐队只是根据情趣和感情的变化程度而加以运用;应该特别避免对话中咏叹调和朗诵调之间出现过分明显的不协调,以免有损乐段的意义和不恰当地使台上生动热烈的场面中断"。② 这里不仅涉及序曲,而且还涉及到乐队的使用如何为剧情服务的问题。

6. 歌剧的情节与话剧情节应有形式上的不同。歌剧的情节是

---

① 《新格罗夫音乐与音乐家辞典》,1980年,第7卷,467页。
② 朗多尔米《西方音乐史》,130页。

简单的,即概括的、粗线条的。

7. 综合利用各种形式。格鲁克歌剧中,既吸取了意大利威尼斯歌剧学派的乐队写法和咏叹调写法,又引进了法国的芭蕾舞和哑剧,还融和了英国和德国的歌曲、法国的歌谣曲、巴黎的城市小调等。但这一切不是凑在一起,而是成为一个完整的整体,成为新的古典传统。朗多尔米说:"尽管格鲁克与吕利和拉莫如此接近,他受法国古典精神的影响如此深,但他的艺术还出自其他来源。它是意大利的,同时又是德国的,既知道'歌唱',又懂得'触动心弦';它从卢梭那些已经很是浪漫的思想中受到启发,同时,越过了莫扎特和贝多芬,酝酿着一个与法国古典作曲家们的理想完全不同的遥远的未来。"①

综观格鲁克的歌剧改革,尽管他继承了歌剧诞生之初的佛罗伦萨宗旨,主张音乐必须服从诗歌,但在具体实践上,在歌剧音乐方面的改革和建树上他已经比"佛罗伦萨之家"的作曲家们高出一个层次,进入一个更高的境界。也就是音乐与诗歌共同揭示和发展剧情,刻画人物,而这正是对歌剧这种综合艺术体裁本身特殊性的有益探讨。

五、当时及后人对格鲁克改革歌剧的争议和批评

1. 是否走极端:格鲁克曾表示"我努力要做的不是音乐家,而是画家或诗人。在我着手工作以前,我不管怎样也要力求忘记我是一个音乐家"。②

"我借用我仅存的那点精华,来写完《阿尔米德》。我力图在其中使自己更多地作为画家和诗人,而不是音乐家"。而当人们请求他在一场音乐的总谱上再加进一首咏叹调时,他说:"一个

---

① 朗多米尔《西方音乐史》,132页。
② 《敬致托斯坎斯大公爵的信》,转引自《西方哲学家、文学家、音乐家论音乐》,82页。

音符也不能加！这部歌剧的音乐味儿已经过分了"！① 人们疑问难道除了正确的朗诵调外就没有其他的表现方法了吗？难道人们在音乐上模仿的只能是带感情的歌词，而不该首先是内心活动吗？更何况这些内心活动并非由词语所能表达。

2. 有人批评格鲁克的旋律因力求朴实，有时显得空洞乏味，既不像意大利旋律那样饱满丰富，又不如莫扎特那样流畅自如。当时马蒙泰尔说格鲁克的和声"陡峭而崎岖"，他的和声连续，有着某种生硬感，缺少柔和、流畅，节奏缺乏变化。

在朗诵调方面，他有点滥用倚音，以致破坏了诗句的格律，并使语言的重音走了样（例如在《阿尔采斯特》中）。

3. 可能是由于格鲁克追求的悲剧理想，促使他运用一种过于高雅的风格，而最终使其作品显得矫柔造作、缺乏自然。克洛德·德彪西声称格鲁克使他感到厌倦，有时显得有点迂腐。

总之，无论如何，当意大利歌剧处在音乐至上、追求技巧，以致伤害剧情，影响人物塑造等的情况下，格鲁克的歌剧改革是具有重大意义的。他扭转了把音乐凌驾于戏剧之上的意大利歌剧传统，他主张歌剧唱词要"朴素、真实、自然"，用古典戏剧的单纯、真实和自然动作的传统去代替情节复杂的旧有习惯；用纯朴的人性因素去代替权贵的习俗；合唱部分也应按照古典模式，与各主要角色占同等地位并直接参与戏剧情节。音乐的功能是通过声调来为诗歌服务，并从属于故事情节，不以多余的、毫无意义的装饰音去干扰或窒息动作。这些虽然引起近似"丑角之战"的争论，但他终获胜利。1752年，法国喜歌剧院正式成立，繁荣了很长一段时间。特别是1762年与"意大利喜剧院"（1719年成立）合并之后，取得越来越大的成功。他的改革对法国、意大利、奥地利、英国、瑞典音乐戏剧的发展产生了巨大的影响。

---

① 朗多尔米《西方音乐史》，133页。

第十三章 卢 梭

第一节 活动简况

卢 梭

让·雅克·卢梭（J·J·Rousseau，1712—1778）是18世纪法国启蒙运动思想家、文学家、教育家、"天赋人权"理论的倡导者。

他生于瑞士日内瓦一个钟表匠家庭，从小失去了母亲，8岁时父亲又因一起诉讼失败逃往他乡；12岁开始过着穷苦流浪的生活，先后当过学徒、仆役、音乐教师、大使秘书、私人秘书等。38岁时应征论文《论科学和艺术的复兴是否有助于移风化俗》得奖，因而成名。但他为了追求人格的独立和自由，拒绝了一切职务，专以抄写乐谱为生，过着淡泊的生活，前后达20余年。

卢梭一生曾与百科全书派的哲学家狄德罗、霍尔巴赫、文艺评论家格里姆等长期交往，并为百科全书撰写了音乐条目等。50多岁时因《爱弥儿》一书触怒了教会和朝廷，著作遭到焚毁,本人受到法国、瑞士封建统治者的通缉,被迫过着艰辛的流亡生活。但他始终没有向封建专制低头,正如马克思所说:"卢梭永远不与现存政权妥协,即使在表面上。"("给施维泽尔的信")

失去了家庭温暖的卢梭,自幼受到姑姑的抚育,姑姑会唱很多小调和歌曲,唱起来非常动人。小卢梭受她的影响,非常喜爱音乐。直到晚年,在饱经忧患之后,当他用"颤巍巍的破嗓音哼着这些小曲"的时候,他还"象个小孩子似的哭泣起来"(《忏悔录》)。尽管卢梭对音乐的喜爱已经成为一种癖好,他也没有机会进行正规学习。正如他是一位自学成才的伟大思想家一样,他也是靠刻苦自学成为一位卓著的平民音乐家。

在欧洲音乐史上,卢梭的名字是和"喜歌剧之争"(或称"丑角之战")联系在一起的(见第十二章"以卢梭为中心的第一次歌剧之争")。当时法国歌剧由于长期为宫廷服务,题材贫乏(总是神仙、王公、美人之类);戏剧结构冗长、松散;音乐程式化,毫不生动活泼;演唱以炫耀技巧为目的,机关布景令人眼花缭乱。总之,与意大利喜歌剧一比,愈发显得相形见绌。以卢梭为代表的改革派赞扬意大利喜歌剧内容富于生活气息,人物具有个性,音乐生动,风格清新,令人耳目一新。

作为一位音乐家,卢梭先后创作了六部歌剧和上百首歌曲。其中以1752年创作的《乡村卜师》以及60年代创作的《皮马利昂》(Pygmalion)最著名。

在音乐论争中以及后来的岁月中,除上述文章外,卢梭先后在《试论语言的起源》、小说《新爱洛伊丝》、《忏悔录》等书中论及音乐美学问题。他以为百科全书所写的音乐条目为主汇编出版了一本《音乐辞典》。为解除人们学五线谱的困难,他发明了一种新记谱法,即数字谱。据日本音乐学家海老泽敏先生考察,认为在中国广为流行的简谱就是卢梭发明的那种数字谱。

第二节　哲学、政治思想

在政治上，卢梭比百科全书派更进步，但在哲学方面却远远落后于百科全书派中最进步的学者。这正是卢梭著作中的深刻矛盾所在。

一、哲学思想

卢梭认为感觉是认识的根源，人们认识自然界首先要通过感觉器官；知识的来源是感觉。

但又认为自然界的一切本原是精神和物质；精神本原是积极的，物质本原是消极的。强调情感高於理智，信仰高于理性。他坚持自然神论的立场，反对无神论。他否认关于自然界是神创造的这种宗教学说，但却承认神的存在和神对物质世界的影响，而且还承认灵魂是不死的，非物质的。

一般认为卢梭在哲学思想上的主要倾向是唯心主义的，但又具有唯物主义的观点。

从《爱弥儿》中"萨瓦副主教发愿词"中可以看出卢梭自然神论的思想。他相信灵魂不灭，相信天上有一个赏善惩恶的上帝。神是人民的安慰者，在人世之外，替被压迫的人复仇，惩治恶人。

但是，卢梭否认这一教会或那一教会的神圣启示、教仪和信条。他认为教士不必要存在，教会是维护封建制度的主要堡垒。

卢梭的自然神论反映了当时小资产阶级的思想。当时天主教对小资产阶级和广大人民仍然有着强有力的影响。另一方面从卢梭看来已不是理性对宗教的斗争，而是人民（小资产阶级、农民）反对贵族和富人们斗争了，因此他对宗教进行了妥协。他深刻地了解：如果一方面要消灭人民群众的宗教成见，而同时要把他们团结起来反对贵族，那是不可能的。

但是，从哲学思想来看："发愿词"和百科全书派的唯物主义相比，实际是一种退步。卢梭竟乞灵于宗教上的蒙昧主义，断言他的良知，先于一切理性，向他启示了神的存在。从此，他为信仰主义敞开了大门。难怪《爱弥儿》刚出版，勒夫朗·德·彭比年主教就祝贺卢梭创立了一个介于基督教与哲学家之间的第三派。

二、政治思想

1. 反对封建统治

与百科全书派其它学者相比，卢梭在政治上更大胆、更深刻、更前进。他是反对封建专制，反对教会黑暗统治的坚强战士。他忠于自己的信念，即使独自一人进行战斗，生命遭到威胁也在所不辞。他不仅在书中对贵族围猎损害农民的田地等加以揭露，对上流社会和贵族人物的骄奢淫逸、愚蠢伪善等加以嘲笑，并在书中公开对贵族进行强烈的指责。他说："贵族，这在一个国家里只不过是有害而无用的特权，你们如此夸耀的贵族头衔有什么可令人尊敬的？你们贵族阶级对祖国的光荣、人类的幸福有什么贡献？你们是法律和自由的死敌，凡是在贵族阶级显赫不可一世的国家，除了专制的暴力和对人民的压迫以外还有什么？"①

2. 进一步指出私有制是人类不平等的根源

他在1754年所写的《论人类不平等的起源和基础》中，从理论上分析了封建专制制度的不合理，并以激进的社会学观点，响亮地提出了人类社会不平等的问题，尖锐地批判了封建等级关系，宣称私有制的出现和发展是产生人类不平等的根本原因。他

---

① 《新爱洛伊丝》第1卷第62封信。

认为在原始社会的"自然状态"下，人人都享受自由和平等，没有社会压迫和不公平，那时私有制和社会从属关系还不存在。这本书的激进程度连启蒙学者伏尔泰也接受不了。1756年当卢梭把此书寄给他时，伏尔泰阅后，复信写道："我收到了你反人类的新书，谢谢你。"

当然，卢梭的社会学说还没有达到、也不可能达到科学唯物主义的社会观。比如在关于私有制是不平等的根源的学说中，他谈到了社会生活是由经济发展决定的；肯定了劳动工具的完善化所起的作用；指出了私有财产集中在少数人手中是一种篡夺等等，但与此同时，他又认为理性是社会发展的决定性力量；把人口的增长和道德的败坏作为社会生活的决定因素。

3. 建立"理性的国家"

卢梭的国家学说也是具有进步性质的，他以资产阶级民主主义的国家学说来反对封建神权政体的国家理论。

他认为，由于天赋权利被篡夺产生的私有制，是国家产生的历史条件。社会被"人为地"分裂为有产者和无产者，就是天然权利被篡夺的结果。后来富人希望巩固对穷人的统治，提出组织国家政体，并用虚假理论去迷惑穷人，说国家是社会秩序、和平和安全的堡垒等等。其实富人所订的法律，一方面保护私有制的国家政权，同时把对人民的天然权利的篡夺和人间的不平等神圣化了。它注定了大多数人的贫穷、饥饿和繁重的劳动。

卢梭的《社会契约》是一部宣布人民主权原则的、最深刻、最成熟的著作。它发挥了国家的创立是人民之间协商的结果这一思想，认为人民有权掌握国家政权；人是生而自由与平等的，国家只能是自由的人民协议的产物。人民经过协议，订立契约，成立公民的社会，这样个人的"自然"自由虽受到了限制，但获得了"政治"自由，个人生命财产也就有了保障。但是如果自由被强力所剥夺，被剥夺了自由的人民有权推翻破坏"社会契约"、

"蹂躏"人权、违反"自然"的专制政体，建立以"最聪明的少数人"为领导，充分体现"共同意志"的"理性的国家"。总之国家的主权在人民，最好的政体是民主共和国。

社会契约论虽然理论上是唯心主义的，但它在18世纪下半叶资产阶级民主革命的前夜提出来，起到了进步的历史作用。这个学说集中地反映了资产阶级上升时期的民主理想，针对封建制度和等级特权，提出了争取自由平等的战斗口号，并要求建立资产阶级的民主共和国。

社会契约论不仅影响到法国革命的《人权宣言》和革命后制定的宪法，而且美国于1776年7月4日宣布建立美利坚合众国时，发表的《独立宣言》以及独立后制定的宪法，在很大程度上也是直接继承了卢梭的的理论精神和政治理想。

以卢梭为代表的"天赋人权"思想，本世纪初传到中国，在我国的民主主义革命阶段，也曾经产生过影响。

第三节　美学与音乐美学思想

一、科学与艺术无助于移风化俗

卢梭在《论科学与艺术》一文中集中反映了他对科学与艺术的看法。

他认为人天生是自由平等的，自然是美好的，应该以自然的、原始的美与纯朴、善良、德行代替当时统治阶级的文明。但他又错误地认为科学与艺术的发展促进了社会道德败坏，科学与艺术的发展没有给人类带来好处，反而带来坏处。他在该文的第一部分，从历史上，特别是古希腊以至中国等国科学与艺术（文明）发达了，但尚武精神与德行衰退以致遭到外族侵略为例说明科学与艺术的有害作用。

那时"百科全书纲要"是赞扬科学的,认为科学是可以使社会按照理性要求重新建立起来的。但卢梭认为文化为贵族的阶级服务,贵族的豪华建立在人民贫困之上。他以激昂的语调,指出了这一些人的豪华的另一面就是另一些人的贫困。这个论点在给波兰国王的信中更清楚地表明,卢梭的批判已进入反对一切建筑在财产不平等基础上的社会。

"斯巴达,它永远是空洞理论的一种耻辱!正当艺术造成的种种罪恶大量出现于雅典的时候,正当一位僭主(按:指公元前六世纪僭主毕西斯垂底斯,据说他是第一个蒐集并编定荷马诗篇的人)煞费苦心地搜集诗人之王的作品的时候,斯巴达却把艺术和艺术家、科学和科学家一并赶出了它的城垣。"① "在亚洲就有一个广阔无垠的国家,在那里文艺之为人尊崇,摆在国家尊荣的第一位。如果科学可以移风化俗,如果它们能教导人们为祖国流血,如果它们能鼓舞人们长勇气,那末中国人民就应该是聪明的、自由的而且是不可征服的。然而,如果没有一种邪恶曾统治他们,如果没有一种罪行他们不曾熟悉;如果无论大臣们的见识或者法律所号称的睿智,或者那个广大帝国的众多居民,都不能保障他们免于愚昧而粗野的鞑靼人的羁轭的话;那末他们的那些文人学士又有什么用呢?他们所堆砌的那些荣誉又能得出什么结果呢?结果不就是住满了奴隶和为非作歹的人吗?"②

"艺术若不是培养奢侈,那末我们又要艺术做什么呢?若是人间没有不公道,法理学又有什么用尼?如果既没有暴君,也没有战争,也没有阴谋家,历史学又会成了什么东西呢?""科学产生于怠惰,反过来又滋长怠惰,因此它们对社会所必然造成的第

---

① 《论科学与艺术》,10页。
② 同上,9页

一种伤害,就是无可弥补的时间损失。""奢侈很少是不伴随着科学与艺术的,而科学与艺术则永远不会不伴随着奢侈。"①

科学与艺术的危害包括:

1. 败坏德行。

卢梭说:"我们可以看到,随着科学与艺术的光芒在我们的天边上升起,德行也就消逝了。"并认为"这种现象在各个时代和各个地方都可以观察到"。②

2. 削弱勇气。

"当生活日益舒适、工艺日臻完美、奢侈开始流行的时候,真正的勇敢就会削弱,尚武的德行就会消失;而这些仍然是科学和艺术在暗中起作用的结果。"③

3. 便于君主们奴役。

"君主们总愿意看到那些耗费金钱而毫无结果的赏心悦耳的艺术与虚荣无实的趣味,在自己臣民中间流传。因为他们很了解,这些东西除了能够培养人们的心魂狭隘以便于奴役而外,人民在这方面的要求只是给自己加上更多的枷锁。"④

4. 无益于治理国家。

卢梭认为,牛顿的万有引力定律,凯普勒的行星运动定律,笛卡尔发明的解析几何,斯宾诺莎的泛神论,笛卡尔的心物平行二元论等科学、哲学原理都无助于治理国家。他说:"我们从你们那里接受了这一切崇高的知识,但我要请你们回答我:如果你们从来不教给我们任何这些事情的话,我们会不会因此就人口减少,治理不善,更不巩固更不繁盛,而且会更加为非作歹呢?因此请你们再想一想你们的作品的重要性吧,既然我们最有名望的

---

① 《论科学与艺术》,16页。
② 同上,7页。
③ 同上,22-23页。
④ 同上,20页。

学者和我们最好的公民的劳动对我们竟然是如此无用,那末就请告诉我,我们对于那样一堆光会白白糟蹋国家粮食的不入流的作家们和游手好闲的文人们又该作何想法呢?"①

5. 引起人间的不平等。

"如果这不是由于才华的不同和德行的败坏而引起了人间的致命的不平等的话,那末这一切谬误又是从何而生的呢?这就是我们种种学术研究的最显著的后果,也是一切结果中的最危险的后果。"②

基於以上种种观点,卢梭否定科学与艺术能够移风化俗,相反它们是伤风败俗,不利于治国的。为此,他提倡返于自然,返于人们原始状态,他赞扬斯巴达尚武轻文,贬斥雅典城邦与古罗马的自由兴盛的艺术以至文艺复兴;他赞扬美洲的野蛮人以狩猎、捕鱼为生,无所需求,因此也就无所羁绊。他写的《给达朗贝尔论戏剧的信》(1758)竭力反对在日内瓦建立剧院,说剧院只会起反面的腐化堕落的影响,认为演员的艺术就是为报酬而卖艺等等。

但是,从全文来看卢梭也并没有反对一切科学与艺术。他说:"我们的公园里装饰着雕像,我们的画廊里装饰着图画,你以为这些陈列出来博得大家赞扬的艺术杰作表现的是什么呢?是捍卫祖国的更伟大的人物呢?还是以自己的德行丰富祖国的更伟大的人物呢?都不是的。那是各种各样心灵的与理智的歪曲颠倒的景象,从古代神话里煞费苦心地挑选出来专供我们孩子们消遣好奇用的;而且毫无疑问地是为了使他们甚至在不认字以前,在他们眼前就有了各种恶劣行为的模范了。"③

那就是说,他认为艺术杰作应该表现捍卫祖国的更伟大的人

---

① 《论科学与艺术》,16-17页。

② 同上,24-25页。

③ 同上。

物，和那些以德行丰富了祖国的更伟大的人物。他鄙弃现有的雕塑与绘画中所揭示的题材和人物。

他还认为，当时社会的庸俗、轻浮、趣味低劣，促使文艺家趋炎附势，写不出伟大诗篇。

"如果在才华卓越的人物中偶尔有一个人，有着坚定的灵魂而不肯使自己阿世媚俗，不肯以幼稚的作品来玷污自己，那么他就要不幸了！他会死于贫困、潦倒和默默无闻。"①

在《给达兰贝尔论戏剧的信》中，他并未反对一般的艺术，也没有不加分辨地反对各种类型的戏剧。他一再表示：他深信在一种不再是基于社会不平等而建立起来的制度下，艺术在道德方面是会起良好作用的，艺术应该有它伦理和政治的内容。他之所以反对古典戏剧，因为他认为那是一种贵族艺术。

在《在论科学与艺术》的结束部分，他甚至为发挥科学与艺术的真正权威，提出一个解决办法，那就是让真正有学识的第一流的学者们参与朝政。

"请国王们不再轻视把那些最能对他们进忠告的人容纳到他们的议会里来吧！……但愿第一流的学者们在他们的朝廷里能找到荣誉的藏身之所，但愿他们在这里能获得与他们相称的唯一补偿；也就是靠他们的作用增进他们以智慧教育的人民的幸福的补偿；唯有这时候我们才可以看到被一种高贵的情操所激发的，并且为了与人类的福祉互相调协而努力的德行、科学和权威所能作出的事情。"②

从卢梭的实际行动来看，他自己坚持写书，研究政治、社会学、国家学说、教育、植物学，写音乐，作歌剧，写小说等等，他自己就在从事科学和艺术，而且卓有成效。这说明，他也没有

---

① 《论科学与艺术》，20页。
② 同上，29-30页。

真正全盘否定和反对科学与艺术。而他真正反对的是建立在阶级统治的不平等制度基础上的文明，他的可贵在于在《论科学与艺术》这篇论文中那种敢于否定封建文明的精神和敢于傲视传统观念的叛逆态度，反映了平民阶层那种激烈的情绪。但在立论中确有片面、偏颇之处。特别是这种否定是放在笼统批判文明社会的行文之中的，这点曾受到百科全书派同行们的批评。

二、追求和表现平民精神世界的美

通过卢梭的创作实践看出贯穿在他美学思想中的，就是他在嘲讽封建专制的同时，努力追求和揭示第三等级中平民精神世界的美。

《爱弥儿》中写一个平民劳动者即爱弥儿的成长过程，在《新爱洛伊丝》中写平民知识分子在贵族家庭任教师，与贵族小姐的爱情，受到封建阶级门第观念的摧残和阻挠，酿成悲剧；在《忏悔录》中，不仅展示了一个平民的世界：18世纪的女仆、公差、农民、小店主、下层知识分子等，他们的道德情操和聪明才智，他们精神境界中的美。更主要的是通过对他自己形象的描绘，展现了一个平民思想家与封建统治阶级的冲突，描述了一个平民知识分子在封建专制压迫下维护普通人的人权和尊严的生活画卷，洋溢着作为一个平民的自信、骄傲和对强权的不妥协的平民精神。正因为卢梭本身就是一个代表人物，因此，他自己的一生，就构成了18世纪思想文化领域一个重大的社会现象。他在政治思想上，道德上的反封建性质就决定了《忏悔录》以及卢梭自我形象的积极意义。

在音乐方面也是如此。他之所以批评法国歌剧、高度赞扬意大利喜剧，正是由于意大利喜歌剧《女仆作夫人》反映普通人的生活，内容朴实清新，透出一种民主气息。不仅如此，他还用他的创作实践体现了他的美学思想。

1752年创作并上演的喜歌剧《乡村卜师》就是一个很好的例子。《乡村卜师》不是为宫廷写的,也不是为路易十五写的,虽然首演在枫丹白露宫,并得到路易十五的赏识,但卢梭拒绝接受国王给他的年金。《乡村卜师》由卢梭作词作曲,六天写词,三个星期写完。全剧(除一段幕间歌舞外)约一小时,采用幕间剧形式,只有三个角色。农村姑娘柯莱特(Sop)了解到她所爱的柯林(Ten)已经对她不忠心了,就向卜师求助。卜师劝她表现出对柯林的绝对冷淡,与此同时,他又告诉柯林说,柯莱特已经爱上了另一个人,这个计谋使得爱人们重归于好。内容表现纯朴善良的庄稼人和乡村卜师的智慧和热诚。全剧语言朴实无华,音乐象民间曲调那样单纯,旋律优美,节奏鲜明,小提琴伴奏的咏叹调富有意大利风格,有的曲调仅用键盘乐器的低音部分伴奏。总之,诗的神韵与音乐的紧密配合透出一种大大有别于矫揉造作的法国歌剧的清新气息,大受欢迎,在法国舞台上保持60年之久。它的影响遍及几代人,直到柏辽兹时代。后来的模仿者、改编者很多,最成功的仿写本是莫扎特歌剧《巴斯汀与巴斯汀娜》(1768年)。

卢梭由于他特殊的生活经历,使他便于观察两极人物,大人物和小人物,就是贵族和平民。他经常把两种人相比较,从而对这两种等级悬殊的人有深刻的认识和描写。

"我没有社会地位,然而却熟悉一切等级,我曾在除王室外的这些等级的最高到最低的环境里生活过。大人物认得大人物,小人物也只认得小人物。小人物赞赏大人物的只是他们的身分地位,而他们自己得到的却只是不公正的蔑视。在这极其疏远的关系里,存在着一种和两者都有联系,但又避开他们双方的人。……我考虑和比较过他们各自的兴趣、意愿、成见和道德行为的准则。我一无所有也一无所求,我不使人为难也不使人厌烦,我进入各界但无所留恋,有时早晨和亲王共进早餐,而晚上则和农民分享晚饭。"①

卢梭的这种比较,有时直接写在著作中。例如他认为"装饰的华丽可以显示出一个人的富有,优雅可以显示出一个人的趣味;但一个人的健康与茁壮则须由另外的标志来识别;只有在一个劳动者的粗布衣服下面而不是在廷臣的绣金衣服下面,我们才能发现强有力的身躯。装饰与德行是格格不入的,因为德行是灵魂的力量"。②

卢梭赞赏平民时,无情地揭露上流社会的虚伪:

"为什么我年轻的时候遇到了这样多的好人,到我年纪大的时候,好人就那样少了呢?是好人绝种了吗?不是的,这是由于我今天需要找好人的社会阶层已经不再是我当年遇到好人的那个社会阶层了。在一般平民中间,虽然只偶尔流露热情,但自然情感却是随时可以见到的。在上流社会中则连这种自然情感也完全窒息了。他们在情感的幌子下,只受利益或虚荣心的支配。"③

他鄙视和厌恶他所遇见的统治阶级和上流社会中的各种人物,在《忏悔录》中有不少描写,例如教会人物几乎都有"伪善或厚颜无耻的丑态",其中还有淫邪的色情狂,贵妇人的习气是轻浮和寡廉鲜耻,有的"名声很坏";巴黎的权贵,无不道德沦丧,性情刁钻,伪善阴险等等。

正因为从理论到实践,卢梭对普通人的认识和描写都充满了热情,法国评论家圣·勃夫说:"没有一个作家像卢梭这样善于把穷人表现得卓越不凡"。④

《忏悔录》是一个激进的平民思想家与反动封建统治激烈冲

---

① 《忏悔录》的讷沙泰尔手稿本序言。
② 《论科学与艺术》,5页。
③ 《忏悔录》第一卷181页。
④ 同上,译本序。

突的结果。它是一个平民知识分子在封建专制压迫面前维护自己作为一个普通人的人权和尊严的杰作，是对统治阶级迫害和污蔑的反击。书中充满了平民的自信、自重和骄傲，洋溢着一种高昂的平民精神。

卢梭是在浪漫主义行将大放异彩的时代的抒情文学大师。他的个人主义在当时有积极的一面：即第三等级还封闭在封建框子里，受着屈辱，权利被剥夺，卢梭肯定了"个人"具有无可代替的价值。他在"个人"身上发现了无限的精神财富，向世人揭示了内心生活宝藏和存在于人本身中的一切潜在力量。他为人的解放而工作。伏尔泰使人确信人本身是神圣的、不可触知的，但只停留在抽象的概念上，卢梭把这一概念渲染了，并给了它生命和血肉。

三、音乐是模仿的艺术，但不是直接表面的模仿

模仿问题是美学中争论的中心问题之一。法国著名艺术理论家查尔斯·巴特克斯（1715—1780）在《归纳成统一原则的优雅的艺术》（1746）中主张：艺术的基本内容和使命在于模仿自然。在这点上，各门艺术是一样的，它们的不同在于手段的不同。巴特克斯又是古典主义美学的拥护者，他把艺术对自然的模仿加了一个限制，即：艺术对"美的自然"的模仿。在专门论述音乐与舞蹈中的第三章，他说："在音乐中没有一个声音不在自然中有它的原型，好象字母或音节是字的基础一样，每个声音都应当是旋律的基础"。他把音乐划分为两种，一种模仿没有生命的声音和自然界的噪音，另一种表现有生命的声音。

这种理论为18世纪许多作家所接受。在音乐实践中，一些人使音乐完全服从于诗歌，另外一些人把音乐看成一种"音乐化的绘画"。对"模仿"原则的字面解释，使许多理论家天真地在

音乐与自然界声音或外界各种不同现象和对象的实际描绘之间进行直接的类比。

百科全书派反对这种解释,卢梭、狄德罗和达兰贝尔都不把音乐归结为对"美的自然"的表面化的模仿。

从18世纪下半叶起,法国的音乐理论家同德国、英国一样,试图把模仿的原则同表现的原则结合起来。德国音乐百科辞典《音乐的历史和现状》把卢梭归到模仿论中去。卢梭虽然也认为音乐是模仿的艺术,但不是一般意义上的模仿,不是对事物的直接表面的模仿。他说:音乐家的艺术在于"能够使人们的心灵接近于对象存在本身所造成的意境"。①

这里卢梭否定了音乐直接模仿现实事物的说法,音乐模仿并非浮表的音响模仿,音乐主要是唤起人们对某些事物所引起的感情体验,使人们的心灵接近于被描述的事物本身所造成的意境。情感体验是人们看到某些事物时所引起的,意境是某事物存在本身所造成的(这是一种唯物反映论的萌芽)。他认为音乐是"唤起"人们,并不是直接把人投入某种情感体验,也不是直接驱使人们进入音乐所表现的特定的意境。卢梭这个思想显然比前人进了一步,他看到了音乐反映现实是一种复杂的过程,以及音乐反映现实的间接性。

四、旋律最重要,因为它表现感情

卢梭认为音乐通过什么途径唤起人们的感情体验,使人们进入特定意境呢?那就是旋律。

卢梭认为:音乐的模仿"通过生动的抑扬顿挫——亦即说话

---

① 卢梭1753年致达兰贝尔的信,转引自《卢梭论旋律与和声》一文的编者按,《音乐译丛》,1962年第1辑79页。

的语调，来表达所有的感情，描绘一切景象，表现一切事物，把一切大自然置于它的巧妙的模仿之下，从而给人们带来足以使之感动的情绪"。①

而旋律具有比语言更高的感染力。"它不只是在模仿，它是在说话；那不分音节的，但生动热情的语言是比日常语言要强烈百倍的。这就是音乐模仿的力量的来源"。②

卢梭认为，旋律使音乐成为模仿的艺术，但是模仿是为了表现。旋律模仿人声的变化，模仿语言音调和语气，是为了表现人们的情感体验。

卢梭说过：音乐"决不是用声音结合求得悦耳的效果的艺术"，"只是对自然的模仿，才把它们提高到了艺术的地位"。(《试论语言的起源》)

这里所说"只是对自然的模仿"，其中"自然"是指人类的本性。卢梭"返于自然"的思想，把人的本性与"自然"等同，人的本性是指自然人的本性，是人的天真、纯朴的、自然的感情。

正因为如此，他赞扬意大利喜歌剧具有强烈的情感和活泼的形式，反对法国歌剧中的那种矫揉造作、不自然、没有真实的感情。他说：

"永远放弃那些沮丧的送葬样的法国歌唱法吧，它不是感情激动的表现，而却像是肉体痛苦的喊叫。应该去学习内在感情，学习能够使人的心灵为之迷恋和消沉的声音。"③

但卢梭认为法语不具有意大利语的那些优点，因而无法用它来唱好歌剧等过激的观点，曾遭到百科全书派格里姆等人的反对。

---

① 转引自德国音乐百科辞典：《音乐的历史和现状》。
② 《略论语言的起源》。
③ 《新爱洛伊斯》。

五、旋律与和声的关系

在音乐的各种要素中,卢梭认为旋律第一。

"和声只是模仿的音乐中的辅助手段,在和声本身中没有任何模仿的东西。它加强音调的力量是对的,它加强表现力并给曲调增加魅力。但是只有旋律是具有灵感所掌握的不可战胜的威力的泉源,只有旋律才具有音乐征服人心的力量。和弦的最科学的进行,如果没有旋律,经过一刻钟的功夫就会使人感到厌烦。而没有任何和声的美丽曲调,可以经得住长时间的考验,而不使人感到枯燥。"(《新爱洛伊丝》)

卢梭认为和声本身没有任何模仿的东西,也就是说它不表现什么内容,不能表达情感,而只能加强曲调的力量,加强曲调的表现力。

卢梭的主要论敌,就是拉莫。

拉莫的功绩在于把令人迷惑的各种可能的和弦缩减为简单的三和弦及其转位的体系,这样就把理论家和实践家几世纪的努力归纳成一个有着逻辑性的有机整体,为主调和声音乐的发展提供了理论基础。

拉莫强调和声是音乐中最基本的、占统治地位的因素,旋律应是从和声产生的,音乐创作应从写作和声开始,从和声引出旋律,而不是先有旋律后配和声。他说:

"如果声部的条理不是由和声的规则给予的,就不能凑成好的和声。因为正是和声引导我们,而不是旋律。"[①]

拉莫认为和声的产生早于旋律。他的和声理论出自这样的信念,那就是音乐服从严格的规律,要找出这种规律,必须求得数

[①] 拉莫《"关于和声的论文"序言》,转引自舍斯塔科夫《从美育论到主情论》。

学的帮助，就是说音乐是建立在数的基础上的。"我必须承认：虽然在我的实践活动的相当长的期间，我获得许多经验，但是只有数学能帮助我发展我的思想，照亮我甚至没有发觉原来是黑暗的地方。"①

拉莫的理论为自律论音乐美学提供了新的基础。所以旋律第一还是和声第一的争论实际上反映了音乐他律论与自律论之争。

它不仅是关于旋律与和声的功能之争，还反映了不同的美学出发点。争论的主要问题有以下几个：

1. 音乐美的源泉是什么。

拉莫认为和声是音乐美的源泉，而卢梭认为和声仅构成音乐的物理因素，不表现感情；旋律才是表现和激起情感的最重要的手段。之所以如此，如前所述，因为旋律是从模仿人声所表达的情感而来的。这是作为艺术的音乐的真正美之所在。

2. 旋律还是和声带有民族性。

卢梭认为和声不带有民族性，它对一切国家来说是统一的。民族性只出现在旋律中。"因为和声的基础是自然本身，和声对所有的民族是一样的，如果它有什么区别的话，这种区别是由旋律的区别决定的。只有根据旋律，可以判断民族音乐的典型特点。"②

旋律之所以具有民族性，因为旋律与语言关系非常密切，旋律的习惯变化来自一定的方言语气的特点，来自方言所包含的心灵活动。

3. 旋律体现一种民主倾向。

卢梭认为和声的美是程式化的，一般听众不能感受，甚至连自然声音的美所带来的快感也随之消逝了。

他说："和声本身所处的地位就更加不妙了。它的美，只是程

---

① 拉莫《"关于和声的论文"序言》，转引自舍斯塔科夫《从美育论到主情论》。
② 《新爱洛伊丝》。

式化的，在没有训练的耳朵听起来就毫不悦耳，为了要感受它，从它得到快感需要有长期的习惯。没有经过训练的耳朵从我们的和声中听不出什么名堂来，只能听到一团噪音。当自然的比例遭到破坏时，自然的快感也随之而消逝了，这是不足为奇的。"①

在《论法国音乐的信》中，卢梭提出，如果音乐能不用旋律而存在，那就意味着音乐倒退到只追求复杂和声，只有"人工的美"，没有"自然的美"，就成了一种"学者的音乐"。

第四节 小 结

作为启蒙运动激进派的代表，卢梭在社会政治思想方面比同时代的思想家更彻底，为11年后爆发的法国资产阶级革命树立了一面思想旗帜。作为启蒙思想家、文学家，他的学术观点和美学思想对后世产生了深远的影响。康德说："卢梭纠正了我，骄傲的优越感消失了，我逐渐尊重人类。"黑格尔在纪念册上写道："自由万岁！卢梭万岁！"德国"狂飚突进运动"在卢梭影响下以"自由、天才、精力、自然"相标榜，崇尚情感的天然流露。托尔斯泰自称是卢梭的门徒。罗曼·罗兰是卢梭的拥护者。与此同时，卢梭还影响了夏多勃里昂、司汤达、纪德等法国作家，当然包括消极影响在内。为评价卢梭在法国文学史上所占的地位，法国评论家安德烈·莫洛亚说："对很少作家才可以这样说：要是没有他，法国文学就会朝另一个方向发展。卢梭就是属于这一类的作家。"

在音乐方面，卢梭的影响虽然不如在文学领域中那么激烈而深远，但是毫无疑问，他应该在西方音乐史和音乐美学史上占据应有的地位。

---

① 《试论语言的起源》。

首先,"喜歌剧之争"决不只是一场法国歌剧与意大利歌剧之争,而是一场贵族美学与资产阶级民主美学之争,它影响着法国音乐文化发展的方向。在激烈的争论中,卢梭不畏权势,竭力宣传启蒙运动的美学理想,为法国歌剧民主化而大声疾呼。不仅如此,他还在音乐创作中,实践自己所推崇的美学原则。《乡村卜师》以它内容纯朴、情节生动、感情真挚、形式活泼成为当时唯一能够与意大利《女仆作夫人》相抗衡的法国歌剧。此后在欧洲舞台上持续六十年之久。时至今日,《乡村卜师》还在流传。有趣的是,前不久我国出版的《美国民歌选集》中,一首叫作《去告诉罗蒂阿姨》的歌,就是《乡村卜师》中的一段选曲。经过美国人的填词,它成为一首广为流传的摇篮曲。后又被日本人填词成为幼儿歌曲,传入中国。

卢梭的音乐创作及其音乐美学思想为法国喜歌剧确立了地位,指明了道路。在他之后,法国出现了一批这类体裁的作曲家,其中刻画了铁匠、鞋匠、樵夫等普通劳动者的形象。

卢梭在美学理论和艺术实践中关于表现普通人,表现平民劳动者的思想,在封建专制十分严酷的时代,反映了新兴资产阶级要求表现自己的强烈愿望,是难能可贵的。即使与同时代的启蒙运动的思想家们相比,也是激进的。

其次,18世纪文艺模仿论在法国很流行,在音乐方面也是如此。著名艺术理论家查尔斯·巴特克斯(1715—1780)在专论音乐时,明确指出:"在音乐中没有一个声音不在自然中有它的原型。"他的影响十分广泛。当时,一些音乐家把音乐看成"音乐化的绘画";有的主张不准许音乐中有"激情混入",有的追求音乐对自然界声音的模仿,追求对外界现象的实际描绘等等。

百科全书派狄德罗、达兰贝尔、卢梭等都反对当时流行的古典主义形态的模仿论。卢梭还试图将模仿的原则与表情的原则结合起来,提出了音乐模仿自然才能成为艺术,以及音乐通过模仿人声变为表现感情的思想，这与当时德国以马泰松（1681—1764）为代表的感情论的主张不谋而合，都是建立在唯物主义基础上的。模仿与表情的原则相结合，实际上就是把感情论看成模仿感情的理论，模仿成为表现感情的手段。这样，在法国音乐美学史上，促进了从古希腊以来的美育论向感情论的转折，为音乐的感情论在欧洲进一步发展，起了推波助澜的作用。因此，卢梭不仅在文学上发现了感情的价值，表现出早期浪漫主义的明显特征，而且在音乐方面也为后来蓬勃发展的浪漫主义音乐思潮作了良好的准备。

再次，旋律与和声的关系问题，也是18世纪欧洲各国激烈争论的音乐问题之一，凑巧马泰松也在德国竭力批评拉莫的和声论。卢梭反对以纯物理的观点来看待音乐，主张音乐应该表现感情，强调旋律的表现力，坚持音乐的民族性；提倡音乐应该适应广大听众的要求和欣赏能力等等。尽管有的论述比较简单但基本上都是应该肯定的。值得注意的是：双方所坚持的观点实际上已涉及后来在他律论与自律论之争中，所围绕的中心问题——音乐是否要有所表现的问题。但是，卢梭在承认和声作为音乐的辅助手段的同时，往往把旋律与和声对立起来，贬低甚至否定和声的表现力，看不到和声与旋律之间相辅相成的作用，这样就未免失之公允，显得片面、偏激。从历史发展的眼光看来，音乐的表现手段多比少好，丰富多样比简单贫乏要好。可贵的是，达兰贝尔当时已经设想过让旋律与和声相综合，事实证明，后来维也纳古典音乐家们在创作中实现了和声与旋律的巧妙结合。其实，旋律与和声的关系应该是辩证统一的关系，黑格尔曾经把它们作为自由与必然的辩证关系来论证。他认为："把和声与旋律两个差异面结合成为统一体，就是伟大音乐作品的秘密。"①

---

① 黑格尔《美学》三卷（上），379–380页。

最后，在音乐与语言的关系问题上，卢梭强调音乐对语言音调的模仿，强调民族语言对音乐的影响和制约是有相当根据的。的确，每个民族的口头语言都有自己独具的音调特征，而每种语言的这些音调特征又往往形成音乐民族性的重要因素。民间音乐，特别是在民歌、民间说唱中，语言音调的特点直接影响着旋律的特色；专业音乐中，歌曲、歌剧咏叹调等也证明了音乐的旋律与人们的语言音调之间存在着紧密的亲缘关系。正因为这样，卢梭之后，歌剧改革家们，例如：格鲁克、瓦格纳、达尔戈梅斯基以及穆索尔斯基等都通过自己的创作实践对语言音调问题进行了研究。直至20世纪，一些音乐美学家例如克里姆辽夫、卓菲亚·丽莎等也认为语言音调所具有的一定的感情表现力是音乐旋律能够表现感情的根源之一。当然，音乐与人们口头语言的这种亲缘关系，并非是音乐能够表现感情的唯一根源，同时也并不意味着任何一首乐曲都与语言音调有着稳固的联系。事实上，人类经历了几千年文明的演进，不同民族、不同时代的人们已经形成和发展了自己的音乐传统，各民族音乐与语言音调的最原始的联系已经同其它因素一起，或多或少地被吸收、融化、体现在不同特点的音阶、调式、旋律、节奏以至曲式结构等之中了。特别是在器乐中，随着器乐体裁趋向独立，它同声乐手段、诗词因素、语言音调等的联系愈来愈疏远了。

至于语言重音等特点对音乐的制约问题，也不是绝对的。卢梭否认用法语可以演唱好歌剧，甚至否定法国人具有自己的音乐，这是在"喜歌剧之争"的高潮中出现的一种过激的说法。其实，卢梭自己也是矛盾的，也没有始终坚持这个观点。在争论中，他批判法国歌剧，着眼点在于批判它们反映出来的宫廷趣味和封建贵族的美学原则，而事实上，他在创作实践中，努力探索歌剧咏叹调等问题。在《乡村卜师》中，他自认得意的部分正是"离老路子最远的部分就是宣叙调"。而听众反映它们写得和咏叹调一样好。《乡村卜师》正是一部法国喜歌剧，卢梭用事实证明他是相信法国会产生自己的优秀的歌剧艺术的。在语言与音乐结合的问题上，卢梭还试验把朗诵艺术与音乐结合起来，他热衷于器乐伴奏的宣叙调。在神话题材的情节剧《皮马利昂》①中，他把朗诵与器乐结合起来，成功地创造了第一个完整的带器乐乐段的情节剧。该剧1770年在里昂上演，获得成功，很快传遍欧洲，并在德国掀起了一个模仿浪潮，这一点卢梭本人并没有意识到。《皮马利昂》的影响甚至及于后来的贝多芬和韦柏的歌剧。70年代后期，卢梭在赞扬格鲁克在巴黎导演的歌剧时，缓和了他曾经认为不可能用法语演唱歌剧的说法。

卢梭的音乐美学思想在历史上是有进步意义的：关于音乐表现平民的思想，已在后来很多作曲家的创作中得到继承和发展；音乐的感情论在18世纪得以确立，19世纪成为浪漫主义音乐的基本理论，直到现在还有很大影响；音乐民族化、音乐与语言的关系等问题，仍然是有待进一步研究的重要课题。当然，历史上进步的东西也不可避免的有其时代和阶级的局限。卢梭的音乐美学思想是他的美学体系的一个组成部分，它们是建立在资产阶级人道主义和要求"个性解放"的基础上的。

历史是一条流不尽的长河，各种音乐思潮都有它发生、发展和消亡的过程。卢梭曾为之奋斗过的音乐感情论在19世纪后期受到汉斯立克的批判，20世纪以来，又受到西方现代音乐思潮的严重挑战。对真理的探索是没有穷尽的，人类必将不断完善和发展真正反映音乐的本质特征和规律的科学的音乐美学体系。

---

① 据史料记载，这个带器乐的情节剧的大部分乐曲是由音乐家霍勒斯·科伊格内特（1753—1821）写的。但这种形式，总的构思、剧本和部分乐曲是由卢梭创造的。

第五编　19 世纪

（浪漫主义时期）

第十四章　黑格尔

黑格尔（Georg Wilhelm Friedrich Hegel，1770—1831），哲学家，德国古典唯心主义的集大成者。他的哲学是马克思主义哲学的来源之一。美学是黑格尔哲学体系中的一个组成部分。他的美学论述中有不少篇幅论及音乐，是其他哲学家少有的。所以他也是音乐美学史上的一个重要人物。

第一节　活动简况

黑格尔

黑格尔生于德国符腾堡公国首府斯图加特。中学毕业后入符腾堡公国仅有的两所高等学校之一的图宾根神学院学习。这所学校专门培养未来的牧师和教师。

大学毕业后，任家庭教师。1801 年起，先后在耶那大学、纽伦堡大学、海德堡大学和柏林大学任教，主要讲授哲学、历史哲学、法哲学原理、宗教哲学、哲学史、美学、神学、逻辑学等。1823—1827年是他教学生涯的顶峰时期，声誉远及国外。

同当时许多先进的德国知识分子一样，黑格尔热烈欢呼法国资产阶级革命。但是当革命推进到雅各宾派专政时，他接受不了。后来，法国波旁王朝复辟，欧洲各国封建势力重新掌权。黑格尔从早年的反对封建转向妥协，于1829年接受普鲁士国王的任命，任柏林大学校长，成为普鲁士官方赞许的哲学家。

黑格尔学识渊博，艺术兴趣广泛。在大学讲授《美学》时，论述了建筑、雕刻、绘画、音乐、诗歌、戏剧、小说、园艺、舞蹈等等。其中包括古代和当代，东方和西方，范围之宽，令人赞叹。他是哲学家中难得的艺术修养很高的鉴赏家。

在柏林期间，他常出席音乐会。他同门德尔松的父亲、银行家门德尔松熟悉，常参加这一家庭周末举行的音乐晚会。他与作曲家卡尔·策文特有来往。在维也纳时，看过麦尔卡丹特、罗西尼、斯波蒂尼、莫扎特的歌剧，有的看过多遍。他从维也纳发出的书信几乎没有一封不赞赏意大利歌唱家的演唱艺术。1824年，他曾写信给他妻子说："只要钱够我看意大利歌剧和回国之用——我要继续留在维也纳"。[①] 1827年秋，来到巴黎，晚上总出去看演出。他看了伏尔泰、莫里哀的剧作，看了英国剧团演出的莎士比亚戏剧等。

黑格尔了解音乐领域中不同时期存在的争论。他曾提到格鲁克派与皮契尼派有关歌剧问题之争；法国卢梭等百科全书派与宫廷美学观点之间有关意大利歌剧之争；以及他所生活的年代有关罗西尼音乐的两派之争等等。在《美学》中，他对一些著名音乐家都有相当中肯的评价。

他的主要著作除《美学》外，还有《精神现象学》（1807）、

---

① 转引自《黑格尔小传》，176—177页。

《逻辑学》(分两部分,先后于1812和1816年发表)、《哲学全书》(1817,分为《逻辑学》、《自然哲学》、《精神哲学》三部分)等。

第二节 哲学思想

这里主要论及黑格尔体系的基本出发点及特征。

黑格尔哲学是一种思辨哲学。思辨哲学的特点是:不依据经验材料而只从一般的先天原则和纯粹思辨的观点去探究现实的唯心主义哲学。思辨哲学家以为,他在头脑中构思创造出一些原则之后,就能把这些原则硬套到客观现实上去,使客观现实的发展服从这些思辨原则。在近代,思辨哲学的代表人物是笛卡儿、莱布尼茨、黑格尔等。

我们知道,原则应该是从自然界和人类历史中抽象出来的,而且要由自然界和历史来检验,与之符合的才是正确的。不是相反,不是由自然界和历史去适应这些原则。

一、绝对理念是黑格尔哲学的出发点

黑格尔是德国古典唯心主义哲学的集大成者。黑格尔在建立他的客观唯心主义体系时,批判继承了他以前的德国古典唯心主义。

康德割裂物质与意识、本质和现象,从而坚持自在之物不可知的观点,主张思维和存在的同一性。黑格尔批判了康德的不可知论,他认为:"认识不是把我们和事物、主体和客体、概念和对象分离开来,而事实上是把二者结合起来。本质和现象是辩证地统一在一起的,本质不在现象之外,而在现象之中,现象是本质的表现,认识了现象就可以从中认识到现象的本质"。这个批驳是正确的,但是黑格尔同样陷入了唯心主义。因为他在批判康德时,是从

唯心主义立场来解决思维与存在的同一性问题的。他承认外部世界，但认为外部世界是"绝对理念"即客观思想派生出来的。

他说："思想不仅构成外界事物的实质，而且又构成精神现象的普遍实质。"① 就是说思想或思维不仅是外界事物本质的创造者，而且也是精神现象本质的构造者。

黑格尔不仅认为构成世界的基础和事物本质的是思维，而且整个世界都是思维自我发展和自我认识的过程。马克思反对黑格尔这一哲学，他说黑格尔"不仅把整个物质世界变成了思想世界，而且把整个历史变成了思想的历史"。那么，这种思想、思维又是什么呢？黑格尔说"这种思维、思想不是通常意义所说的个别人的主观思想，而是在人之外的客观思想，而这种思想是独立存在的，是在自然和人类社会出现以前就有的一种精神"。为了区别于通常意义的思想，为了表明黑格尔特定的意义，他把柏拉图用过的"理念"加以改造充实和发展，把它称作"绝对理念"。

二、绝对理念的特点

1. 绝对理念是独立自在的一种本原，它先于自然界和人类社会，是一切事物的源泉。世界上的任何现象，无论自然的、社会的或人的思维现象，都是从它派生出来的，都是它的外部表现。这是构成自然界和人类社会事物的基础和本质，但是它并不超越现实世界，它是作为世界内部固有的精神基础，作为现实世界的灵魂，作为现实世界的精神而与现实世界统一在一起的。

2. 绝对理念不是静止的、固定不变的，是不断运动发展的。黑格尔认为矛盾是发展的根源，绝对理念是在矛盾中不断地回复到自己的发展过程。黑格尔把整个世界看成是"绝对理念"的发

---

① 《小逻辑》，91 页。

展过程，无论是物质世界，还是精神世界，都是处在理念的发展过程中的。他认为理念的发展是在自己的内部一分为二，自己分离出自己的对立面，从而达到自己认识自己，自己实现自己，自己分离自己，又自己回复到自己。

3. 理念是独立自主的、是无限的、绝对的、自由的。黑格尔认为除理念以外的其它事物都是有限的、不自由的、不独立的、相对的。

三、绝对理念发展的三个阶段

朱光潜说："在黑格尔的体系中，整个真实界是一个绝对理念，它是抽象的理念或逻辑概念和自然相对立统一的结果。""绝对理念"发展自己、实现自己、并回归到自己的全过程，构成了黑格尔哲学所要研究的对象和内容。黑格尔哲学体系包括三个部分，也就是"绝对理念"运动的三个阶段。

1. 逻辑阶段：这个阶段是脱离人的纯粹思维的过程本身。这个阶段"绝对理念"完全是处在纯思维的抽象状态中，按照辩证法的逻辑，自己发展自己。它没有任何物质的或经验的内容，通过概念与概念之间的矛盾和转化，从这一逻辑范畴发展到另一逻辑范畴，由简单到复杂，片面到全面，抽象到具体，不断揭示自己的丰富性。然后再自己否定自己，突破纯粹精神和纯思维范围，转化为与它自身相反的自然阶段，转化为自然界。

黑格尔对于"绝对理念"的发展，有一套公式，即正、反、合三段式，他的全部逻辑学，都是按这个三段式来推演概念发展序列的。

2. 自然阶段：这个阶段，"绝对理念""异化"为自然界，也就是绝对理念本身把自己分裂成为不同于自己的对立面。它是绝对理念的外在化，是"绝对理念"这个精神性的东西转化为与自己本性相反的物质的东西。但是"绝对理念"并不是消失了，它只是在自然界背后继续自身的矛盾、发展，而它的发展仍由自然界显现出来。

自然界的发展分三个阶段：

1）机械性：分散、零乱的混沌的物质状态；

2）物理性：出现了行星、风、雨、光线等物理现象和单个物体；

3）有机性：开始出现了生命。人是动物有机体的最高阶段。

黑格尔在《自然哲学》中阐述了他关于自然界的学说，主要是唯心主义地考查了自然现象的思辨的自然哲学，其中包含了自然界发展的一系列宝贵的辩证思想。

3. 精神阶段：这个阶段，"绝对理念"否定了自然界，精神战胜了物质，摆脱了自然物质的束缚，重新回到了自身相适应的精神阶段。但是，因为它经历了自然阶段，这时的理念就不同于逻辑阶段那种纯粹思维和概念的矛盾运动。它具有异常丰富的内容，它已是理念与自然的统一。逻辑阶段是超乎空间和时间之外的，自然阶段还只有空间，而没有时间，这个阶段便是观念具体活动在空间与时间之中了。并且与自然物、人、社会等等结合在一起，进入到了人类社会。这个阶段绝对理念发展成自在自为的了，也就是既存在，又自觉到自己的存在。只有这阶段绝对理念才自己认识自己，自己实现自己，自己回复到自己，而思维也就变成了人类的思维。

但精神从自在到自为，也要经过三个阶段：

1）主观精神：人的低级的本能、感觉、感情、意识、理智、思维、理性等等。主观精神是内在的、潜伏的。由于它要受其它事物牵制，它是有限的、片面的。

2）客观精神：也就是社会意识阶段，它包括法律、政治、道德伦理这三个方面。实际包括整个制度、政治、道德、法律、国家、家庭、风俗等等，都是客观精神的具体体现。它们都是精神自己的产品，是精神自己使自己变成客观的。

3）绝对精神：主观精神与客观精神的统一，就是绝对精神。它是最高的真实，也就是绝对理念发展的最高阶段。

黑格尔所用的"心灵"、"神圣意识"、"普遍的力"、"意蕴"、"神"等都是这个"绝对精神"。绝对精神是"绝对的"、"自由的"、"无限的"、"独立自足的"。艺术、宗教、哲学是绝对精神的三个阶段，也可说是三个领域。艺术表现绝对精神的形式，是直接的，它用的是感情事物的具体形象；哲学表现绝对精神的形式，是间接的，即从感性事物上升到普遍概念，它用的是抽象思维；宗教介乎二者之间，它所借以表现绝对精神的是一种象征性的图象思维（Vorfellung，亦译作表象或"观念"）。

精神阶段的内容是黑格尔精神哲学研究的范围。精神到了哲学阶段，达到了主观和客观的辩证统一，精神完全回复到自身，完成了自身发展过程。所以到了哲学，精神就发展到了它的顶峰，也就是真实世界发展到它的终点不再发展了。而黑格尔也认定自己的哲学体系就是绝对理念自己发展的最后阶段，是最完善的哲学。这里看出，黑格尔的哲学体系画了一个圆圈，它从绝对观念开始，由逻辑阶段，经过自然阶段，发展到精神阶段，最后回复到它自身，达到绝对精神。

四、黑格尔哲学的实质

从以上综述可以看出：在思维与存在、精神与物质究竟谁是第一性的、谁是派生出来的，这样一些区分唯物主义还是唯心主义哲学的根本问题上，黑格尔是唯心主义的；又因为他的哲学体系的出发点是所谓"绝对理念"，是存在于人之外的客观思想，是一种在自然和人类社会出现以前就存在的一种所谓宇宙精神，这种宇宙精神不是人们主观的东西。这也是黑格尔的唯心主义之所以叫做客观唯心主义的原因。黑格尔这种思想实际上是"上帝创造世界"的一种更曲折、更隐晦的说法,是用僵死的抽象概念掩盖冲淡了的神学。

同时,黑格尔的哲学体系具有它的"合理内核",在一个广阔的领域中他以无比丰富的思想和知识在不同的历史领域中力求找出这一领域发展的规律,并且贯穿到各个领域中去,这种对辩证方法进行深刻的和多方面的研究,是黑格尔在马克思主义以前哲学发展上的一个历史功绩。

恩格斯写道:"黑格尔的最大功绩是在于他第一次把整个自然的、历史的和精神的世界都看作是一种过程——即永远的运动、变化、转换和发展的过程,并且企图去揭示这些运动和发展的内在联系。"

黑格尔的方法虽然是唯心主义的概念辩证法,但其中包含普遍的发展思想。正如马克思指出:"黑格尔常常在思辨的叙述中把握住事物本身的、真实的叙述。"①

第三节 美学思想

一、"美学"的对象及研究方法

黑格尔认为美学就是"艺术哲学",美学的对象就是艺术。

他在《美学》第一卷"全书序论"中开宗明义说:

"这些演讲是讨论美学的;它的对象就是广大的美的领域,说得更精确一点,它的范围就是艺术,或则毋宁说,就是美的艺

---

① 《神圣家族》全集,2卷76页。

术。因此：我们的这门科学的正当名称就是'艺术哲学'，或者更确切一点'美的艺术的哲学'。"①

艺术的使命是什么？黑格尔说："按照它的概念（本质），艺术没有别的使命，它的使命只在于把内容充实的东西恰如其分地表现为如在目前的感性形象。"②

那么"艺术哲学"的任务是什么呢？他说："艺术哲学的主要任务就在于凭思考去理解这种充实的内容和它的美的表现方式究竟是什么。"③

黑格尔认为美和艺术的科学研究方式就是经验观点和理念观点的统一。他认为至少是初步地说明美的哲学概念的真正性质是什么，就必须把美的哲学概念看成是"形而上学的普遍性和现实事物的特殊定性的统一"。只有这样"才是按照它的真实性来理解它"。④

二、美是什么

（一）美是理念的感性显现

黑格尔认为可以给美下这样的定义："美就是理念的感性显现。"⑤"只有在最高的艺术里，理念和表现才是真正互相符合的，这就是说，用来表现理念的形象本身就是绝对真实的形象。因为它所表现的理念内容本身也是真实的内容。"

在另一处黑格尔说："艺术的内容就是理念，艺术的形式就是诉诸感官的形象。艺术要把这两方面调和成为一种自由的统一

---

① 《美学》一卷，2页。
② 同上，二卷，385页。
③ 同上，385页。
④ 同上，一卷，26页。
⑤ 同上，138页。

蒋孔阳认为:"黑格尔谈美的理念,事实上是在谈艺术。他所说的美,事实上是指艺术美。"② 这里看出:黑格尔实际上认为美的定义和艺术的定义几乎是同一个东西,他谈的美就是艺术美,而艺术美当然就是由艺术体现出来的。蒋孔阳认为黑格尔的意思就是:理念显现在自然中就是自然美;显现在艺术中则成为艺术美。在这两种美中,黑格尔认为自然美显现理念不充分、不完善,所以不是真正的美,只有艺术美才是真正的美。

黑格尔说:"如果我们回忆一下我们关于美和艺术的概念所已经建立的原理,我们就会看出这个概念里有两重因素:首先是一种内容,目的,意蕴;其次是表现,即这种内容的现象与实在……第三,这两方面是互相融贯的,外在的特殊的因素只成为内在因素的表现。"③

(二) 美的理念并不同于一般的理念

他说:"就艺术美来说的理念并不是专就理念本身来说的理念,即不是在哲学逻辑里作为绝对来了解的那种理念,而是化为符合现实的具体形象,而且与现实结合成为直接的妥贴的统一体的那种理念。"④

"只有在最高的艺术里,理念和表现才真正互相符合的,这就是说,用来表现理念的形象本身就是绝对真实的形象,因为它所表现的理念内容本身也是真实的内容"。⑤

这里说明:美是理念但又不是一般的理念,而是显现为感性

---

① 《美学》一卷,83 页。
② 《德国古典美学》,237 页。
③ 《美学》一卷,119 页。
④ 同上,88 页。
⑤ 同上,89 页。

形象的理念，也就是说既符合理念的本质又有确定的形式，显现为具体的形象。这里理念是内容，是本质的东西，处于主导地位，它自己把自己显现为感性的具体形象。因此从理念来说，它取得了客观存在的感性形式，从形象来说，则符合了理念的要求，表现了理念的本质意蕴。

（三）理念和形象的协调和统一

黑格尔指出："只有真正具体的理念才能产生真正的形象，这两方面的符合就是理想。"① 他说："因为艺术的任务在于用感性形式来表现理念，以供直接观照，而不是用思想和纯粹心灵性的形式来表现，因为艺术表现的价值和意义在于理念和形象两方面的协调和统一，所以艺术在符合艺术概念的实际作品中所达到的高度和优点，就要取决于理念与形象能互相融合而成为统一的程度。"②

这里就要求：

1. 理念内容必须在本质上就适合用艺术来表现。

"艺术的内容就是理念，艺术的形式就是诉诸感官的形象。艺术要把这两方面调和成为一种自由的统一整体。这里第一个决定因素就是这样一个要求：要经过艺术表现的内容必须在本质上适宜于这种表现。否则我们就会只得到一种很坏的拼凑，……"③

2. 艺术内容必须是具体的。

黑格尔认为："艺术内容本身不应该是抽象的。……一种内容如果要显得真实，就必须这样具体，艺术也要求这样的具体性，因为纯粹是抽象的普遍性本身就没有办法转化为特殊事物和现象以及普遍性与特殊事物的统一体。"④

---

① 《美学》一卷，90页。
② 同上，86页。
③ 同上，83－84页。
④ 同上，84页。

3. 感性形式必须是个别的、具体的、完整的。

"一种真实的也就是具体的内容既然应该有符合它的一种感性形式和形象,这种感性形式就必须同时是个别的,本身完全具体的、单一完整的。艺术在内容和表现两方面都有这种具体性,也正是这种两方面同时的具体性才可以使这两方面结合而且互相符合。拿人体的自然形状为例来说,它就是这样一种感性的具体的东西,可以用来表现本身也是具体的心灵并且与心灵符合。"①

三、各种艺术类型的差异——艺术的分类

黑格尔认为:普遍理念与个别感性形象之间即艺术内容与外在形态之间的相互关系就形成了各种艺术的差异,也就产生了不同的艺术类型:

(一)象征型艺术

他说:"在象征型艺术里我们所见到的不是内容和形式的统一,而只是内容和形式的某种联系,只是用外在于内容意义的现象去暗示它所应表现的内在意义。"②

这一类型艺术的基本特点,是物质的表现形式压倒精神的内容。物质不是作为内容的形式来表现内容,而只是作为一个象征,来象征内容的某一个或某些方面。正因为形式与内容的关系是象征的关系,所以这种艺术,称为象征型艺术。

典型的象征艺术是印度、埃及、波斯等东方民族的建筑,如神庙、金字塔之类。这种艺术用形式离奇而体积庞大的东西来象征一个民族的某些抽象的理想,所产生的印象往往不是内容与形

---

① 《美学》一卷,85页。
② 同上,三卷(上),16页。

式谐和的美,而是巨量物质压倒心灵的那种崇高风格。黑格尔认为象征型艺术的缺点是:内容本身不稳定,理念还是抽象的理念,没有转化为具体的客观存在。

(二) 古典型艺术

象征型艺术内容与形式的矛盾,必然发展到古典型艺术。

黑格尔认为:古典型艺术克服了象征型艺术的缺陷。"它把理念自由地妥当地体现于在本质上就特别适合这理念的形象,因此理念就可以和形象形成自由而完满的协调。从此可知,只有古典艺术才初次提供出完美理想的艺术创造与观照,才使这完美理想成为实现了的事实。"①

黑格尔把古典艺术与其它类型艺术相比,说明雕刻是古典艺术的中心,是艺术的最高理想。"比起其它艺术,雕刻在特性上更符合理想,从一方面看,雕刻在两点上超出了象征型艺术,一点是它的作为精神来掌握的内容很明晰,另一点是它的表现方式和这种内容意义完全吻合。从另一方面看,雕刻还没有走到专注意主体的内心生活而对外在形象漠不关心的境地。所以雕刻成为古典型艺术的中心。"②

(三) 浪漫型艺术

黑格尔说:"浪漫型的艺术又把理念与现实的完满的统一破坏了,在较高的阶段上回到象征艺术所没有克服的理念与现实的差异和对立。"③

也就是说,浪漫艺术所取得的内容意义超出了古典艺术和它的表现方式范围。因为精神是无限的、自由的,而古典艺术所供以

---

① 《美学》一卷,93页。
② 同上,三卷(上),130页。
③ 同上,一卷,95页。

表现神的人体形状毕竟是有限的、不自由的。这个矛盾就导致古典艺术的解体,"而且要求转到更高的第三种类型,即浪漫艺术"。①

浪漫型艺术,据黑格尔的划分,包括绘画、音乐、诗歌,黑格尔把这几门艺术当作一个整体来看待。统观黑格尔的《美学》,他所谓的浪漫主义意义较广,出现的时期也较早。文学史上所指的浪漫主义起源于18世纪末,而黑格尔所说的浪漫艺术起于中世纪,而典型的浪漫艺术则指的是近代欧洲的基督教的艺术。②

在浪漫型艺术中,按照黑格尔的说法,就是人性与神性的统一已达到较高级阶段,即"成为一种可以意识到的统一",也就是已从自在阶段进入自为阶段,达到自觉的统一的阶段,而这种统一是"只有通过心灵知识而且只有在心灵中才能实现的统一。"因此"这种统一获得的新内容并不是被束缚在好象对它适合的感性表现上面,而是从这种直接存在(即感性表现)中解放出来了"。黑格尔认为"浪漫艺术虽然还属于艺术的领域,还保留艺术的形式,却是艺术超越了艺术本身。"③

浪漫型艺术与象征型和古典型艺术相比是精神超越物质,就浪漫型艺术自身的发展来说,也是精神逐渐超于物质。绘画比起雕刻受物质的束缚已较少,因为它只表现平面,只掌握二度空间而不表现立体,不是直接表现三度空间,但绘画还是不能脱离空间的限制。

音乐就前进了一步,它连二度空间也不表现,而只在时间中展现,这样就更多地脱离物质的束缚。但是音乐在时间中展现的音响仍然是物质现象。

诗歌被黑格尔认为是最高的浪漫型艺术,它比音乐更前进了,它不用物质形体,而是用语言。语言不直接图绘事物形象,

---

① 《美学》三卷(上),95页。
② 参看朱光潜《西方美学史》下册,493页。
③ 《美学》一卷,97页。

而是起一种符号作用，间接唤起读者的意象和观念。所以诗歌所表现的主要是观念性或精神性的东西，物质因素已消减到最低限度。

黑格尔关于艺术分类的思想体现在他全部关于艺术发展的历史类型的研究上。实际上是把他关于理想的艺术美的概念，具体运用到各种艺术类型的发展史上。在这里黑格尔同样表现了恩格斯赞扬他的那种"宏伟的历史观"。他把他关于艺术美的理论紧密地结合于人类社会艺术发展的历史。一方面，他用美学理论来说明历史上不同类型的艺术；另一方面，他又用历史上不同类型的艺术来证明他的美学理论。他认为艺术的几种类型既是绝对精神内部矛盾合乎逻辑的发展，又正是艺术历史发展的必然，二者是统一的。

但是，黑格尔关于艺术分类及其对艺术发展的历史类型的研究，虽然某些方面符合于艺术发展的历史实际，但他是从他那个客观唯心主义体系出发，划好三种类型，然后再套到人类艺术发展的客观过程中去的，并不是从艺术发展的客观历史实际出发，来进行历史的分析和研究。因此黑格尔关于艺术的分类，艺术发展的概念，实质上是一种逻辑发展的概念，也就是艺术的理念自身发展的结果。

黑格尔上课

第四节 音乐美学思想

一、音乐内容的特殊性

如前所述，黑格尔认为，艺术的内容是理念，这是共同的；但就各门艺术来说，它们在共同的基础上又各有自己的特点。

音乐属于浪漫型艺术，它的特殊性，显然也不能脱离浪漫型艺术的普遍原则。按照黑格尔的理论，艺术发展到第三阶段亦即浪漫型艺术阶段，理念（心灵、精神）[①]已从外在世界返回主体内心世界，并且已经获得观念上的自为（自觉）存在，因此支配浪漫型艺术的原则是主体性原则。所谓主体性原则，按照朱光潜的解释，就是精神（心灵）集中到凝视它自己内心生活的原则。就是说，到了这个阶段，理念或精神、心灵在内心世界的自我分化中就可以逐步获得它的对象，不必到外界事物中去寻找，并且要逐步抛弃理念与外在事物的具体性之间的联系。正因为这一根本性的改变，使得浪漫型艺术从内容到形式都发生了巨大的变化。

黑格尔说："艺术的对象就是自由的具体的心灵生活，它应该作为心灵生活向心灵的内在世界显现出来。从一方面来说，艺术要符合这种对象，就不能专为感性观照，就必须诉诸简直与对象契合成为一体的内心世界，诉诸主观的内心生活，诉诸情绪和情感，这些既然是心灵性的，所以就在本身上希求自由，只有在内在心灵里才能找到它的和解。就是这种内心世界组成了浪漫艺

[①] 在《美学》中，黑格尔往往用"心灵"、"绝对心灵"；"精神"、"绝对精神"等来代替"理念"、"绝对理念"。它们实际上是指同一个东西。"理念"与"绝对理念"只在程度上有所区别，但黑格尔在使用时并不严格，基本上是作为同等程度的概念来使用的。

术的内容,所以必须作为这种内心生活,而且通过这种内心生活的显现,才能得到表现。"①

显然,无论在艺术的对象、表现方式、还是感受方式等方面,浪漫型艺术都与古典型艺术迥然不同。所有这些,在音乐中体现得非常鲜明。

(一) 音乐内容的无形性

黑格尔说:"音乐无论在内容上,在感性材料上,还是在表现方式上,都和造型艺术相对立,紧紧地把握着内心生活的无形象性。"② 这段话可以说是哲学家将音乐与造型艺术相比较之后得出的有关音乐特殊性的一条基本原则。在涉及音乐与造型艺术的区别时,都是从这一点出发的。这里所说的"无形象性",以及下文将要涉及的"无对象性"、"无形性"等,其中所指"形象"、"形"、"对象"等都是指事物占空间的形状,或实际外在现象,或者类似造型艺术那样的占空间的艺术形象。

黑格尔认为音乐固然也有内容,但是它既不是造型艺术那种意义上的内容,也不是诗歌意义上的内容。虽然雕刻家和画家"要对所见到的东西加以调整,使它适应既定的情境以及由内容决定的那种表现方式"。但是雕刻和绘画"都永远以描绘占空间的客体形状为目标,因而受到约束,只能运用这种形状在艺术之外原已存在于现实界的现成形式。"③ 诗歌通过语言来表达内容,语言有语义,它能把观感和观念提供给意识,可以在意识里唤起思想和情感。所以诗歌能够把内容明确表现为情感、观念、事件和动作之类的过程。而这些被读者意识到的观感、情感和思想等通过想象,可以塑造成为一个本身完整的世界,在人们心中构成

---

① 《美学》一卷,97页。
② 同上,三卷(上),219页。
③ 同上,336页。

某种具体内容的意象。

黑格尔说:"音乐与造型艺术和诗歌都不同,因为音乐所办不到的正是自展现为客体,无论这个客体是各种实际外在现象,还是精神观照和观念界的意象。"① 不仅如此,纯音乐还要摆脱诗歌所特有的这种因素,并且趋向于完全抛弃文字的明确性,从而获得完全的自由。反之,如果音乐要求具有象诗歌那样明确的内容,它就必须与诗歌相结合。

那么,在音乐这种意义上的内容究竟是什么呢?或者说,什么样的内容才适宜用音乐来表现呢?回答是:"音乐必须表现的是单纯的内心活动。""适宜于音乐表现的只有完全无对象的(无形的)内心生活,即单纯的抽象的主体性"。② 这里,黑格尔强调的还是音乐内容上的无形象性。就是说用在音乐这种意义上的内容就是完全无对象的或者说无形的、无形象性的主体内心生活。

(二) 情感是音乐特别要据为己有的领域

黑格尔说:"音乐所特有的因素是单纯的内心方面的因素,即本身无形的情感,这种情感不能用一般实际的外在事物来表现,而是要用一旦出现马上就要消逝的亦即自己否定自己的外在事物。因此,形成音乐内容意义的是处在它的直接的主体的统一中的精神主体性,即人的心灵,亦即单纯的情感……"

那么,情感与主体内心生活之间是什么关系?它在主体内心生活与音乐之间起什么作用?它是否还要结合到某种内容上去呢?这位哲学家进一步指出:"这种抽象的内心生活以情感为它和音乐发生关系的最主要因素,情感就是自我的自伸展的主体性,它当然要结合到一种内容上去,但是让这内容保持这种直接

---

① 《美学》三卷(上),88页。
② 同上,332页。

的封闭在自我中的状态，无外在性，只与自我发生关系。因此情感永远只是内容的包衣，这正是音乐所要据为己有的领域。"并且说："在这个领域里音乐扩充到能表现一切各不相同的特殊情感，灵魂中一切深浅程度不同的欢乐、喜悦、谐趣、轻浮、任性和兴高采烈，一切深浅程度不同的焦燥、烦恼、忧愁、哀伤、痛苦和惆怅等等，乃至敬畏崇拜和爱之类情绪都属于音乐表现所特有的领域。"①

这里至少包含以下两层意思：

1. 音乐表现所特有的领域就是情感。

音乐在情感这个领域中有广阔活动的天地，但是音乐所表现的情感不是一般的情感，是特殊的、有内容的、有限定的情感。

首先，情感是一种精神主体性，是心灵自运动的产物，它处在主体统一的内心生活之中。在《美学》里，作者提及主体内心生活时，有时单指情感；有时指情绪、情感、心境和观感；或者指心情、神智和情感；或者包括情感、情绪和一般内心生活等。不论提法如何，情感总是内心生活的重要组成部分。黑格尔还认为心情和神智"才是内心世界变化的发源地"，才是"整个人的单纯的精神凝聚的中心"。可见，情感在人的内心世界，或者在内心生活中并不占据统帅地位。情感是心情和神智用来把握音乐内容的形式或方式。

其次，黑格尔认为音乐的基本任务在于反映出最内在的自我，但是并非说这个"自我"不结合到某种内容上去。只是要求这种内容无外在性，保持着它封闭的内心世界中的状态，只与情感发生关系，不能直接体现于音乐。只有情感才是内心生活与音乐发生关系的最主要的因素，情感才是音乐所要据为己有的领域。

---

① 《美学》三卷（上），345页。

2. 情感永远只是内容的包衣。

情感既是音乐特别要表现的领域,那么,情感与理念或心灵是什么关系?

首先,黑格尔认为:各种艺术类型演进的过程,同时也就是理念、心灵演进的过程,这两种演进过程是相对应的。而心灵的演进过程是以先后相承的各阶段的确定的世界观体现出来的。而世界观又是"作为对于自然、人和神的确定的但是无所不包的意识而表现于艺术形象的"。① 也就是说艺术是和整个时代与民族的一般世界观和宗教旨趣联系在一起的。因为:"这些世界观形成了宗教以及各民族和各时代的实体性的精神,它们不仅渗透到艺术里,而且也渗透到当时现实生活的各个领域里。因为每个人在各种活动中,无论是政治的、宗教的、艺术的还是科学的活动,都是他那个时代的儿子,他有一个任务,要把当时的基本内容意义及其必要的形象制造出来,所以艺术的使命就在于替一个民族的精神找到适合的艺术表现。"②

但是,黑格尔又多次强调:观念性的、抽象的东西不能直接表现于艺术;理念、心灵和精神是思考的对象,不能作为艺术的直接对象,因为它们是观念性的东西。如果它们要被表现在艺术中,就不能以抽象的教训,或者作为纯粹观念和思想那种样子进入艺术,它必须个性化,化成个别的感性的东西,必须成为情感和观照的对象。否则艺术的内容和形式就不相融合,艺术作品就会被割裂了。

既然如此,要做到这一点,就需要找到一种形式,这种形式要能同时满足双重要求,一是精神性的要求,二是通过艺术可以掌握和表现的要求。那么,这种特殊的形式是什么呢?

---

① 《美学》一卷,87页。
② 同上,二卷,375页。

黑格尔举浪漫型艺术中，基督教艺术最普遍而神圣的主题——"爱"为例，说明"爱"这种理念就能满足上述双重要求，它既有纯粹精神印记的普遍性，能满足精神性的要求；同时它本身又是作为情感存在于主体方面，而情感又是可以被艺术掌握的。由此说明，具有精神内容的情感就是能够满足上述双重要求的这种形式，因为它本身就是某种内容的因素，就是内心生活的组成部分，同时它又是封闭在内心生活里的内容所采取的形式。正因为如此，哲学家曾经把情感说成又是内容又是形式。

但是为什么说，情感又可以被音乐掌握和表现呢？"因为心情、心肠和情感尽管都是精神性的和内在的，却和感性的肉体的东西永远有一种联系，所以它们可以从外表方面，通过肉体，通过眼光、神色或是较富于精神性的音调和言语，把精神的最内在的生活和存在揭露出来。"① 就是说情感本身就具有感性性质，它与人的视觉、听觉等感官有一种天然的联系，正是这种天然的联系能够获得一种符合艺术需要的感性因素。音乐正是利用情感这种感性性质，以及它与听觉的这种天然联系，通过对富于精神性的音调和言语的高度的艺术加工，把最内在的内心生活揭露出来。

具有精神内容的情感即是这种符合双重要求的形式，在具体音乐作品中，情感又怎样获得精神内容呢？也就是说如何结合到具体的内容上去呢？音乐与诗词结合，固然是使时间、民族的精神渗透到音乐内容中去的一大途径，但从音乐本身来说，无论它是否与诗词结合，它本身都要体现特定的思想内容，哪怕还不那么具体。这种思想内容或者是诗词提供的，或是单纯通过作曲家对生活的体验而表现在乐曲中的。无论通过什么途径来的思想内容，要被纳入主体内心生活中时，都必须有一个限定。

黑格尔说："单纯的内心生活就是音乐用来掌握内容的形式，

---

① 《美学》二卷，301页。

并且凭此来吸取凡是可以纳入内心生活的尤其是可以披上情感形式的东西。但是这里就包含一个条款：音乐不应希求诉诸知觉，而应局限于把内心生活诉诸内心的体会，或是把一种内容中具有实体性的内在的深刻的东西印刻到心灵的深处，或是宁愿把一种内容中的生命和活动表现为某一个别主体的内心生活，从而使这种主体的亲切情感成为音乐所特有的对象（题材）。"① 这里，哲学家已经涉及他后来谈到的音乐掌握内容的两种方式。第一种方式：当音乐以某一伟大事物为内容时，作曲家并不去描绘事物本身的具体过程，而是把这一伟大事物的深刻的意蕴吐露到声音里。第二种方式：通过作曲家被某一事物所激起的情感，作为个人内心体验诉诸音乐。"这种情感也可以由音乐来加以组织，柔化，安静化和观念化，然后通过它的力量在观众心中引起同情共鸣。"②

以上可以看出：内心生活通过情感结合到具体内容上去，内心生活通过情感与音乐直接发生关系，从而通过柔化、安静化和观念化了的有组织的声音，把精神的最内在的生活和存在表露出来。正是在这个意义上来说，情感本身是音乐的内容，但又不是内容的全部，它永远只是内容的包衣。

二、音乐的感性材料的特殊性

黑格尔认为，艺术发展到音乐阶段，绝对精神已返回内心世界，内在因素已显现为主体内心生活，如果还沿用绘画甚至雕刻那种占空间的外在形象来表现美的理念或者精神，就很不适合了。因为情感是不能用一般实际的外在事物来表现的。为解决内容与形式的尖锐矛盾，音乐就抛弃了以前各阶段的形象化方式，

---

① 《美学》三卷（上），345 页。
② 同上，385 页。

不采用占空间事物的结构而用在时间上起伏回旋的声音结构,这样,声音也就成为音乐所特有的感性材料了。

(一) 声音材料的特殊性

1. 否定了物质材料的空间性,获得了观念性较强的时间性

黑格尔指出:音乐所用的感性材料不仅要抛弃雕刻的三度空间,而且要把绘画在空间的绵延也取消,从而把物质的空间性化成一个个别的孤立的"点"。这种先后出现的点,只在时间中承续下去。因此声音具有了时间的观念性,与此同时,它那抽象的可见性也已转化为可闻性。从物质材料来说,时间上的承续要比空间中的并存更带有观念性,因为声音在时间上的承续要凭记忆来证实它的存在。所以说,声音否定了空间性,从而获得了观念性较强的时间性。

2. 声音否定了静止存在的物质性而转入运动状态

黑格尔认为音乐否定了占空间的客观物质作为表现手段,抛弃了原来从造型艺术所依据的感性空间,"这种否定也就必然要同时否定前此静止地独立存在着的物质性,就象绘画在它的领域里已把雕刻的主体化为平面那样。所以对空间的否定在这里所指的就是:一种确定的感性材料放弃了它的静止的并列状态而转入运动,开始震颤起来,以至本来凝聚在一起的物体中每一部分不仅更换了位置,而且还力求移回到原来的情况"。而"这种回旋震颤的结果就是声音,也就是音乐的材料。"①

由此可见,声音的产生就是物质运动的结果。而声音是一种否定了的感性因素,一方面它要完全否定空间性,进而就要否定静止地独立存在着的物质性,以致使发音体的物质属性不能直接见于声音,只能间接地或者被推测地出现于它的声音,这就是使

---

① 《美学》三卷(上),330—331页。

物质性观念化了。另一方面，如上所述，声音否定了物体的空间状态，同时，它本身就是音波的运动，后浪推前浪，不断地出现，又不断地消失。正是这两种否定使声音在时间中处于运动状态。在具体音乐作品中，通过乐曲的节拍、节奏、力度、速度、和弦进行等因素所起的作用，这种运动性还会加强。

(二) 音乐表现手段的特殊性

1. 经过艺术处理的声音才能成为音乐的表现手段

声音是音乐的感性材料，但是并不是任何自然的声音都可以成为音乐的表现手段。黑格尔说：感叹这种单纯的自然表现还不是音乐。只有成为有节律的感叹，才成其为艺术。因此比起绘画和诗来，音乐必须对它的感性材料进行更高度的艺术调配，然后才能以符合艺术的方式把精神的内容表现出来。理由就是"情感本身就有一种内容，而单纯的声音却没有内容，所以必须通过艺术的处理，才能表现一种内心生活"。[①] 与绘画不同，对于构成一部音乐作品的声音，我们虽然也要从整体把握它的表现意义，但是每一个声音都有它相对的独立性。它们自身可以独立存在，可以在一定程度上从情感受到生气灌注，得到一种明确的表现。正因为声音具有这种相对的独立性，要使它们成为音乐的表现手段，就要设法把它们组织起来，对它们进行艺术处理。诸如区别噪音与清晰的声音；把自然的声音纯洁化，依据声音的物理性质，按照数量比例关系，把它们安排在特定的序列中，安排在各种不同的对立或融合的关系之中等等。这样就赋予声音以音乐所需要的特定性质，并把它们置于各种不同的关系之中。

黑格尔认为，所有这些尽管不违反声音的本性，但是把不同的声音安排成有定性的关系，毕竟是人为的，而不是它们在自然

---

① 《美学》三卷（上），354 页。

中原已存在的。因此声音之间的各种关系不同于人或动物的身体的各部分之间或者自然风景中的各种形状之间的关系，它们不是声音本身固有的。就这个意义上说，经过艺术处理的声音之间的这种种关系来自第三方，而且也为第三方而存在，就是说"是为领会出这种声音关系的那个人而存在的"。①

2. 各种音乐表现手段的特征

黑格尔把音乐表现手段分为三个主要领域：1. 时间的尺度，节拍和节奏；2. 声响、音质、和声学；3. 旋律。在按照艺术来运用声音时必须注意区分它们各自的特点。（这一部分由于本文篇幅所限，暂略。）

三、音乐表现方式的特殊性

（一）音乐表现情感必须缓和它的自然烈性

黑格尔说，在生活中，情感的自然呼声，例如惊恐的号叫，哀伤的呻吟或者狂喜极乐的欢呼等已经很有表现力，这些都是音乐的出发点，但不是音乐。音乐把内心深处的哀乐情绪流露于声音，在这种流露里必须缓和情感的自然烈性，必须把自然表现的粗野性和放荡不羁性清除掉。因为音乐是灵魂的语言。音乐不单是为了使主体情感得到宣泄或解放，音乐是为他人而存在的，是给人听的。所以音乐要成为人们自由流连欣赏的对象，就必须缓和情感的自然烈性。

如何才能缓和情感的自然烈性呢？那就是不能按照情绪的自然迸发方式去表现情感，而是要凭作曲家丰富的敏感，把灵魂形成为一定的声音比例关系的响声。就是："要把表现纳入一种由艺术专门为这种表现而创造出的媒介里，使单纯的自然呼声变成

---

① 《美学》三卷（上），355 页。

一系列的音乐,形成一个运动过程,而这过程的曲折变化和进展是由和声来节制,按照旋律的方式去达到尽善尽美的。"①

(二) 音乐直接诉诸欣赏者的内心世界

黑格尔认为:音乐不能象语言艺术那样提供一定的观念,或者叙述事件和动作之类的过程。即使在音乐与诗歌结合的情况下,音乐也"还不能按照观念和思想为自意识所掌握到的样子把那些观念和思想表现为可以观照的外在形状,或是着意要把它们再现出来"。②

音乐的表现方式与造型艺术也不同。黑格尔说:"音乐形成了一种表现方式,其中心内容是主体性的,表现形式也是主体性的,因为作为艺术,音乐固然也要把内在的东西表达出来,但是即使在这种客观存在中,却仍然是主体性的……"③ 音乐是心情的艺术,它直接针对着心情。音乐表现主体性的内容,乃是通过声音的起伏回旋,自由动荡,经过听众的听觉,直接触动听众的情感,直接诉诸听众的内心世界。由于声音的双重否定性,耳朵一听到它,它就消失了,但却留在欣赏者的记忆里,寄托在欣赏者的内心生活中。因此,音乐的表现方式,在本质上既不是诉诸知觉也不是诉诸观念,而是直接诉诸情感,直接诉诸欣赏者的内心世界。

(三) 在创作过程中音乐家享有更多的自由

与其它艺术的创作过程相比,黑格尔认为音乐家享有更多的自由。他承认,音乐家并不是要抽掉一切内容,而是有时要根据歌词所提供的内容去谱曲,有时以较独立自由的方式把某种情调纳入某种音乐主题形式中去,等等。同时他指出:作曲家所写的

---

① 《美学》三卷(上),388-389页。
② 同上,374页。
③ 同上,330页。

"乐曲的真正活动范围却仍是偏于形式或较抽象的内心生活和纯粹的声音，而他对内容的深化并不是使它外现为一种图景，而是一种返回到他自己内心世界的自由中的过程，一种返躬内省的过程，而在音乐的许多领域里也是一种信念的确立，即确信他作为艺术家有离开内容而独立的自由。如果我们一般可以把美的领域中的活动看作一种灵魂的解放，而摆脱一切压抑和限制的过程，因为艺术通过供观照的形象可以缓和最酷烈的悲剧命运，使它成为欣赏的对象，那么，把这种自由推向最高峰的就是音乐了"。①

就是说：无论带歌词的音乐还是不带歌词的纯音乐，固然都有它的内容，但是从其创造过程来说，音乐家的活动是直接与包含特定的精神内容而又永远只是内容的包衣的情感和纯粹的声音打交道。而且对内容的深化，也不是把它显现为一种图景，而是音乐家返回自己内心世界，把自己意识到的、体验到的思想感情对象化，并用艺术的声音把它们表现出来。因此，就音乐取消自然事物的客观形象，摆脱情感自然烈性的压抑以及超出具体内容的限制来说，与其它艺术相比，只有音乐才能把这种离开具体内容而独立的自由推向最高峰。

那么，音乐家在创造过程中是不是受声音的限制呢？黑格尔曾经说过：音乐方面关于形式的规律性和必然性全都限于声音本身的范围之内。音乐必须按照经过艺术处理的声音的规律办事，否则音乐不成其为音乐。

音乐感性材料即声音本身存在着许多差异，它们的运动、转变、发展等与音乐的内容、情感之间有远近不同的相对应的关系。但是这种关系，不象造型艺术和诗歌中内容与形式之间的关系那么紧密；音乐中的内容与声音之间的关系要松弛得多。所以作曲家只要掌握了声音形式的规律性，在声音的运用上，音乐家

---

① 《美学》三卷（上），337页。

的创作也有着极大的自由发挥的余地。音乐创作方式必定也有一定的规则，主观的幻想也要受这些规则和形式的节制，但是这类规则毕竟是通套的，在具体细节方面，作曲家仍有无限广阔的天地可以自由回旋，只要他不越出各种声音关系的性质所定的局限。何况，所有音乐表现手段都是人为的，而且是为人而存在的，作曲家完全可以根据表现内容的需要而自由创造，挖掘新的音乐表现力。

（四）音乐是需要复演的艺术

雕刻、绘画等艺术创造的结果是产生一种持久的客观存在的艺术形象，而音乐却不是这样。它在迅速流转中随生随灭，只在时间中短暂停留，因此音乐需要不断地重复地再造，也就是需要复演。不仅如此，音乐需要复演还有一种更深刻的意义，那就是音乐用作内容的是主体内心生活本身，它的目的不在于把它外化为外在形象和客观存在的作品，而在于把主体内心生活活生生地显现出来。这就需要而且只能通过演奏演唱艺术家进行复演，才能使它重新获得生命。

四、音乐的效果

（一）音乐感受方式的特殊性

1. 音乐必须由听觉来领会

音乐既然以声音为媒介，人们感受音乐的器官就须有相应的改变。黑格尔说，由于音乐运用声音，就放弃了外在形状这个因素，以及它的明显可以眼见的性质，因此要领会音乐作品，就需要用另一种主体方面的器官——听觉。

黑格尔还认为听觉同视觉一样，是一种认识性的而不是实践性的感觉，并且比视觉更是观念性的。听觉，"无须取实践的方式去应付对象，就可以听到物体的内部震颤的结果，所听到的不再是静止的物质的形状,而是观念性的心情活动"。①

2. 音乐直接渗透欣赏者的心灵

由于感性材料的特殊性,音乐所用的声音一出现,马上就成为时间上的过去,所以它不能成为造型艺术那样的观照对象。但是"迅速消逝的声音世界却通过耳朵直接渗透到心灵的深处,引起灵魂的同情共鸣"。② 这时,音乐就"占领住意识,使意识不再和一种对象对立着,意识既然这样丧失了自由,就被卷到声音的急流里去,让它卷着走"。③

黑格尔曾经指出,在音乐创造过程和欣赏过程中,灵魂深处的亲切情感和严谨的知解力(理解力)都一样重要。因为声音结构本身有它自己的规律和原则,例如和声、曲式的原则等等,这些对理解音乐是需要的。但是他认为一些音乐行家由于职业的关系,欣赏音乐是纯理智的,他们单凭知解力去注意声音结构,内心里却无动于衷。他认为这种欣赏方式只能看到一种人工制造品的熟练技巧而已。对于真正有内容的好的音乐作品来说,他肯定"如果我们抛开这种凭知解力的分析,无拘无碍地沉浸在音乐里去,我们就会完全被它吸引住,被它卷着走,还不消算上艺术作为艺术一般所能显示的威力"。④

音乐直接渗透到欣赏者的心灵,这是打动人心的特点之一,但它并不意味着音乐欣赏者就可以不具备欣赏艺术,欣赏美的必要条件,因为对音乐美的欣赏同样需要有完整的理性和坚实活泼的心灵。

3. 心情能否被音乐所掌握,是能否引起同情共鸣的关键

音乐既然有直接渗透心灵的能力,那么欣赏者通过什么途径

---

① 《美学》三卷(上),331页。
② 同上,336页。
③ 同上,349页。
④ 同上,349页。

承受音乐的渗透呢？换句话说，音乐究竟通过什么途径来引起听众的同情共鸣呢？

黑格尔指出：音乐主要对单纯的心情发挥威力，"这种心情既不走到凭知解力的思索，也不把自意识分解为一些零散的知觉，而是在情感的未经开放的深处活动的那种心理状态。音乐所掌握的正是这个领域，正是这种内心的敏感，这种抽象的自我认识；由于掌管了这个领域，音乐就促使内心世界变化的发源地，即心情和神智，亦即整个人的单纯的精神凝聚的中心，处于运动状态"。①

在《美学》二卷中，黑格尔曾经指出心情的特征：一是保持着情感的还未展现的深度；二是同情感一样，它和人体的感官永远有一种联系，能通过人的眼光、神色、音调等表现出来。正是这种介于理性与感性之间的心理状态或者情感状态，是音乐发挥威力时所要掌握的领域。黑格尔认为心情是人们内心世界中最敏感，最处于内省状态的领域，音乐掌握了它就能促使整个人的内心世界活跃起来处于运动状态，从而在声音的洪流中，被音乐卷着走，产生强烈的同情共鸣。

4. 音乐欣赏过程中产生一种"物我同一"状态

黑格尔说："音乐尽管要采用一种精神性的内容，并且以这种题材的内在实质或情感的内在运动作为它所表达的对象，这种内容毕竟是比较不明确的，朦胧的，正因为它是从内在方面（或精神方面）来掌握的，或是作为情感而反映于声音的，——而且音乐的变化并不是每一次都恰恰代表某一情感、观念、思想或个别形象的变化，而只是一种音乐的向前运动，这种运动在和自己游戏，虽然其中还是运用着方法。"②

正因为这样，虽然如前所述，音乐直接渗透听众的内心，与

---

① 《美学》三卷（上），347 页。
② 同上，379 页。

心情的运动协调一致，甚至在听众心里引起深广的反响。但是音乐所引起的，仍然只不过是一种朦胧的同情共鸣。"一般说来，我们听众的情感可以很容易越出这种内容意蕴中不明确的（朦胧的）内心因素，把我们主体的内心情况摆进去，达到一种物我同一状态，从而对这种内容有较具体的观感和较一般的观念。"① 因为听众把个人体验放进去了，就会对这种乐曲的内容有一种比较具体的观念，同时因为这种观念到底是乐曲所引起的，所以又具有一种普遍性，一般性。

具体说来，一部音乐作品，由于它的特性，由于艺术家灌注的生气，在我们心中激起情感共鸣，从而在我们心中发展为更明确的观感和观念。这些观感、观念和心情烙印因而也就被带到意识中来。但是，黑格尔再次阐明："这只是我们的观念和观感，尽管是由音乐作品所激发起来的，却不是直接由它对声音的音乐处理所造成的。"②

黑格尔始终坚持音乐所能表现的是从题材的内在实质和作为情感而反映于声音的内容，它不能直接表现观感和观念，它可以在听众心中激起某种情感，而听众往往在自己心目中发展成某种观感、观念，但这种观感、观念是听众自己产生的，是"我们的"，虽然它们是被乐曲激发起来的，但终究不是由音乐的声音直接表达出来的。

(二) 音乐的力量的源泉

1. 音乐的力量来自声音在时间中运动

声音是在时间中延续和运动的。把声音作为音乐的感性材料，就必须对它的时间性加以控制。音乐的节拍、节奏就是应这

---

① 《美学》三卷（上），379页。
② 同上，342页。

种需要创造出来的。

它们的产生是人们在音乐中运用整齐一律和平衡对称这个原则的具体体现。它们是人类的创造，而不是声音本身固有的。黑格尔认为整齐一律的节拍"反映出主体自己在一切差异情境和变化多方的经验中，自己与自己的一致和统一以及这种一致和统一的往复重复"。① 就是说音乐节拍、节奏的整齐一律与平衡对称反映出主体内心生活往复复现的统一。

音乐的节拍、节奏既然反映了主体内心生活的统一，它就"能在我们的灵魂最深处引起共鸣，从我们自己的本来抽象的与自身统一的主体性方面来感动我们"。也就是说节拍的整齐一律的这种统一和主体方面的类似的统一能够发生共鸣。黑格尔说，音乐的节拍具有一种我们无法抗拒的魔力，所以我们听音乐时常常不知不觉地打着节拍。

正因为如此，黑格尔认为声音这种基本元素占领住主体，不仅凭某一确定的内容，"而是凭主体单纯的自我，凭他的精神存在的中心，把他吸引到作品里来，使他自己也动起来。例如听到重点分明的轻快的节奏时马上想要跟着打拍子，跟着音乐去歌唱，如果是舞蹈的音乐，腿子马上就想动起来。一般说来，主体是作为这个人而受到音乐的感动"。②

以上可以看出，音乐能否占领欣赏者，能否引起听众的共鸣，关键之一就是声音本身所具有的在时间中运动这一特点。时间是音乐的一般因素。音乐中的时间是人们对声音所持续的时间进行艺术处理的结果，它通过音乐作品的节拍、节奏、速度、力度等显示出来。而时间正是主体的一种存在状态，也就是说音乐听众本身也是在时间中存在的，时间也是听众本身的一种存在状

---

① 《美学》一卷，309－310页。
② 同上，350页。

态。所以说，时间是音乐与听众联系的纽带，是音乐与听众自身存在的同一的基础。黑格尔说："声音的时间既然也就是主体的时间，所以声音就凭这个基础，渗透到自我里去，按照自我的最单纯的存在把自我掌握住，通过时间上的运动和它的节奏，使自我进入运动状态；而声音的其它组合，作为情感的表现，又替主体带来一种更明确的充实，这也使主体受到感动和牵引。"①

2. 音乐的力量来自它所表现的情感及内容的精华

虽然黑格尔肯定音乐的力量就在于声音本身，但是他并不认为这是音乐力量的唯一源泉。他强调要充分发挥音乐的作用："单凭抽象的声音在时间里的运动还不够，还要加上第二个因素，那就是内容，即诉诸心灵的精神洋溢的情感以及声音所显出的这种内容精华的表现。"②

他说，如果象有关古希腊大音乐家奥辅斯的传说那样，声音及其运动就可以使野兽驯服地躺在他周围，那么对于人类就不够了。"人类还要求一种寓有较高教义的内容"。实际上，从流传下来的一些颂神诗歌来看，奥辅斯在其中就寓有神话性的和其它性质的观念。正是从这个意义出发，黑格尔认为在法国大革命中《马赛曲》和《这些将会过去》之类歌曲所发挥的威力是无可否认的。

值得注意的是黑格尔还进一步指出：音乐鼓舞人的真正的根源，在于本来就存在于听众心目中的，同一民族的共同的明确的思想和精神旨趣，音乐只不过把它们通过情感表示出来罢了。他说："真正的精神鼓舞的根源在于充塞于一个民族间的某种明确的思想和精神的旨趣，而这种思想和旨趣可以通过音乐暂时提升为一种活跃的情感，于是乐调就把专心倾听的主体卷着走。"③

与此同时，黑格尔批驳了从历史上以至今天还存在的那种无

---

① 《美学》三卷（上），351－352页。
② 同上，352页。
③ 同上，353页。

限夸大音乐作用的论调。例如：基督教《圣经》〈旧约·约书亚〉中叙述约书亚带领以色列人围攻迦南人固守的耶利哥城，他们听上帝的吩咐，派人绕城吹号角七天，这座城就应声倒塌了。黑格尔认为这种传说是荒谬的。他说：在今天，军乐可以提供消遣，催促行军和鼓舞斗志，但是"没有人相信凭音乐就可以杀敌；单凭号角和军鼓还不足以鼓舞起勇气，如果要叫一座壁垒象耶利哥城墙那样让号角声吹倒，那就不知道要用多少大喇叭了"。"在现代，我们已不大相信单凭音乐本身就可以这样激起勇气和不怕死的精神。"他明确指出："现在起重要作用的却不是音乐而是思想动员、枪炮和将帅的才能，音乐只能在已经把心灵振奋起的那些力量之外加一把助力。"①

第五节 小 结

黑格尔在《美学》中除上述问题外，还论述了有关音乐的创作、表演，音乐的体裁等问题，由于篇幅所限，这里从略。仅就上面所涉及的范围，可看出黑格尔在音乐美学领域中的特殊贡献和局限。

一、贡 献

（一）强调音乐内容的重要性，深化了对"情感论"的研究

黑格尔之前，德国唯心主义哲学家康德认为：艺术是一种"自由的游戏"；美与概念无关，美是属于一种快与不快的感情，属于感性经验范围；无标题的幻想曲以至一切缺歌词的音乐"本

---

① 《美学》三卷（上），353页。

身并无意义：它们并不表示什么，只是在一定的概念下的客体"①等等。尽管康德也承认音乐能激动人的心情，音乐音调也"作为感情的语言而施行着"，但他强调音乐与理性内容无关，它只是"一种具有审美诸观念的游戏"，人们只能从音乐中看到一种"音响的感觉的嬉游"等等。作为音乐中形式主义美学的理论渊源，康德的美学思想既排除音乐的思想内容，也否定音乐中理性与感性的结合。

与康德相比，黑格尔强调音乐内容的重要性，强调音乐中感性因素与理性因素的结合。

1. 重视音乐的内容，反对形式主义倾向

在音乐中，由于音乐表现手段的独立性，以及声音与音乐内容之间的关系不十分紧密等等，黑格尔认为：在一切艺术中，音乐有最大的独立自足的可能，脱离歌词或脱离具体内容的表现方式，去追求纯声音领域以内的配合、变化、发展与和解。也就是说，音乐有最大可能走上玩弄声音游戏的道路。但是，黑格尔指出：在这种情况下，音乐就变成空洞无意义的，缺乏一切艺术所必有的基本要素，即精神的内容及其表现，因而就不能算是真正的艺术。他强调：音乐"只有在用恰当的方式把精神内容表现于声音及其复杂组合这种感性因素时，音乐才能把自己提升为真正的艺术"。②

在谈到音乐与诗词相结合的问题时，黑格尔认为：一方面在曲调与歌词的交织里，曲调不应降低到从属的地位，以至为着要再现歌词的全部特性，就放弃音乐运动的自由流转，从而失去了曲调的表现力；另一方面，曲调也不应像在当时的意大利作曲家中所形成的风尚那样，几乎完全不管歌词的内容，把明确的内容

---

① 《判断力批判》上卷，68页。
② 《美学》三卷（上），344页。

看成一种桎梏。他主张曲调应该"完全渗透到已由歌词说出的意义,情境和动作等等里去,然后从这种内在的灵感出发,去寻求一种意味深永的表现,用音乐的方式把它刻画出来。一切伟大的作曲家都是这样办的。他们既不给出不符合歌词的东西,又不妨害曲谱中声音的自由熔化以及不受干扰的发展过程,因此乐调自有独立的价值,不只是为歌词而存在"。①

黑格尔注意到在纯器乐作品中,往往存在一种不受一定的思想情感内容的约束,只在作品的纯粹的音乐结构的巧妙上下功夫的倾向。他认为这样作出来的乐曲很容易成为无思想无情感的作品,这样的作曲家也无须有教养和心灵两方面的深刻意识。他尖锐指出:"由于可以有这种内容空洞的音乐,所以我们不仅看到作曲家的才能往往在幼年时期就已很发达,而且也有一些有才能的作曲家从少到老都是最不自觉、最缺乏内容的人。"他要求:"比较深刻的作曲家即使在器乐里也要同时注意到两方面,一方面是内容的表现,尽管还不很确定,另一方面是音乐结构。"②

在黑格尔所处时代的前前后后,欧洲美学领域中广泛流行着感性主义与形式主义思潮,在这种情况下,他强调音乐内容的重要性,是难能可贵的。

2. 强调理性与感性的统一,深化了对"情感论"的研究

情感论是黑格尔音乐美学思想的核心,无论是在谈论音乐的本质、还是音乐的创作、表演、欣赏等问题中,都贯穿着一个情字。但他并没有停留在音乐表现感情这个命题的一般叙述上,而是进一步探索情感的性质、作用及其在主体内心生活中的地位。

值得注意的是黑格尔重视情感与思想的结合,强调理性与感

---

① 《美学》三卷(上),387-388页。
② 同上,407页。

性的统一。他说:"在音乐里灵魂最深刻的亲切情感和最谨严的知解力都一样重要,这样,音乐就把对立的情感和思想两个极端结合在一起了,不过这种对立是容易变成各自独立的。"[1]

关于音乐的理性因素,一般理解为在音乐创作、表演和欣赏过程中掌握音乐结构的知解力。黑格尔这段话当然也包括这个意思,因为对于音乐结构、布局等的掌握,的确要由知解力来对付的。在音乐进行过程中,知解力始终伴随着情感体验,与情感结合在一起。但是黑格尔这段话的含义绝不止于此,他明确地提出了音乐把对立的情感和思想两个极端结合在一起的问题。这种看法贯穿在有关音乐的内容问题的论述中。

例如,在论述音乐所遵循的浪漫型艺术的主体性原则时,黑格尔就指出主体性包括两个方面。一是所谓神性的东西,即"普遍永恒的理想"、"最高的真实"、真理等属于理性范畴的东西;二是尘世凡人的主体性,即整个的心境及其丰富的表现,其中就包括情感、情绪等。黑格尔认为二者都可以表现于艺术,并强调二者在内心生活中的统一。

又如,在谈到艺术的使命在于为民族精神找到适合的艺术表现问题时,黑格尔既主张一般世界观和宗教旨趣对艺术包括音乐的渗透;同时又强调凡是纳入内心生活表现于音乐的东西,必得披上情感形式,或者说必须是与情感结合在一起的东西等等。

既然要求音乐中的理性与感性的统一,势必就要提出和解决在音乐中理性与感性如何统一;思想与感情如何结合;情感作为音乐特别要表现的领域,它与思想内容有什么关系等问题。从而把音乐美学中对"情感论"的研究推进了一步。当然,黑格尔远未真正解决这些问题,还有待后人继续研究。

音乐美学中的"情感论"并不是黑格尔首创的,相反,它有

---

[1] 《美学》三卷(上),335页。

着久远的渊源。例如，我们在前面提到的：古希腊时代的柏拉图（公元前427—前347）早在他的模仿论中就涉及过音乐与情感的关系，并且把调式分成悲哀的、快乐的、勇猛的等等。亚里斯多德（公元前384—前322）在《政治学》中就提出："节奏和乐调是一种最接近现实的模仿，能反映出愤怒和温和、勇敢和节制以及一切互相对立的品质和其它的性情。"经过中世纪、文艺复兴，音乐中的"情感论"已在欧洲逐渐形成并发展起来。法国自然科学家、音乐理论家马林·麦尔生（1588—1648）说："有多少种激情，就有多少种歌曲。"[①]法国百科全书派哲学家卢梭（1712—1776），从模仿论的角度出发认为：只是对自然的模仿，才把音乐提高到艺术的地位，是什么使音乐成了模仿的艺术呢？是旋律。德国音乐理论家马泰松（1681—1764）提出：每一旋律"都有一种心情波动作为它主要的目的"。[②]等等。黑格尔总结了前人的论述，把"情感论"理论化、系统化了；同时也抛弃了某些论述中原有的程度不同的唯物主义倾向，把它们纳入了他的唯心主义体系。尽管黑格尔反对当时流行的消极浪漫主义音乐，但是，实际上正是他的学说为后来蓬勃发展的浪漫主义音乐提供了理论依据。

1854年，汉斯立克发表了《论音乐的美》一书，为音乐的"自律论"提供了系统的理论。音乐中"自律论"、"他律论"两种体系、两种派别的争论就明朗化、尖锐化起来。在理论上与汉斯立克对立的是李斯特。如果说汉斯立克是从康德的美学体系中找到了理论依据；那么李斯特则直接受到黑格尔美学体系的影响。但是李斯特把"情感论"推向了极端，走上了使感情与理性相对立，进而否定理性的道路。

---

① 《普遍的和谐》。
② 《完美的乐队长》。

直到20世纪，情感论仍然是音乐美学中流行最广的理论。马克思主义美学家们也在对它进行深入的研究。

(二) 运用辩证法探讨音乐艺术的规律

在马克思以前，黑格尔是西方哲学史上第一个系统地阐述辩证法的哲学家。他在美学方面的功绩，正在于从辩证法的观点和方法考察了一系列的艺术的基本问题。在音乐领域中也是如此。例如：

1. 把音乐置于一定的历史过程中加以考察。

正如前面所引恩格斯指出的："黑格尔第一次——这是他的巨大功绩——把整个自然的、历史的和精神的世界描写为一个过程，即把它描写为处在不断的运动、变化、转变和发展中，并企图揭示这种运动和发展的内在联系。"[①] 阅读《美学》，首先给人一种宏大广博的历史感。17、18世纪美学学说中普遍地把艺术的规律看作某种永恒存在的、不变的、超乎发展过程的东西。与这种形而上学的观点相反，黑格尔把整个艺术的历史看作是一个不断地运动、变化、发展的过程，并且同与它相平行的社会历史相联系，力图从中找出艺术基本观念的辩证发展的规律。三种艺术类型的发生、发展和转换的理论，尽管也有形而上学的东西，但仍然体现出整个艺术历史是一个有着内在联系的、合乎规律的历史发展过程。

按照黑格尔的理论，作为浪漫型艺术中心的音乐，正是作为整个艺术历史发展过程中的一个阶段出现在《美学》中的。它是在最完美的古典型艺术——古希腊的雕刻以及文艺复兴时代的绘画艺术的高峰时期，之后载着17、18世纪古典音乐的盛誉进入艺术历史的洪流中的。首先是艺术的内容——理念自生展进入一

---

① 《反杜林论》，第21页。

个新阶段，继而推动了音乐感性材料及表现方式等的变化。这些变化又都是与前此出现的造型艺术以及此后达到高潮的诗的艺术相比较而言。但是并不是说到了17、18世纪，人类进入资本主义社会，音乐才突然出现。早在古代就有音乐，只不过在这个时期才达到高峰而已。从黑格尔有关音乐的论述可以看出，他是在总结西方音乐发展的历史的基础上，力图找出它们之间的内在联系，探讨在音乐中普遍存在而又异于其它艺术的特殊规律的。

2. 既重视艺术一般规律的研究，又重视对音乐特殊性的探索。

黑格尔既探讨艺术发展的一般规律，又十分重视研究各门艺术体系之间的区别，力图找出各门艺术特有的规律。在《美学》中，论述各门艺术体系规律的部分占全书篇幅一半以上。

从总体上说，各门艺术的内容对象是一致的，按照他的客观唯心主义的体系，各门艺术都是"理念的感性显现"，但理念在各门艺术体系中的特征和需要又不尽相同，从而决定了各门艺术体系所采用的感性材料不同，表现方式与感受方式也各异。所有这些又都没有超出他论述的有关艺术本质的一般原则。

黑格尔明确肯定音乐具有自己的特殊性，它不仅表现在内容上，也表现在感性材料、表现方式、感受方式和音乐的效果上。他是最早提出音乐的表现力只能来自音乐本身，来自音乐的特殊性质的学者之一。

3. 揭示了音乐内容与形式的辩证关系。

黑格尔说："没有无形式的内容，一如没有无形式的质料……内容之为内容即由于它包括有成熟的形式在内。"[①] 这是一个著名的论断，在《美学》中也贯穿了这个思想。这位哲学家特别强调内容与形式这两个对立面互相渗透、互相联系、辩证统一。他认

---

① 《小逻辑》，222页。

为"只有内容与形式都须得彻底统一的,才是真正的艺术品"。①

他从内容决定形式这个基本观点出发,探讨了音乐内容的特殊性,继而研究音乐感性材料、表现方式等的特殊性,从而揭示出声音所具有的相对独立性,以及它对内容的反作用。在这个过程中,黑格尔始终强调内容与形式的辩证统一,并力图找出二者统一的基础和结合的依据。

音乐之所以能把它的内容表现得生气勃勃,根本之点在于人声能够表情,声乐是"唱出来的话",器乐是声乐的扩充和发展。在一定程度上可以说叹息是音乐的出发点。同时声音的时间与主体内心生活存在的状态——时间,是同一的。所以音乐通过它所具有的时间性与内容的精华打动人心,引起同情共鸣。另一方面,作为音乐表现手段的声音,对音乐内容具有反作用。表现在作曲家必须在按数量比例关系组合成的声音基础上进行艺术创造,因此,不得不在一定程度上受到由于声音本身的特点而来的种种法则的限制和影响。同时声音可以自成系统供作曲者自由发挥,这样就往往为那种单纯追求声音形式结构的巧妙,玩弄音响的倾向提供了可能。所以黑格尔在不少环节都提出重视内容的问题。

4. 为音乐论争中的问题打开了新思路。

黑格尔注意到了欧洲音乐史上有关理论问题的争论,例如歌剧方面格鲁克派与皮契尼派之争;罗西尼与新意大利学派之争等,他都用辩证法去分析,提出了自己的见解。不仅如此,在论述音乐艺术本身各组成部分之间的内在关系(诸如节拍与节奏;歌剧中的朗诵调与咏叹调的关系等)时也都给予辩证的分析。

针对18世纪以百科全书派哲学家为首的旋律派与以音乐家拉莫为首的和声派之争,黑格尔在论述旋律与和声的关系时,提出了自己的独特的见解。他指出:在音乐艺术中,旋律是灵魂的

---

① 《小逻辑》,222页。

自由的音响,是运用节拍、节奏、音质、音色与和声等因素来进行真正的艺术创造的领域。旋律在它的声音的自由展现之中,一方面要独立地浮游于拍子、节奏与和声之上;同时,另一方面,旋律运动又离不开这些它赖以存在的表现手段,因此它既要遵循这些手段的必然规律,而又要保持自己的独立自由。他还进一步运用自由与必然的辩证关系来说明旋律与和声的关系。他认为:旋律与和声密切结合在一起,"旋律并不由此就丧失了它的自由,而只是摆脱了凭偶然的幻想而进展得反复无常地和变化得离奇的那种主体性;只有摆脱了这种主体性,它才能获得真正的独立"。反过来也必须看到,拍子、节奏与和声如果孤立地看,都只是些抽象品,没有什么音乐效用;它们只有通过旋律,作为旋律的因素或组成部分,才能获得真正的音乐的生命。黑格尔强调:"这样把和音与旋律两个差异面结合成为统一体,就是伟大音乐作品的秘诀。"①

(三) 促进了有关声音与人们内心生活之间的内在联系问题的研究

黑格尔在他那个时代的科学水平上,从声音的产生、存在方式、感受器官以及音乐的表现手段等方面,对音乐的感性材料进行了全面的考察;又对人的内心活动、情感、情绪、心情等在他的体系之内进行了观察;然后紧紧围绕声音与主体内心生活之间的内在联系问题进行探索。他指出:从音乐所用的最小的单位——乐音以至把不同的声音安排成为具有一定关系的音列、音阶、和声等等,都是以量或数的比例关系为基础的。这一点和建筑一样,音乐和建筑都是把创造放在比例的牢固基础和结构上。但是建筑经过创造,只要达到一种形式上的和谐和匀称,

---

① 《美学》三卷(上),379-380页。

从而具有生气就可以了。音乐却不然。"音乐却由于所用的内容是灵魂的最内在的主体方面的自由的生活和活动，就要碰上这种自由的内心生活和上述数量的基本关系之间的最深刻的矛盾。"①

黑格尔发现了这个最深刻的矛盾，他提出必须承认和尊重声音的必要的比例关系，并把它们看作表现内心生活的基础和土壤，而且只有在这个基础和土壤上进行艺术创造，内心生活才可能自由而生动地被表现出来。之所以这样，因为矛盾双方有共同的因素，这些因素就是矛盾双方对立统一的基础；这些共同的因素又是由声音以及主体内心生活本身的性质决定的。

首先，声音的时间性与"自我"的时间性是同一的。

"因而能够把心灵的内在运动中的每一种内容意蕴都恰如其分地表达于声音的运动。"②

其次，声音的运动性与主体内心活动的流转不息是相对应的。

声音本身就是一个有着许多差异面的整体，它可以分散、结合、对立、和解，而且式样繁多。如果以声音本身的对立和统一、以及声音在运动和转变、出现、进展、斗争、自解决和消失中所显出的各种差异面为一方；以这种或那种内容以及心情和神智用来把握内容的情感这两方面的内在本质为一方，那么，上述双方之间，就有远近程度不同的相对应的关系，所以掌握和处理得很妥贴的声音关系就能够对特定的精神内容意蕴提供生动的表现。

两方面之间的远近程度不同的对应关系究竟是什么，黑格尔没有具体说明，但是他认为声音本身的起伏、变化、对立、统一等状态，与处于自运动状态的内心生活之间有着某种联系。

---

① 《美学》三卷（上），356 页。
② 同上，219 页。

最后,感叹是音乐的出发点。黑格尔指出:"处于艺术范围之外时,声音作为感叹,痛苦的呼号,叹息和喜笑,原来就已是心灵状态和情感的最生动的直接表现,或则说,灵魂的'哎呀'和'呵呵'"。① 正是人声可以表情,人们可以通过声音把一种心情和情感流露出来这一点,体现了二者之间这种永远存在的感性联系,这就为经过艺术处理的声音能够生动地表现主体内心生活提供了原始的依据。

黑格尔提出的关于声音与人们的内心生活之间存在着深刻的矛盾这个问题之所以重要,因为它涉及到音乐为什么能够反映现实、音乐如何反映现实的问题,这是音乐的本质问题。尽管他是在客观唯心主义的体系中来解释内心生活的。但这个问题的提出和探讨是很重要的。当然,这个问题也不是黑格尔首次发现,它早就被美学家们注意到了。有的美学家着重从声音所具有的时间性、运动性去探讨,例如:亚里斯多德就曾说过:"节奏与乐调不过是些声音,为什么它能表现道德品质而颜色香味却不能呢?……因为节奏乐调是些运动,而人的运作也是运动"。② 马林·麦尔生也说过:"音乐的动机可以描绘海洋、天空,一切存在于我们世界中的东西的运动。因而音乐中的音程能反映人的肉体,心灵,世界的首要因素以及天空的运动。全靠这种性质,音乐才比绘画更多地为人的道德和风俗服务,因为绘画好象是死的、静止不动的,而音乐则充满活力并且能把歌唱家和音乐家的心灵、思想、感情的活动传达给听者。"③

有的学者则从人声可以表情这个角度去探讨。例如生活在16世纪的一些音乐家和哲学家已经注意到语言音调与音乐创作的关系。意大利音乐理论家温琴磋·伽利略(1533—1591)就号召音

---

① 《美学》三卷(上),345页。
② 《问题篇》。
③ 《普遍的和谐》。

乐家们到市场上去倾听各种人物的语言音调，他说："如果你们仔细地观察，周到地研究这些不同的情况，你们就可能得出为表现任何别的情况时应当怎样作的规律。"① 法国百科全书派的领袖狄德罗（1713—1784）就曾说过："音乐家或曲子的模型是什么呢？如果模型是有生命的有思想的，那便是朗诵；如果模型是没有生命的，那便是声音。应该把朗诵看作一根线，把曲子看作缠绕着第一根线的另一根线。曲子的原型，朗诵，越有力量和越真实，模仿着朗诵的曲子和它相交的点愈多，这曲子就越真实越美丽，这是我们的青年音乐家们所要很好地了解的。……音节是曲调的苗圃。"② 这就是说：音乐的声音之所以能表现人的思想感情，因为它是在模仿朗诵或者说它是在语言音调的基础上发展起来的。

黑格尔继承和发展了前人的论述，同时也加以唯心主义的改造。但是其中合理的因素仍然为近代学者探讨这方面问题打下了良好的基础。

在《美学》中，其它如音乐的不确定性；音乐创造活动中出现的类似形象思维的问题；音乐欣赏过程中的心理状态等，黑格尔也作了一些探索，对后世也有影响，值得我们进一步分析、研究。

二、局　限

恩格斯说："黑格尔象歌德一样，在自己的领域里是真正的奥林帕斯山上的宙斯，然而他们俩人都没有能够完全摆脱德国市侩的习气。"③ 黑格尔作为资产阶级哲学家，作为德国古典唯心主

---

① 《关于古代和新音乐的对话录》。
② 《拉摩的侄儿》，《狄德罗哲学选集》，三联书店1956年，271页。
③ 《路德维希·费尔巴哈》。

义哲学的集大成者,尽管他学识渊博,并在前人的基础上向人类贡献出辩证法,但是他的辩证法学说,仍然不可避免地受到他所处时代和阶级的局限,受到他自己的唯心主义体系的局限。他的音乐美学思想是其客观唯心主义美学体系的组成部分当然也不会例外。

(一) 黑格尔音乐美学体系是客观唯心主义的

如前面所指出的,黑格尔把"绝对理念"构想成宇宙万物的本原,自然界、社会及人类的思维等都成了它的派生物,或是它在自我运动过程中的、不同阶段的外部表现等等。这种颠倒了思维与存在的真实关系的神话,早就被马克思主义经典作家们批驳过了。列宁指出:"任何人都知道什么是人的观念,但是脱离了人的和在人出现以前的观念、抽象的观念、绝对观念,都是唯心主义者黑格尔的神学虚构。"[①]

正是在这种神学虚构的基础上,黑格尔建立了他的美学体系,把"理念"的学说贯穿到艺术的哲学中来。他从"美就是理念的感性显现"这一定义出发,把本来是很有价值的有关艺术包括音乐规律的探索,也赋予了唯心主义性质,打上了客观唯心主义的印记。

在讨论音乐的内容问题时,黑格尔强调最适宜于音乐表现的是"完全无对象的(无形的)内心生活";"单纯的抽象的主体性";"情感是音乐特别要据为己有的领域"等等。那么,所谓内心生活、主体性、情感究竟是什么?它们与客观现实生活有什么关系呢?

内心生活实际就是指人的思想、感情、心境、观感等;主体性(又译主观性)按其所涉及的内容来看,也不外乎指人的

---

① 《唯物主义和经验批判主义》。

思想、情绪、情感、意向等。但是对这些概念的内涵及其由此产生的根源,黑格尔是另有解释的。在《美学》中,黑格尔说,自由(心灵的最高的定性)"一方面包括本身就是普遍的、独立自在的东西,例如关于法律、道德、真理等的规律,另一方面也包括人类的种种动力,例如情感、意向、情欲以及一切使个别的人动心的东西"。又说:"人的心灵性却酿成两面性的分裂,他就围困在这种矛盾中。因为人从单纯的内在生活,从纯粹的思考,从规律与普遍性的世界,还不能得到安身之所,他还需要有感性的存在,要有情感情绪等等。"① 这就是说,关于法律、道德、真理等的规律,也就是我们通常所谓社会意识,以及人类的情感、意向、情欲等都是心灵内在所包含的东西,都是心灵酿成的两面性与分裂的产物,是绝对精神内在自运动的产物。

值得注意的是,这种说法,在《美学》中不止一次出现。黑格尔在谈论主体性原则时,也有类似思想,甚至更直接。他认为心灵的主体性包括两个方面:"一方面是精神的实体性,即真实和永恒的世界,亦即神性的东西";"和这方面相对立的是尘世凡人的主体性……凡人的整个心境和丰富的表现",② 这两方面都可由艺术去处理。

这里所谓神性的东西,即上文所指属于社会意识之类;所谓尘世凡人的整个心境和丰富的表现,也就是上文所指人的情感、意向、情欲等。这两种主体性从何而来呢?黑格尔再次明确:"绝对既显现为活的实际的主体,即凡人的有限的主体性,也显现为实在的活的绝对实体和真实的神的精神所具有的精神的主体性。"③ 事情很清楚,这两方面东西都是一个来源,都来自"绝对

---

① 《美学》一卷,120、121页。
② 同上,三卷(上),216页。
③ 同上。

精神"或"绝对理念"。

与黑格尔相反,根据辩证唯物主义的认识论,我们知道:物质、自然界是不依赖于人的思维、感觉而存在的;人的感觉、意识不过是外部世界的映象而已。因此所谓意识,就是人所特有的反映客观实在的一种高级形式;思想也是现实在意识中的反映。所谓情感、情绪也是人对现实世界的一种反映形式,或者说是由外界事物的刺激所引起的人们的某种心理反应,从而表现出来的一种肯定或否定,或复杂的态度而已。总之,黑格尔所说的内心生活之类的东西,我们认为都是人们对现实的某种曲折的、复杂的反映,都与人们所处的物质生活条件,社会现实生活等密切相关。

正因为如此,我们认为音乐作为一门艺术,作为一种社会意识形态,它是人类反映社会生活的一种特殊形式。它通过作曲家对生活的丰富的感情体验和鲜明的感情态度,寓思想于深刻的感情内容之中。因此,音乐主要是通过表达人的思想感情来反映社会生活的。

黑格尔既然把作为音乐内容的内心生活、"主体性",也就是思想、感情等都说成是那个虚构出来的"绝对理念"、"绝对心灵"的产物,这就从根本上否定了音乐内容与社会现实生活的联系;否定了社会生活是音乐艺术的唯一的源泉。这也是为什么黑格尔明确宣称:"音乐的基本任务不在于反映出客观事物而在于反映出最内在的自我"等的根本出发点。其实,这也不奇怪,因为黑格尔从他那历史唯心主义立场出发,早就把社会、意识、个人意识、艺术、宗教、哲学等都说成是"绝对理念"发展到精神阶段的外部表现了。

当然,这位哲学家也是矛盾的,在谈论具体问题时,他曾要求艺术反映时代和民族的精神,甚至还说过:"主体情感可以伴随着一切人类的事迹和动作以及每一种内心生活的表现,可以由对每一事件的观感和每一动作的观照激发起来。"① 但是这都不能从根本上改变他的音乐美学思想的客观唯心主义性质。正因为黑格尔否认艺术、音乐都是人类对客观现实的一种特殊的掌握方式，尽管他运用辩证法探讨音乐的特殊规律，但他不能揭示出音乐创作的内容与形式的历史发展的真正原因；不能探索出音乐价值及其变迁的真实依据；不能解释人类美学理想运动变化的真正根源。

（二）黑格尔辩证法的不彻底性在音乐美学中的表现

黑格尔在哲学上的主要成就是辩证法，但是由于他的客观唯心主义体系的限制，不能将辩证法贯彻到底。按照辩证法的基本原则，事物的发展是没有止境的，但他却给自然界、社会和精神领域的发展都划定了一条界限，制定出一个终结。例如：

1. 艺术衰亡论：这位哲学家认为，整个艺术发展的历史就是理念与感性形象之间不断地对立、斗争、统一的历史。但是他又自相矛盾，认为艺术发展到浪漫型艺术之后，就要衰亡了。他说："到了完满的内容完满地表现于艺术形象了，朝更远地方了望的心灵就要摆脱这种客观性相而转回到它的内心生活。这样一个时期就是我们的现在。我们尽管可以希望艺术还会蒸蒸日上，日趋于完善，但是艺术的形式已不复是心灵的最高需要了。"②

得出这样的结论，并非偶然，因为黑格尔把艺术看作是"理念的感性显现"，所以艺术的发展与存亡，一切都系于理念的需要。与此同时，他又把精神的东西看得至高无上，把艺术演变的过程看作是精神逐渐克服物质的过程，并以此评价艺术品种的高低。从这点出发，他认为音乐已经摆脱了物质材料的空间性和物

---

① 《美学》三卷（上），385页。
② 同上，一卷，127页。

质性，所以就比绘画更自由。但心灵并不停留，它还要继续摆脱外在感性材料的束缚，于是以语言为表现手段的诗就代替了音乐。而"诗艺术是心灵的普遍艺术，这种心灵是本身已得到自由的，只在思想和情感的内在空间与内在时间里逍遥游荡"。① 因此，艺术到了诗的阶段，就到了"完满的内容完满地表现于艺术形象"的阶段了，心灵就要完全摆脱感性显现的方式，"由表现想象的诗变成表现思想的散文了。"于是艺术就让位给宗教，最后就让位给哲学了。而哲学又是"绝对心灵的自由的思考"，哲学的繁荣是"绝对精神"的完满胜利的象征，这时"绝对理念"就完全认识了自己，实现了自己，回复到意味着历史"终结"的纯粹的精神世界了。而且，这一切就在黑格尔所生活的年代就要实现。

当然，这位哲学家关于艺术衰亡的思想中，也有积极的东西，那就是他看到资本主义社会是人们具有"互相遏制、损害与摧残的本领的"社会，是一个"为生活必需所压迫的世界"。他认为在"这种工业文化里，人与人互相利用，互相排挤，这就一方面产生最酷毒状态的贫穷，一方面就产生一批富人……"的社会里，② 艺术家已经丧失了对世界采取一种朴实平易的诗意的态度了。因此资本主义社会是一个没有诗意的、枯燥的"散文气味"十分浓厚的社会，文艺已经蜕变了，走上了主观主义、唯我主义以及形式主义的道路，这些就是艺术的危机，就是艺术必然要衰亡的表现，因此资产阶级世界只能制造"艺术的最后花朵"。

黑格尔的确看到了资本主义社会与艺术发展之间的矛盾，这一见解，后来为马克思所肯定。但是，历史证明，黑格尔的艺术衰亡论是不符合事实的，也是违反辩证法的。这与他在政治观点

---

① 《美学》一卷，109页。
② 同上，322页。

上把当时普鲁士的君主立宪国家看作是社会历史发展的顶峰；在哲学上，把自己的体系说成已达到绝对真理，达到了哲学的顶峰，哲学从此也不再发展等是一致的。对于这样一个在辩证法方面有着杰出贡献的哲学家来说，这些结论，显然是荒谬可笑的。不无讽刺的是，黑格尔身后，社会历史前进了，哲学发展了，新的文学艺术诞生了。而且就连黑格尔的辩证法也是经过马克思主义的创始人对之进行了唯物主义的改造，才在历史上放出了光彩。尽管黑格尔在形而上学猖獗的时代，举起了反对形而上学的旗帜，但是由于他自己的唯心主义体系的限制，由于德国市侩习气的影响，他也没有完全摆脱形而上学的桎梏。

2. 用古代古典艺术的审美标准衡量一切艺术：黑格尔关于矛盾的学说，虽然承认对立面的统一斗争，但他往往把对立面的统一看作是绝对的，把斗争看作是相对的，斗争的结局是双方的调和与和解。这种思想也反映在美学观点中。

另外，黑格尔认为古希腊所处的时代是英雄的时代；古希腊人最具有自由独立的自足性，最适合进行艺术的创造活动；古希腊艺术是人类艺术发展的最高峰等。当然，古希腊艺术是值得称颂的，但是，黑格尔并不停留在对古代艺术的赞扬上。古希腊社会中的人和艺术所体现出来的人本主义原则，贯穿在他整个美学体系之中。对古希腊艺术特征的推崇，与他对矛盾斗争"和解"结局的追求，结合在一起，形成了黑格尔的审美标准，并用来衡量和要求一切艺术。

在雕刻中，黑格尔追求一种静穆而深刻的意味；在悲剧冲突论中，他主张以"和解"为结局。同样，在音乐中，他认为"和解"、"和谐"是最高的境界；音乐具有一种使人获得灵魂解放的效力，所以能够使人感受到一种矛盾"和解"的幸福感。

他说："作为美的艺术，音乐须满足精神方面的要求，要节制情感本身以及它们的表现，以免流于直接发泄情欲的酒神式的狂哮和喧嚷,或是停留在绝望中的分裂,而是无论在狂欢还是极端痛苦中都保持住自由,在这些情感的流露中感到幸福"。音乐听起来应该"象云雀在高空中歌唱的那种欢乐的声音……这就是在一切艺术里都听得到的那种甜蜜和谐的歌调"。① 黑格尔认为"这才是真正的理想的音乐"。他因此高度评价巴勒斯丁那、杜朗特、洛蒂、波哥勒斯、海顿、莫扎特等音乐家,因为"这些大师在作品里永远保持住灵魂的安静,愁苦之乐固然也往往出现,但总是终于达到和解;显而易见的比例匀称的乐调顺流下去,从来不走极端;一切都很紧凑,欢乐从来不流于粗犷的狂哮,就连哀怨之声也产生最幸福的安静"。②

从这点出发,黑格尔赞赏早期意大利教堂音乐,因为人们从中"发现到最热烈的宗教虔诚之中仍寓有和解的纯粹感觉"。从这点出发,他批评威伯歌剧音乐中表现笑和啼哭的音乐都缺乏镇定,毫无节制,丧失艺术理想。也是基于这种看法,黑格尔往往肯定和赞扬那些表现光明、均衡、含蓄、和谐的乐曲,而对贝多芬那种充满矛盾、斗争和英雄气慨的音乐却保持令人不可理解的沉默。整个《美学》只字未提与他同时代的伟大作曲家贝多芬及其作品。这与他在美术方面只赞扬拉斐尔而不着重米开朗基罗和伦勃朗;在戏剧上认为莎士比亚的《李尔王》"尽量渲染罪恶"等看法是一致的。

我们并不主张音乐采取一种自然主义的办法表现感情,音乐作为一门艺术,必然要对它所表现的思想情感进行巧妙的艺术加工。但是,音乐是社会生活的反映,社会历史变化发展了,也必然会对音乐产生强烈而深刻的影响,不可能要求音乐永远是一种类型,一种风格。人们的审美理想也是在一定的历史条件下,在

---

① 《美学》三卷(上),389 页;第一卷 200 页。
② 同上,389 – 390 页。

社会实践的基础上形成的，也不是一成不变的。作为一个美学家，在评价不同社会历史时期、不同民族和阶级的艺术时，应该具有一种发展的眼光，应该站在先进阶级的立场上，既回顾过去又放眼未来，以推动艺术的发展。如果把古代古典艺术的审美理想绝对化，就会认为艺术只应表现美好、光明的事物，不承认艺术也可以而且应该真实而全面深刻地表现生活。黑格尔既对正在兴起的积极浪漫主义音乐缺乏敏感，又不能接受现实主义文艺中批判现实主义的因素，应该说，这是他美学思想上的保守和唯心主义辩证法的不彻底性的一种表现。

黑格尔音乐美学思想中的局限性当然不止这些，其它如欧洲中心论，轻视东方民族文化，理论上的公式化、神秘化等等，都值得我们研究。

第十五章 李斯特

第一节 活动简况

李斯特（Ferencz Liszt, 1811—1886年）是匈牙利钢琴家、作曲家、音乐评论家。人们熟悉李斯特作为钢琴家与作曲家的伟大成就，但不一定熟悉他作为一个音乐评论家的成就。李斯特从1834年起直至1860年写了大量的音乐及艺术评论。1883年在德国莱比锡L.拉曼编辑出版了《李斯特文集》六卷。他在德国魏玛期间（1849—1860）写的论文《柏辽兹和他的（哈罗尔德）交响曲》和《罗伯特·舒曼》以及1848年用法文写成的《肖邦》，早已译成中文出版。从他的音乐评论与艺术评论文章中，可以看出他的音乐美学思想。

李斯特

李斯特的父亲亚当·李斯特是艾斯特哈基（Esterhazy）在雷丁市所设府都的管事，母亲对宗教非常热心。

李斯特的生平可分三个时期：

第一时期：1811—1848 年

李斯特 9 岁初次登台演奏钢琴，后在王子面前演奏，得每年 600 奥国金币资助。1821 年前往维也纳随萨雷里（Solieri）学作曲，随车尔尼学钢琴。1823 年前往巴黎，因巴黎音乐院不收外国学生，只好从雷哈（Anton Reicha）及巴埃尔（Ferdinando Paer）学作曲理论。1824 年在巴黎歌剧院公开演奏，大获成功。6 月赴伦敦演出，从此常赴英演出。1825 年第一部歌剧《唐桑切》（Don Sanche）失败，手稿后毁于火灾。1827 年他的父亲去世，留下遗言："勿令女人毁了你伟大的事业。"后在巴黎与 16 岁少女卡罗琳（Caroline de Saint-Cricq）恋爱，迅速论及婚嫁，遭女方父亲克里克（Saint-Cricq）伯爵反对，禁止会面。李斯特精神崩溃，两年才恢复，初期以独居及宗教求慰藉，并对文学及哲学大感兴趣，读蒙田（De Montaigne）、夏多勃利昂（Chateaubriand）、伏尔泰（Voltaire）、拉马丁（Lamartine）及卢梭（Rotlsseau）等人著作，废寝忘食。他关心拉门奈和圣西门的学说，对于 19 世纪初的宗教思想的发展还有所贡献。

1830 年 7 月法国革命再度爆发，李斯特狂热转向革命，因母亲极力反对才没投入战役。1823—1835 年李斯特住在巴黎，此时巴黎已成为世界音乐中心，在肖邦、柏辽兹、帕格尼尼的影响下，李斯特再度返回音乐界。帕格尼尼对他的影响尤深，他决心苦练钢琴技巧，每天不下四五小时。

1833 年李斯特又与 28 岁的达古（Countess d'Agotllt）恋爱，1835 年私奔至日内瓦。同年 12 月大女儿布兰丁（Blandine）出生，1837 年第二个女儿柯斯玛（Cosima）出生（她因先后嫁给大指挥彪罗 Von Bülow 及瓦格纳而闻名乐坛）。1839 年儿子丹纽尔（Danuel）出生，18 岁夭折。李斯特与达古的爱情维持 6 年而分离。

1836年回巴黎，发现演奏地位已被泰尔贝格（S. Thalberg）所占据，于是二人竞争，李斯特终获胜，此后享誉不衰，直至1840年鲁宾斯坦访问巴黎才遇到对手。后在各国巡回演出，1840访英时曾为维多利亚女皇演奏。1847年到俄国演出，使卡洛琳公主大为倾心，后二人隐居到波多拉的沃罗宁斯。

第二个时期：1848—1861年

1848年始，与卡洛琳公主定居维也纳，出任乐队长，共30年，指挥介绍了许多名作。这是他本人重要的创作时期。作品包括12首交响诗、《浮士德交响曲》、《但丁交响曲》、15首《匈牙利狂想曲》等。

1842年遇到瓦格纳，两人友谊极佳。1849年瓦格纳在德累斯顿成为政治犯，逃往维也纳。李斯特大力推荐瓦格纳的歌剧，并为拜鲁特歌剧院之完成出过大力。但瓦格纳却诱使柯斯玛脱离丈夫与他私奔，李斯特因而大怒，从此视为敌人，但对瓦格纳的音乐仍很推崇。

1861年由于敌对派反对他偏向新音乐，迫使他辞去乐队长之职。他自己记述："我有意为魏玛带来一个新的艺术时代，由瓦格纳和我领导，但不利的环境使这个梦想成为泡影。"

第三个时期：1861—1886年

1861年，李斯特50岁生日时，准备和卡洛琳公主正式在罗马结婚，但由于卡洛琳前夫干预，梵蒂冈将其拖延。此后就居于罗马，对宗教的倾向日益强烈，大部分时间花在宗教活动上，经常与教皇接触，并终于获得神父头衔。

1869年李斯特回维也纳，1870任布达佩斯音乐院院长，此后往返于此两地及罗马之间度过，并在这些地方成为音乐史上最佳钢琴教师之一。

1872年与瓦格纳重归于好，但其女柯斯玛始终不原谅父亲，瓦格纳逝世时，柯斯玛不允父亲参加葬礼。

1886年，为庆祝75岁生日，进行最后一次旅行演出于法、英、比、德等国，后为赶回拜鲁特欣赏《特里斯坦与伊索尔德》的演出，连夜赶路，抱病看演出，终得肺炎，于7月31日去世。

李斯特个性为人争论，对宗教极其虔诚，又未能减少世俗情欲，绯闻极多；行为性格也自相矛盾，热情宽厚，扶持后起之秀，同时又颇为势利，表现伪善。

李斯特在第二时期开始受卡洛琳公主影响，完成许多大交响曲、合唱曲等。他是第一位将一些管弦乐改编为钢琴曲的作曲家，达到用钢琴表现乐队的宏亮效果。他把交响乐逻辑性结构与柏辽兹戏剧性的构思相结合，利用标题与主导动机，摆脱了奏鸣曲形式的束缚，以主题的发展与变形、来增强诗意的连贯性，这些作品他称为交响诗。

李斯特的和声影响了瓦格纳，他的管弦乐法极富色彩，他对音乐的一些理念影响了20世纪一些作家（例如德彪西）。他的钢琴风格因弟子们的流传而形成一股强劲的潮流。他的乐念多变，作品倾向于即兴式的幻想风格，结构有时较为松散。但从作为浪漫派作曲家而言，他的地位在音乐史上仍举足轻重。

李斯特除了大量的普通音乐评论文章外，还写过两篇宗教音乐文章，其中一篇是《论未来的宗教音乐》（1834年），主张改良宗教音乐。这种新型音乐承认上帝和人民是它的灵感源泉（思想来自拉门奈）。它结合了戏剧和教堂手法，神圣、威严而朴素，能引导人们真正信仰上帝。

第二节　音乐美学思想

一、音乐的情感论

"在纯音乐中感情的体现，并不通过思想，并不象在大多数其他艺术——尤其是文字艺术中一样，必须通过思想。如果说音乐表现感情比用其它方法优越，通过音乐人可以传达自己心灵所体验的印象，那么，音乐的这种优越性主要是因为它有一种最高性能——它能够不求助于任何推理的形式，而复制出任何内心运动来；我们知道，这类推理的形式是种类繁多，而同时又是有很大的局限性的，它们在表达人的内心活动时，最多只能说明和描绘我们的感情，但是，它们或完全不能直接表达感情的强度，或只能用形象或比拟来表达一个大概。反之，音乐却能同时既表达了感情的内容，又表达了感情的强度；它是具体化的、可以感觉得到的我们心灵的实质。它可以感觉得到地渗入我们内心，象箭一样，象朝露一样，象大气一样渗入我们的内心：它充实了我们的心灵。"

"如果说音乐被人称为最崇高的艺术，被唯灵论者提高到上界，认为唯有音乐才配做天上的艺术，那主要是因为音乐是不假任何外力，直接沁人心脾的最纯的感情的火焰；它是从口吸入的空气，它是生命的血管中流通着的血液。"

"感情在音乐中独立存在，放射光芒，既不凭借'比喻'的外壳，也不依靠情节和思想的媒介。在这里感情已不再是泉源、起因、动力或起指导和鼓舞作用的基本原则，而是不通过任何媒介的坦率无间的、极其完整的倾诉！"[1]

---

[1] 《论柏辽兹与舒曼》，人民音乐出版社 1979 年 26-27 页。

这里，李斯特拿音乐与文学相比，强调音乐直接表达感情，而且善于表达感情，既能表达感情的内容，又能表达感情的强度。李斯特说不通过思想，主要是强调感性直接倾诉于音乐之中，并不等于感情与思想没有关系，这是从音乐表现方式来强调的。同时，我们也可看出，19世纪浪漫派音乐强调音乐表现感情也有过分的地方。

二、提倡标题音乐

"如果一个作曲家以寥寥数语描画出自己作品的精神草图，没有繁琐的细节和细部，说出作为这一乐曲基础的思想，这绝不是无益的，无论如何也不象通常所爱说的那样'可笑的'。这样一来，它既可以避免不正确的解释，没有把握的结论，以及对作曲家从未有过的意图做空洞的解说，也可以避免毫无根据的无休止的注释。"[①]

但是，李斯特提倡的标题音乐的原则同柏辽兹是不同的。朗格在《十九世纪西方音乐文化史》中认为李斯特是19世纪所有的标题音乐家中唯一能体会到贝多芬在他的第六交响曲所写的："情绪的表现多于描绘"的思想，并认为这条为李斯特全心全意接受的格言，明确地规定了标题音乐与音诗之间的区别。[②]

这也就是说，提倡标题音乐并非提倡声音描绘，李斯特的音乐中的"描绘"从未取得重要地位，文学与绘画的题材是完全溶化于音乐之中的。在李斯特交响诗作品中《匈牙利》（1854）和《节日音响》（1853）没有标题。《玛捷帕》是唯一有描绘的音乐，但即使这首乐曲中一切描绘因素也都是紧密地结合在总的音

---

① 《音乐学士旅途书简》，见李斯特《著作全集》，二卷130页。
② 保罗·朗格《十九世纪西方音乐文化史》，179页。

乐结构之中的，是作为音乐素材展开的。李斯特在文章和书信中没有提到标题性的描绘音乐，相反，他主张纯粹诗意音乐的概念的言论却不少。如"纯朴的感情在音乐中活着，焕发着光彩，用不着变为描绘，也用不着和行动或思想相联系"。在交响诗创作中，李斯特的旋律（《婚约》或《前奏》）一般是建立在一个从一种交响乐概念发展起来的、短小的、基本音型或动机上的。

李斯特说："器乐作曲家，由于器乐感情崇高，形式宏伟，是完全可以攀登任何其他更高的境界的；的确，他可以把它提高到没有任何标题可以赶得上的水平"，[①] 但他并不认为标题音乐是最高境界。

李斯特提倡给器乐加上标题，"器乐作品标题中的诗意描述是时代进展所促成的一种表现，是当代艺术前进道路上必经的一步"。"我们所指的是在纯器乐作品上所加的标题，标题可以是诗，也可以是散文，可长可短，可以对听者暗示或详细说明作曲家想要展示的思想或景象"。[②]

虽然在历史上就有标题音乐，但那时纯器乐还没有发展成交响乐这样高深复杂，也就是器乐还没有完全独立，还处于依附于声乐、歌词、戏剧、文学的时代。器乐的独立自主是人们摆脱了非音乐的观念而走向纯器乐的自律思想的结果，而这是19世纪李斯特、柏辽兹等所提倡的"标题音乐"这个概念的前提。

三、主张情感和形式的统一

"证明一个艺术家是否有天才，当然不是看他是否使用了某些（和其它效果比较起来难以达到的）艺术效果。艺术家的天才

[①] 《李斯特文集》三卷，30页。
[②] 《论柏辽兹与舒曼》，18页。

表现在使他不自禁地歌唱的感情里；崇高是天才的尺度；天才最后用情感和形式的完全统一来表现自己，情感和形式的统一程度要彼此不能分开，互为表里，这一个就是另一个发出来的光。肖邦的最美妙的、卓越的作品都很容易改编为管弦乐，……如果他从来不用交响乐音乐来体现自己的构思，那只是因为他不愿意而已。……在这方面，我只看出他对自己所采用的形式具有明确的用意，他所用的形式是最符合他的感情的；他对于自己所采用的形式所具有的意识——是一切艺术中（尤其是音乐中）天才的最重要的标志之一。"①

四、鼓励创新

作品要创新，音乐评论也要支持创新。

"艺术家可以在课堂学习的规则之外去寻找美的东西，不该因为可能遭到失败而有所畏惧"。"评论艺术依据艺术的实质，不从传统观点出发"。"艺术中的巨大作品一定含有某种美的属性。不过这种属性往往是很特殊的，要理解它就必须深入钻研这个作品，钻研它的风格特点，甚至可以说是钻研作者的个性。"②

"到底音乐是什么呢？根据它的历史，看到它在各个时期所采用的各种不同的形式，我们认为，要回答这个问题不能脱离它的三个基本因素，即：节奏、旋律与和声。每当上列三要素中任何一种处于重要发展阶段，并以新的、独创的或特别的面貌出现在我们的面前时，我们就预备承认它是真正的音乐，姑不论这种音乐是如何表现出来的。……不管我们今天创造音乐要求多少知

---

① 《西方哲学家、文学家、音乐家论音乐》，159页。
② 《论柏辽兹与舒曼》，17页。

识和各方面的技能,不管要求多高的旋律才能与和声技巧,要求掌握配器的艺术,要求深入了解组织音响效果的奥秘——音乐本身始终和各式各样的神明一样,实质上是单纯朴素的三位一体。它们是三个个别的因素,可又是一个统一的、不可分的整体。

这是三种产生音乐的力量,任何作品,只要它具有其中之一的生动气息,它在它自己的创作领域中就是十分应该肯定的,并且比那些庸俗的音乐匠艺品显然要优越得多……"①

---

① 《论柏辽兹与舒曼》,8-9页。

第十六章 以瓦格纳为中心的第三次歌剧之争

第一节 瓦格纳

理查德·瓦格纳（Richard Wagner, 1813—1883），德国作曲家、剧作家、诗人、思想家。他的父亲是警察局记录员，在瓦格纳出世后6个月即去世，不久，母亲嫁给演员、戏剧诗人兼画家路德维希·盖叶，1820年去世。童年时对文学颇有兴趣，继父想让他学画，他却厌倦于"没完没了画眼睛"。他的三个姐姐是演员，兄弟也为了当演员而放弃学医。瓦格纳很早就熟悉舞台情况，但不想演戏，梦想写剧本。他13岁翻译了《奥德赛》开头的12首

瓦格纳

歌曲，又迷恋上莎士比亚戏剧。15岁他开始写一部悲剧，在这部悲剧中42个人物相继死去，为不使舞台空着，他又让他们以幽灵的身份出现。瓦格纳学音乐是后来才明确的，他未掌握任何乐器演奏技巧，"在我整个一生中，我没有能学会弹钢琴"。

韦伯和贝多芬启发了他。1817年起韦伯是德累斯顿歌剧院指挥。瓦格纳的继父是韦伯的崇拜者，瓦格纳也如此。观看《自由射手》几场演出后，他就把序曲部分在钢琴上乱弹一气。20岁后，当他在巴黎歌剧院听到《自由射手》的演出时，叫道：

"哦！我辉煌的德意志祖国，我多么爱你，多么疼你，不正是因为《自由射手》，诞生在你的土地上吗？我是多么热爱德意志人民。他们热爱《自由射手》，至今对这最纯朴的传说中的奇迹深信不疑。他们虽已成年，但至今仍能感到年轻时使之心悸的那种神秘而又甘美的恐惧之情！哦，迷人的德意志的遐想，哦，林中的遐想，对傍晚、星星、月亮、乡村熄灯钟声的遐想！那些能理解和相信你，并同你一起感受、幻想和兴奋的人，该是多幸福啊！"

1827年，他在莱比锡听到去世不久的贝多芬的交响乐，深受感动，马上动手写了一首奏鸣曲，一首四重奏，一首大型咏叹调。而此时他对和声还一无所知。他意识到这一问题后开始学和声，但觉得枯燥而放弃。1830年又开始学和声，六个月把和声与对位通读了一遍，又作曲（包括奏鸣曲、波兰舞曲、钢琴随想曲、两部交响乐、几首序曲）。1933年写成歌剧《仙女》，其中已预示出《罗恩格林》的主题。

1834年瓦格纳被任命为马德堡剧院音乐主任。在马德堡、阿尼斯堡和里加度过几年艰苦岁月后，他于1838年致力于一部需要长期努力的作品——《黎恩济》的写作。如后来他自己说是受当时盛行于巴黎的"历史歌剧"影响，是"用大歌剧的眼光"来看《黎恩济》的主题的。他把它作为五幕，包括规模宏大的合唱、赞美歌、仪仗歌、军事场面、芭蕾舞、大型咏叹调、大型二重唱等等。他后来称之为"青年时代的罪孽"。不过人们还是从中感到，他"以那些充满在他头脑和内心的伟大思想"真诚地爱着黎恩济这个人物，其悲剧命运"使他的神经因怜悯而颤动"。

之后他因意识到历史剧缺少音乐本质而摒弃了历史剧的写

作。1839年，瓦格纳由于一个敌手的阴谋被迫离开里加，同身为演员的妻子敏娜，带着《黎恩济》的手稿去往巴黎，但找不到工作，很不得志，只得做些低下的工作：把流行歌剧改编由长笛、单簧管、短号演奏，校对乐谱，为法国、外国音乐杂志撰写稿件等等，收益很少。当时唯一的安慰是到音乐学院听哈伯奈克指挥的贝多芬交响乐。这时，他在头脑中已产生了他对歌剧的一些观念。他写道："假如我根据自己的思想感情来写一部歌剧，它一定会把听众吓跑，因为它既不包含咏叹调、二重唱、三重唱，又无任何人们今天用来勉强拼凑成一部歌剧的片段；我所创作的东西，既无演员肯演唱，又无听众能理解。"

1839—1840年间的冬天，他写作了《浮士德》序曲，然后完成了《黎恩济》，并把总谱寄往德累斯顿。1841年在墨东的七个星期内他完成了《漂泊的荷兰人》音乐草稿，并接到《黎恩济》将在德累斯顿上演的好消息。1842年4月7日瓦格纳离开巴黎，从陆路来到德国，第一次见到莱茵河。他很激动地写道："我第一次见到莱茵河，我满噙泪水，作为一个卑微的艺术家，我宣誓永远忠于我的德意志祖国。"1842年10月20日《黎恩济》首演，从下午6点演到半夜，观众十分拥护，喝采声不断。瓦格纳想把剧情缩短，但男高音歌唱家蒂夏切克（Tichafschek）说："我不愿意删减，这音乐太神圣了。"此后因时间太长这部歌剧分成两晚演出。

1843年1月《黎恩济》成功之后，他被任命为德累斯顿皇家管弦乐队指挥，曾指挥《优兰蒂》、《自由射手》、《唐璜》、《魔笛》、格鲁克的《阿尔米德》与《伊菲姬妮在陶里德》（该剧词曲瓦格纳订正过，为现在一般人所遵循）的演出。

1843年演出《漂泊的荷兰人》，听众因场面阴暗，把握不住其中感伤的美而表示失望。

瓦格纳1844年4月13日完成《汤豪塞》。该剧1845年10月19日首演德累斯顿时，观众有点莫名其妙。后来他要求上演《罗恩格林》被拒绝，原因是上两部戏不景气。

1849年5月间德累斯顿起义，瓦格纳当时是三个领导人之一。他很想借政治变动来打击那些音乐界的顽固腐化分子。不料，普鲁士军队被派来镇压。瓦格纳逃到魏玛。李斯特正在排演他的《汤豪塞》。5月19日前去观看预演时，传来消息，说政府认为他是危险分子，下令通辑瓦格纳。李斯特为其找到一张护照，他即逃往巴黎，后去苏黎世。

1850年8月28日李斯特在魏玛上演《罗恩格林》，由于李斯特的推崇，使这次演出成为音乐界大事。也可说由于这次演出，瓦格纳的改革运动才首次得到有力的鼓励。1853年，瓦格纳写完《尼伯龙根的指环》剧词，1854年写成了《莱茵的黄昏》的音乐。次月，开始写《女武神》，1856年完成。到1857年春《齐格弗里德》第一、二幕总谱大半已写好，其他部分因怕上演困难而搁笔，转而写《特里斯坦与伊索尔德》，他以为此剧较好演出。有趣的是，

《女武神》

巴西皇帝派员来访，问他可否为来到巴西里约热内卢的意大利歌剧团写一部歌剧，请他亲临指挥。所以，这部歌剧原来是为意大利人在巴西演出用的。1857年春《特里斯坦与伊索尔德》的诗词

完成，音乐完成于 1859 年 8 月，结果发现此剧更难上演。1859 年 9 月瓦格纳到巴黎，因梅特妮希公主（Princess Metternich）的帮助，皇帝下令在皇家歌剧院上演《汤豪塞》。自 1861 年 3 月 13 日起，连演三场。当时一群骑师俱乐部会员，因剧中缺少舞蹈而不停吹哨子捣乱，演员们拼命唱，朋友们拼命喝采，闹成一团。1862 年 3 月，因得梅特妮希公主帮助，德皇大赦，瓦格纳在结束了 13 年的流亡后，回到德国。1863 年，他在维也纳附近写《名歌手》，发表了《尼伯龙根指环》剧本，希望得到王公大人们资助，但未能如愿。他负债累累，不断与贫困博斗，大众舆论与批评界的冷战也使他精疲力竭。他决心放弃公共事业，到瑞士乡居。

1864 年瓦格纳应巴伐利亚国王路得维希二世之召到了慕尼黑，后在那里住下。1865 年 6 月 1 日《特里斯坦与伊索尔德》上演。1866 年他的妻子去世。1868 年 6 月 21 日《名歌手》（1867 年完成）在慕尼黑演出，冯·彪罗指挥，里希特（Richter）领导合唱，而全剧细节均由瓦格纳亲自指导。1869 年瓦格纳完成《齐格弗里德》第三幕配器，1870 年 6 月完成《神界黄昏》引子及第一幕，1870 年 8 月 25 日与李斯特的女儿，冯·彪罗离异的妻子柯斯玛结婚。1869 年《莱茵的黄昏》在慕尼黑宫廷剧场上演，次年《女武神》亦在同地演出。1872 年 4 月间他在拜罗伊特住下，决定在此建立适合演他作品的剧场。1874 年 11 月《神界的黄昏》又经修改，并排演。1875 年夏，在瓦格纳总监下，由里希特指挥，《尼伯龙根指环》全部排演。1876 年 8 月拜罗伊特歌剧院落成开幕，演出孕育了 28 年的巨作《指环》（创作始于 1848 年）。1882 年 7 月《帕西发尔》上演，当时的瓦格纳已不甚健康，移居威尼斯大运河河畔的温德拉敏尼宫邸（Palazzo Vandramini）。1883 年 2 月 13 日瓦格纳逝世，终年 70 岁。

瓦格纳的作品包括：十四部歌剧、九首序曲、二首交响曲、五首管弦乐曲、四首钢琴奏鸣曲、五首独唱曲等。

第二节 歌剧改革情况

一、"乐剧"、"总体艺术作品"、"编号式歌剧"

这里先解释一下"乐剧"、"总体艺术作品"、"编号式歌剧"这几个概念：

"乐剧"（Musikdrama），早在1833年就由德国作家特奥多·蒙特（Theodor Mmdt, 1808—1861）在论文集《批评之林》中用以称呼普通歌剧，当时没有后来瓦格纳的歌剧的那种意思。但瓦格纳的追随者们读到这个词，赋予了新的含义，用来称呼瓦格纳改革的歌剧。但瓦格纳本人并不同意，1872年他专写了一篇文章：《关于"乐剧"这个名称》，说明这个称呼容易叫人误会，以为这种新的艺术品仍旧是"以音乐为目的的戏剧"。① 他说："一个戏剧，它不可能是音乐的，不可能如同一件乐器或者一个女歌唱家'是音乐的'。"② 也就是说，戏剧就是戏剧，不存在一种属于音乐体裁的戏剧。但瓦格纳又觉得他创作的新品种不同于一般的戏剧，也不能简单地称之为戏剧。

他说："认真地说，它的名称的意义应当理解为：一种安置在音乐中的真正的戏剧。因此，重点应当落在戏剧上，这种戏剧应当跟迄今为止的歌剧剧本完全不同，尤其不同的是，在这种戏剧中，剧情决不仅仅是根据哪种传统的歌剧音乐的需求而安排的，恰恰相反，倒是一种真正的戏剧的性格需求支配着音乐的构思。"③

---

① 《未来艺术家的本质》，《瓦格纳文集》第9卷，271页。
② 同上，第272页。
③ 同上，272-273页。

那么这种戏剧叫什么呢？鉴于古希腊戏剧常在节日演出，瓦格纳称他的歌剧为"剧场节日剧"，并将其最后一部"乐剧"《帕西法尔》称作"剧场庆典节日剧"。当1876年拜罗伊特歌剧院落成，他取名为"节日剧院"，至今人们还这么叫它，但却不把瓦格纳的歌剧称作节日剧，还是叫它"乐剧"。总之，瓦格纳不愿意人家从传统的美学观点来看待他的歌剧。

"总体艺术作品"（Gesamthiristwerk），这是瓦格纳自己创造的德语复合词，首次出现在他写于1849年的《未来的艺术作品》中。他说："伟大的总体艺术作品，为着有利于达到一切艺术体裁的总目标，即无条件地、直接地表现完成了的人的本性，它已经总揽了一切艺术体裁，以便使用和消灭在某种意义上作为手段的每一个单独的艺术体裁，——精神并不把这种伟大的总体艺术作品看作个别意志的可能产物，而是将其看作未来人类必定会产生的共同作品。"[1]

但1853年8月16日瓦格纳在给李斯特的信中说："……决不要再提这个不幸的'总体艺术'了！！！"[2] 原因是许多人把这个概念误认为是指巴洛克歌剧中各门艺术的混合。

其实，瓦格纳这一意味着他的歌剧理想的概念，在韦伯30年前对E. T. A.霍夫曼歌剧《乌亭》（Undine）的评论中，已经呼之欲出了。"很明显，我指的是德国人需要的那种歌剧：一部本身完备、齐全的艺术作品，在这样的作品中各有关艺术相互合作，彼此融合，它们所提出的一切要素消失了，又以种种不同的方式潜入，然后重新出现，来创造一个新世界"。并说："歌剧的整体中还有整体，它的这一内在的本质提出了一个巨大的难题，这只有音乐巨匠才能解决并获得成功。"[3]

---

[1] 《瓦格纳文集》1983年纪念版，第6卷，28–29页，德文版。
[2] 《瓦格纳书信集》，1983年，264页。
[3] 摩根斯坦《作曲家论音乐》，中译本37–38页。

瓦格纳正是韦伯所预言的这种音乐巨匠。当时在欧洲歌剧界和戏剧界的一些人认为，人类戏剧史上做到将戏剧与音乐融为一体的，只有古希腊的戏剧如此，瓦格纳决心要实现佩里、卢梭和格鲁克以及250年间无数歌剧家和歌剧作品尚未达到的理想。"总体艺术作品"就是一种"普遍的艺术"（Die allgemeine kunst)①，就是把音乐、诗歌、舞蹈、雕塑、建筑等各种艺术部门熔为一炉，从中不复找到单独的艺术门类的分野，它们全都交织在一起，分不出你我，并由此升华出一种崭新的"未来艺术"。

"编号式歌剧"或"节目歌剧"（Nummenoper）并不是瓦格纳的概念，是音乐史上所用的。它是指那种由各自相对成段的音乐段落如咏叹调、重唱、合唱、器乐片段等组合而成的歌剧，是指这些音乐段落就象一个个节目或数目字按顺序排列着，可以拆开如"折子"，而由宣叙调把它们粘合在一起，将这一个个"折子"连接起来。人们认为像亨德尔、莫扎特、韦伯、格鲁克等人的歌剧都属于这个范畴。仅卢梭的"情节剧"（或音乐朗诵剧）《皮马利昂》从其连贯性来说，有点瓦格纳"乐剧"的意味。

二、瓦格纳的乐剧特征

（一）歌剧的情节、人物特征

《十九世纪西方音乐文化史》的作者保罗·亨利·朗格将瓦格纳同蒙特威尔第、莫扎特、威尔第相比之后，评论道：蒙特威尔第给了我们人，只有人；莫扎特的英雄人物单纯是人，关心的是英雄人物的欢乐和苦痛。他们都不写抽象音乐，他们写的是人物的心灵，人物的性格。而瓦格纳给我们的是哲学，有关人和事的哲学，他的戏剧取材于古代神话传统，把英雄人物当作象征，

---

① 《未来艺术家的本质》《瓦格纳文集》，1983年，第5卷，260页，德文版。

作为哲学的体现。他用音乐来表现被文明所压制的人类赤裸裸的本性——尤其是侵犯性行为和情欲,而这些又与哲学结合在一起。他不写人物性格的戏(《名歌手》例外),他试图以原始形式的观点来看待神话,把它看作一种观念、一种哲学,一种象征,这种抽象的象征是脱离人物性格的。他剧中的主要人物:伟大的女英雄人物,太容易消失在奇异的气氛中,变得更加神话化而非人性化。尽管以其伟大、以其爱情的原始的力量感动人,但她没有温柔、优美,没有妇女的特征。

"情死"(或殉情)早在瓦格纳第一部歌剧《结婚》中就已出现。它写一个贵妇人,由于她的荣誉受到她暗中爱上的一个骑士的威胁,她把这位骑士杀死了。这骑士的死直到埋葬以前一直是个谜。在埋葬时,这位贵妇人与送葬的人一起祈祷,然后倒在地上,伤心而死。这种因素贯穿在以后的一些歌剧中,如《漂泊的荷兰人》中的森塔,《汤豪塞》瓦尔特堡的歌咏比赛会中的爱丽莎白,《罗恩格林》中的爱尔莎,《特里斯坦与伊索尔德》中的伊索尔德。"情死"在瓦格纳歌剧中,实际是一种象征,一种观念,是酒神超脱的喜悦之情的体现。按弗洛伊德的理论,也就是瓦格纳的性爱从潜意识中释放出来"升华"了,瓦格纳对玛尔蒂塔·韦森东克的热恋在"我"最高牺牲与致命的情热之后"净化"了,平静下来了。瓦格纳在《纽伦堡的名歌手》中所塑造的埃娃那样温柔的人物,在艺术史上也将永远是一个无与伦比的成就。

(二)音乐方面的特征

1. 连贯性(或贯穿性)——"无终旋律"技巧的使用和发展

在《漂泊的荷兰人》中,虽然仍有许多抒情的"编号曲",仍有"祈祷"、"歌曲"、以及"礼者大合唱"等,尽管有这些大歌剧的成份,瓦格纳却成功地创造了一种逐渐紧张、贯穿到底的戏剧性的气氛。

戏剧音乐的连贯性在《罗恩格林》中更加强了。许多瓦格纳作品选集或其他曲选中的这一歌剧选段，经常要由编者加上某些结尾，否则这曲子就会和次一曲子混在一起了。此剧管弦乐中发挥了诉诸感官知觉的辉煌的力量，但歌唱家仍然在唱，而不是在说话。序曲一开始就让人感到出现了一种崭新的管弦乐技巧。

与"编号式歌剧"不同，瓦格纳的乐剧是一种通谱歌剧(durch komponierte opera)，即不是分段谱写，而是从头到尾一气贯穿，形成一个不可分割、不可拆散的整体。这里他用了种种新手段来达到此目的。

"无终旋律"（unendliche Melodie），也是由他的追随者们使之流传开的。瓦格纳本人仅在1860年写的《未来音乐》一文中提到这个概念，之后未用过。他说："音乐家使沉默变有声的可靠形式是'无终旋律'"，亦即"旋律始终保持在必须不间断的潮流中"。① "旋律"在此也不同于一般概念，是指由交响乐队产生的"音响流"，它与剧情的进展紧密结合，不断如"潮流"样地涌出，而剧情就在"无终旋律"的潮流中推进，歌唱与交响乐、声乐与器乐形成"复调"，此起彼伏，你追我赶，音乐与戏剧完全融为一体。可以说"无终旋律"的特征就是不间断性，为此音乐结构要始终保持开放和展开性，避免歌曲形式那种封闭结构或段落感。瓦格纳经常使用的术语"不间断的旋律"就是此意。

2. 总体性——"主导动机"，总体艺术的连接物，音乐的符号化，音乐与语言之间的桥梁

实现"总体艺术作品"这个理想，首先遇到的最突出的问题就是如何使得诗歌与音乐统一。融合沟通也就是音乐与语言这长期解决不了的对立物的统一、融合、沟通。而瓦格纳找到了"主导动机"这种技术或表现手段来解决这个问题。"主导动机"使

---

① 《瓦格纳文集》，1983年，第8卷，93页。

得音乐符号化、语言化，这样，音乐就可以直接参与情节的表达，从而与戏剧（诗歌）直接契合，不再是戏剧的对立物，而成为音乐与语言之间的桥梁。

主导动机指一个音乐乐句或乐段象征着某个具象的或抽象的概念（如恨、爱、妒、仇等），音乐以主导动机为核心变化展开，"塑造"该主导动机所象征的对象。"主导动机"这个术语并非瓦格纳提出的。据他的妻子、李斯特的二女儿柯斯玛的日记记载说，瓦格纳在1879年1月31日以前，从未提过这个词，① 而是他的崇拜者、《拜罗伊特报》的编辑沃尔佐根（Hans Von Wolzogen, 1848—1938）在19世纪70年代根据瓦格纳的实践总结出来的。

瓦格纳的"乐剧"实践开始于四部连环剧《尼伯龙根的指环》第一部《莱茵的黄金》，在这之后每一部剧中，角色或形象都有自己的主导动机，任何一个角色出场时，相应的"主导动机"便会同时出现。即使瓦格纳后来偶然回到传统而写的《纽伦堡的名歌手》中，也大量应用了"主导动机"。

在"乐剧"中，"主导动机"是"总体艺术作品"思想的产物，并为"总体艺术作品"服务，是"总体艺术作品"不可分割的要素。正如霍尔·佩特利所说："主导动机可在语言的概念世界和仅仅属于自己的意义的音乐之间搭起一座桥梁，而迷恋其中不可自拔的瓦格纳正好在那主导动机的鬼火幽灵引导下，找到了总体艺术作品的连接物。"②

瓦格纳认为舞台上所演的不应只是根据一个故事轮廓或一篇用诗写成的故事唱出一段一段的歌曲来，而应该是一部戏剧艺术的严肃作品。其中的音乐，无论声乐、器乐，均应该表现出一直不停的剧情的发展。根据这种观念，他使用了一种有旋律意味的

---

① 《瓦格纳辞典》，M. Gregor Dellin 和 M. Soderl 合编，1983年版，106页。
② 《主导动机》，引自 J. KnallS 主编的《语言·诗歌·音乐》，图宾根1973年版，81页。

宣叙调，只有剧情进行到极紧要的关头（如《女武神》中爱情的高潮、神岩边的聚会、诀别、魔火等等场面。《齐格弗里德》中齐格弗里德与布伦希尔德相会的场面。《特里斯坦与伊索尔德》中死别的场面），那种宣叙调才延伸成为长的旋律。这种宣叙调不时地有着旋律，它们简短而富有表现力，其中巧妙地运用着主导动机。这些主导动机是代表着剧中人或支配着剧情发展的重要势力（如恨、爱、妒、仇等）的。有时为了表现复杂的境遇、势力、情感或行为，这些主导动机就巧妙地交织在一起；有时，声乐部分代表一方面，而管弦乐队则代表另一方面。

譬如《莱茵的黄金》中就有代表"莱茵河"的动机、莱茵水仙的动机、雾魔的奴役的动机、莱茵的黄金的动机、指环的动机、弃绝爱情的动机、瓦尔哈拉天宫的动机、干戈的动机、契约的动机、弗莉卡的动机、奔跑的动机等等。总之，乐剧中人物、地点、行动、自然事物等等各有各的动机，不时地按剧情的要求而出现、变化、发展、交织。

根据"总体艺术作品"的思想，瓦格纳认为：人声是一件会吐词的乐器，歌声应该淹没在管弦乐的音流之中；歌手不应有过多的面部表情和戏剧表演，这会分散人们观赏艺术的注意力；交响乐队不应被观众看到，应在台下建立乐池；舞台要有纵深感、立体感，以达到神话传说所要求的神秘、虚幻的气氛；乐剧一般分为三幕，每幕中情节、地点均相对固定；音乐除每幕终止外，不可有休止符，应具有"无终旋律"的特点；乐队使用主导动机象征特定人物和特定事件，观众甚至可以根本不看舞台表演，只需闭目聆听音乐就能知道戏剧情节的发展。可见所有这一切都依靠音乐的强大感染力而得以实现。这就是瓦格纳自己所谓的"一种安置在音乐中的真正的戏剧"，重点的确是落在戏剧上，而且的确与过去的歌剧不同。"尤其不同的是，在这种戏剧中，剧情决不仅仅是根据那种传统的歌剧音乐的需求而安排的，恰恰相反，倒是一种真正的戏剧的性格需求支配着音乐的构思。"①

3. 乐剧——交响乐占最重要的位置，超过人声

瓦格纳的剧中人多是与环境分离的人，不强调他们的个性，只满足于揭示其性格的主要特点。在莎士比亚或是法国古典戏剧中的人物，他们总是不和环境分离，他们的性格是在相互交往中表现出来的。瓦格纳的人物也有交往，但是当两个或更多的人物相对时，交响音乐就把他们的个性湮没在一股音乐潮流之中了。他们只是一些人物，但并非戏剧中的人物。即使《特里斯坦与伊索尔德》中也没有人物自身体现出来的自白，充满热情的自白完全在音乐中，而不在剧中人那里。这个作品是瓦格纳暴风雨般个人体验的结果。总之，歌剧成为巨大的音响戏剧。人物出场了，参与了，但他们似乎无足轻重，无能为力，完全被交响乐浪潮卷着走，他们毫无戏剧性地消失在纯音乐中。

正因为如此，《特里斯坦与伊索尔德》这部最完美的乐剧，它的"情死"成了最流行的交响乐曲之一。它在音乐会上演奏，没有剧中人，没有人声部分，但是极其令人感动，它实际是一首交响乐曲。在莫扎特、格鲁克、罗西尼、威尔第的歌剧中没有一场是这样处理的，离开了人声，音乐就会变得毫无意义，甚至毫不连贯。

可以说从 1849 年以后，瓦格纳所追随的就不是格鲁克、马施纳和韦伯而是贝多芬了。他早在 1852 年写的《歌剧与戏剧》中就已主张"要在绝对音乐的基础上完成真正的戏剧"。并说："贝多芬能够而且必定是对海顿和莫扎特的发展，音乐的守护神把他降临人间，赋予使命，他是一个无需人们等待的必然；可是现在有谁能发展贝多芬，发展那在绝对音乐的领域里发展了海顿

---

① 《未来艺术家的本质》，德文版，272－273 页。

《特利斯坦与伊索尔德》

和莫扎特的人呢?"①

4. 瓦格纳音乐表现手段方面的突破

瓦格纳彻底改革了作曲技术,从而对音乐作为一种艺术的发展具有决定性的影响,并导致勋伯格表现主义音乐的形成。一般说,瓦格纳把大小调体系发展到了极限。虽然他还未敢越界,但那不断展开的漩涡般转调中,常让人无法找到其基本调性,因为终止式被冲淡了,正常的调性关系被放弃了,它要求自由、脱离调性约束,脱离声部进行,脱离古典终止式及调性的决定曲式的诸要素。这种自由最先表现在旋律中,后侵入和声里。

瓦格纳在《特里斯坦与伊索尔德》中想要诉说的是关于人生痛苦的形而上学的生命哲学,其风格不同于他自己的其它作品,更不同于其他古典调性作品。他所使用的半音主义是开放性的、全面化的,彻底破坏了大小调和声功能体系。和弦之间主、属关

---

① 《瓦格纳文集》,1983年纪念版,71页、73页。

系不存在了,一个复杂的和弦后面常常跟着另一个复杂和弦,通常意义上的主和弦消失在半音运动编织的音流之中;大量外音未经准备即闯入和弦,谱面上看起来似乎属于和弦的音符,在强烈的半音运动中,成为"侵入到和弦内部的外音",从而获得音响的紧张度。所有这些在全剧音乐开头的三个小节里就已呈现出来。被称为"特里斯坦和弦"的著名片段中,人们认为它揭开了历史上新的一页,显示出浪漫主义和声在危机中趋于瓦解。

他将主导动机技巧高度发展,以交响乐手法写成一种管弦乐结构的歌剧。有许多主导动机本身就是很好的交响乐素材。这些被认为完全服从戏剧支配的不能自成一体的音乐部分,实际上很像是无数合乎最优秀的交响乐传统的短小奏鸣曲的呈示部,特别当引入新的动机时,交响乐的逻辑表现得最为突出。此外,其歌剧中也还有回旋曲和分节歌形式,以及符合纯粹音乐发展逻辑的其他形式。

第三节　争论情况

在歌剧改革问题上引起最大美学争论的要数瓦格纳的歌剧改革了。他的论敌很多,而且是普遍的、国际性的。他的对手的成份彼此不同,对他的意见也众说纷纭,很难归成一种统一的、确定的对立面或一种相对一致的意见。

与此同时,确有许多人崇拜和支持瓦格纳,成为他的追随者,竭力捍卫他的主张、作品和著作等等,以致在德语中出现了这样一个词"Wagne-

汉斯立克

瓦格纳与他的论敌（O. Böhler 画）

rianer"，意即"瓦格纳的崇拜者"，他们狂热地捍卫瓦格纳，反击来自各方的批评。

相对来说，当时与瓦格纳争论最激烈的还是数汉斯立克。[①] 他们的争论覆盖面很广，不仅包括歌剧问题。

汉斯立克坚持认为，音乐本身就是目的，而绝不是达到诗或戏剧表现的目的的一个手段。他担心瓦格纳迫使音乐走出了音乐本身的界限，认为《女武神》越出了音乐所特有的美的界限[②]；

---

① 汉斯立克（Eduard Hanslick，1825—1904），奥地利音乐美学家、评论家。
② 《来自音乐厅》，281页。

《特里斯坦与伊索尔德》的前奏曲及其折磨人的主题的无休止反复，只能使人联想到一幅原始图画，画上的一位古代殉教者的五脏六腑被一个卷轴无穷无尽地拉出来。① 这些评论招来瓦格纳及其追随者的嘲笑，骂他是"贝克麦斯"（吹毛求疵者，是《纽伦堡的名歌手》中一个酸溜溜的、狭隘的唱歌比赛的评判者）。他二人在审美观点上很不同，汉斯立克很维护古典音乐的美，他认为音乐要服从规则；而瓦格纳认为音乐就象音乐表现的那样，不受人为的约束，规则又有什么根据？汉斯立克的这个观点，连他的老朋友、支持者勃拉姆斯也不赞同，他认为汉斯立克对瓦格纳的看法是一个盲点。

汉斯立克后来在《我的生涯》② 中承认，他写《论音乐的美》正是"反对音乐屈从于文字"的问题。在该书中他承认《论音乐的美》确以反瓦格纳为写作的初衷，并承认在争论中有时流于夸夸其谈，但辩解说这是由于偏激的瓦格纳信徒们不断挑衅所致。

汉斯立克的歌剧观是："歌剧不能完全象一部话剧或完全象一部器乐曲。真正的歌剧作家应该把他的注意力放在两个因素的不断的结合和调解上，而不是原则性地让这一或那一因素占上风；在犹豫不决时，应以音乐的要求为重，因为歌剧首先是音乐，而不是戏剧。从我们观看同一题材的歌剧或戏剧时怀有不同愿望上可以很容易判断这件事情。歌剧的音乐部分若有缺陷总是会使我们感到大得多的遗憾。"③

他认为格鲁克及皮契尼之争在艺术史上的重要意义在于："在论战中歌剧的内在矛盾，通过关于它的两个因素——音乐的和戏剧的因素——之间的争执，第一次有了详细的讨论"④

---

① 莫根斯坦《作曲家论音乐》，瓦格纳前言。
② 第二卷，227、301页。
③ 汉斯立克《论音乐的美》，44页。
④ 同上，45页。

接着，他又说："当然人们讨论时没有在科学上意识到争执结果会有无可估量的原则性的意义"。他认为争论虽然激烈，"但在原则的理解方面，却极不成熟、极度缺乏深刻的认识，以致就音乐美学来说，从这个经历多年的辩论中没有产生出一个结果来。"虽然两派的最有才能的文艺评论家们，例如格鲁克派的胥阿尔（Jean-Baptiste Suard，1733—1817年）、阿诺德（Francois Abbi Arnaud，1721—1803年）以及反对派的玛蒙泰尔（Jean-Francois Marmonte，1723—1799）、拉哈普（Jearl—Francois de la Harpe，1739—1803）等曾"多次探讨了歌剧的戏剧原则以及戏剧原则和音乐原则之间的关系；但他们把这个关系看为歌剧的特点之一，而不是把它看为歌剧的最内在的、基本的原则。他们不知道歌剧的存在完全依赖于这个关系的解决"。[①]

汉斯立克虽然认为歌剧作家对于戏剧和音乐这两种因素不应当原则性地让这一或那一因素占上风，而是要致力于二者的结合和调解。但很明显在这二者之间的关系上，他仍然主张"应以音乐的要求为重，因为歌剧首先是音乐，而不是戏剧"。他还说："人们在歌剧中愈是彻底保存戏剧的原则，把音乐美的空气抽掉，那歌剧会象抽气机里面的鸟儿似的奄奄一息地死去。人们就必然回到纯粹的话剧上去，这倒会证明一件事，即音乐的原则（虽然我们完全意识到这个原则的反现实性）如果不在歌剧中占有上风的话，歌剧的存在确实将是不可能的。在艺术实践中，这个真理也从未被否认过，甚至最严格要求戏剧原则的格鲁克，尽管他提出了谬误的理论，他说歌剧只不过是提高了的朗诵，可是在实践中他的音乐天性时常突破限制，并且他这样做时结果总对作品有利。理查德·瓦格纳也是这样。"[②] 紧接着他批评瓦格纳在《歌剧

---

① 汉斯立克《论音乐的美》，45页。
② 同上，47页。

与戏剧》中所说的基本原理。瓦格纳说:"作为艺术品种,歌剧所犯错误的实质是,它把手段(音乐)当作目的,把目的(戏剧)反而当作手段"。汉斯立克认为:"这个提法是没有正确基础的。因为如果音乐在歌剧中永远而且确实只是作为戏剧表情的手段来应用的话,这样的歌剧将是音乐上的一个不堪设想的怪物。"①

汉斯立克认为:"诗与音乐和歌剧的结合是一种不自然的婚姻。我们愈是仔细观察这种音乐美和给她明确规定的内容之间不平等的婚姻时,它的持久性也愈是可以怀疑了。"②

汉斯立克写作《论音乐的美》是针对自17世纪以来的他律论音乐美学,特别是针对李斯特等为代表的他律论主张,以及以瓦格纳为首的未来派音乐。在汉斯立克《论音乐的美》第十版(生前最后版本)原序中他回顾说:"我准备着第二版时,恰好出现了李斯特的标题交响乐,这些交响乐前所未有地更完全把音乐的独立意义取消,它把音乐仅仅作为一种唤起形象的药剂让听众饮服。"书中还写出对瓦格纳乐队及其"无终旋律"的反感。

汉斯立克说:"从那时到现在我们又有了瓦格纳的《特里斯坦》、《尼伯龙根的指环》,以及关于'无穷尽旋律'的理论,这种理论把无形式性提高到原则的地位,把音乐看成是一种用歌声和弦乐来唤起的鸦片醉梦,人们甚至专为这个神道在拜罗伊特建立了一座神庙。"并说为以上现象,"我不愿缩短或缓和本文的论争性部分"等等。另外汉斯立克在译《名歌手》时,说它是"有意识地把一切固定形式都化成无形状的、感性陶醉的回响……"。

汉斯立克对瓦格纳的音乐思想一直就不赞成,而且愈来愈反

---

① 汉斯立克《论音乐的美》,45页。
② 同上,47页。

感:"理查德·瓦格纳《未来的艺术作品》说:心灵的器官是乐音,心灵的艺术意识的语言是音乐。瓦格纳对音乐的定义在他后来的文章中无疑地更朦胧不清了,在这些文章中,音乐根本就等于'表现的艺术',音乐作为'世界的理念',似乎有能力在最直接的启示中去了解事物的本质"。① "企图把音乐看作是一种语言,这引起了最坏的、极紊乱的看法……而把音乐在描写人物个性方面的作用拉得极高。不用说理查德·瓦格纳的歌剧,就是在最小的器乐小品中……"

"……从歌唱过渡到说话总是一种下降……有些理论跟这些实践上发生的后果一样坏,甚至比它们更坏……这些理论强调音乐接受语言的发展规律和构造规律,如同早些时候部分地由卢梭以及拉莫,近代则由瓦格纳的信徒们所尝试的那样。他们这样做时刺伤了音乐真正的心脏,即无需外求的自足的形式美,而去追逐'意义'的幻影。因此音乐美必须彻底阐明音乐和语言本质上的基本区别,把这件事看为最主要的课题之一,并且在一切推理中坚持下列原则,即凡是涉及音乐特有的个性时,它与语言的类似处就毫无用处了。"

历史学家们认为瓦格纳与汉斯立克争论如此激烈,与他们私交不投机也有关系。汉斯立克说:"瓦格纳不喜欢犹太人;因此凡是他不喜欢的人,他都愿意看作犹太人。对我来说,跟门德尔松和梅亚贝尔在同一柴堆上被瓦格纳神父所火焚,将是一种光荣;可惜我不能接受这个荣誉,因为我的父亲以及他的能追溯上去的所有祖先都是出身于信天主教的农民家庭,而且他们那个地区,除了一些流浪小商贩外根本就没有犹太人。瓦格纳把我的论音乐美的文章称作'非常巧妙的为音乐中的犹太主义目的而写的宣传小册子';这个离奇的说法,说得轻一些,简直是那样幼稚

---

① 《贝多芬》,1870年,6页。

无知，它也许会使我的敌人生气，绝对不会使我生气。"①

据《里曼音乐辞典》上说汉斯立克不得不称瓦格纳是"最重要的音乐现象之一，精力和天赋杰出的人。"②汉斯立克并不是一开始就站在瓦格纳的对立面。他甚至热烈欢迎过《汤豪塞》，赞扬过《漂泊的荷兰人》。他对《罗恩格林》不感兴趣，对《名歌手》部分地称赞过，当然他对总谱里堆砌的不自然的东西抱拒绝的态度。

里曼援引汉斯立克的话说："瓦格纳后期的歌剧在技巧方面的进步是不能否认的。但他年轻时代的精华却留存在《汤豪塞》中。只是《名歌手》的最优美的歌曲里还脉动着《汤豪塞》所特有的那种旋律的清新和直接性。"③

《尼伯龙根的指环》和《帕西法尔》在拜罗伊特的首演，引起了汉斯立克利用一切手段来进行严厉的攻击和批评。但汉斯立克后来承认，他之所以如此尖锐攻击瓦格纳，是由于对方的态度和攻击而激起来的。他说："如果敌人没有无限制地夸大其词，达到了可笑的地步，使我们的脉博激动起来，我和一些志趣相同的人大概会以比较温和的口气评论瓦格纳的。我们感觉到处于少数派的地位，这种感觉很容易使最正直的心灵也充满愤恨，并且使我们的言辞尖刻化了。我愿意承认，我有时可能发生过这样的事情。"④

朗格的《十九世纪西方音乐文化史》中也指出：汉斯立克"怀着愤恨的心情攻击瓦格纳，但是从根本上讲，他并不是瓦格纳音乐的敌人，事实上，一直到《汤豪塞》为止，完全是支持他的。在一定限度内《罗恩格林》和《名歌手》也完全是一样可以

---

① 《论音乐的美》，122 页。
② 《我的生平》卷二，13 页。转引自《论音乐的美》124 - 125 页。
③ 同上，5 页。
④ 同上，233 页。

被接受的。他对其他作品中的大部分音乐的雄伟和力量也是没有异议的。他所激烈反对的是瓦格纳主义和它的一切主张,它的美学,它的哲学,它对抒情戏剧(歌剧)的根本否定。《特里斯坦》中散发出的色情的烟雾和《指环》中涉及宇宙的德国式的寓意与呆笨的神话把他那严肃的头脑给吓倒了。因此他出了偏差,而这偏差和他的反对者的偏差一样,都是值得惋惜的"。

朗格认为:瓦格纳歌剧的矛盾仍然是诗人与音乐之间的矛盾,也就是我们所谓诗歌与音乐之间的矛盾。他不同意音乐评论家们所说的瓦格纳把诗人放在第一位的主张。他认为从瓦格纳早期歌剧创作,包括《罗恩格林》在内的作品,是受浪漫主义文学的影响,所依据的是格鲁克的歌剧改革原则。但当瓦格纳成熟以后,音乐占了上风。尽管他从事着大量的文学活动(特别是在戏剧论文和评论方面),但都被音乐家的非理性的力量把它一概置之不顾了。《特里斯坦与伊索尔德》语言本身艰涩、累赘,离开音乐就让人难以卒读,在其最出色的场面之一、第二幕的爱情二重唱中,没有戏剧动作,没有连贯性,甚至没有观念或诗的形式,而是被音乐推向狂喜境界的风暴,以"我爱你"为依据的音乐占绝对统治地位。这里音乐家抽象的交响乐本能与自命的戏剧诗人脱节了;剧中人不再被描绘,甚至失去了人性,不再是活动着的人了。瓦格纳的哲学思想给他提供了理想的事物,但没有给他提供形象化的个性。

只是在《纽伦堡的名歌手》中,形而上学的背景还没有强大到使剧中人物黯然失色的地步,剧中的人物比他任何一部后期作品都要生动些。它是一部最接近歌剧的作品。当然,在这里瓦格纳不是以一种新型歌剧表现了他的全部独创性的伟大乐剧的创造者,他的地位处在德国歌剧短短历史的末尾。即使《名歌手》最生动的重唱场面——《名歌手》的终场与莫扎特《唐璜》的大舞会一场相比,前者仅仅是一个舞台画面而已。

朗格认为瓦格纳乐剧给歌剧以致命的打击，因为他的管弦乐队吞没了舞台、歌唱演员以及整个歌剧。他把歌声从歌唱家的口中夺走，交给了管弦乐队。"如果说歌剧一向是一种不可能实现的、不自然的艺术体裁，如今它的不可能性已达到了最高峰。"①

现在看来争论的实质仍然是歌剧究竟是什么，戏剧与音乐的关系是怎样的？谁是目的，谁是手段，谁服务于谁？汉斯立克以维护音乐为目的，认为音乐不是达到诗和戏剧表现目的的手段；而瓦格纳则强调戏剧是目的，音乐是手段。瓦格纳曾在《歌剧与戏剧》中写道："如果我一定要用加强的重音读出这一公式，那么我大声宣称歌剧这一艺术体裁的错误在于：表现手段（音乐）被当成了目的，而表现的目的（戏剧）却被当成了手段。"这当然与自律论与他律论的争论有关。

---

① 《十九世纪西方音乐文化史》，212-213页。

第十七章 汉斯立克

第一节 活动简况

汉斯立克（Eduard Hanslick, 1825—1904），奥地利音乐美学家、评论家和史学家。他是最早的、专业的音乐评论家之一，也是音乐欣赏（music appreciation）的倡导者，一生著述甚丰。

汉斯立克的父亲以教授音乐及在图书馆编目为生。后因"中彩"发财，娶了他的钢琴学生、犹太银行家的女儿为妻。汉斯立克自幼从他的母亲学习法语，母亲还培养了他对戏剧的兴趣。受父亲影响，他热爱读书和音乐，并演奏钢琴和作曲。从1843年起师从布拉格的优秀音乐教师托马舍克（Tomasek）学习钢琴、作曲，达四年之久。1844年起，在布拉格大学攻读法律，三年后（1846）转赴维也纳学法律。1849年取得了法学博士学位，然后在教育部工作。1856年，任维也纳大学荣誉讲师。大学当局在聘任书上说：大学承认他的专著《论音乐的美》为博士学位论文。从此汉斯立克教授音乐欣赏课（这在当时是一种新的做法）将近四十年。在此期间，他于1848—1849年担任《维也纳报》评论员；1855—1864年又任《新闻报》和《新自由报》评论员。据《新格罗夫音乐与音乐家辞典》介绍，汉斯立克对待音乐评论十分严肃，事先总要精心准备（例如评论威尔第的《奥赛罗》之前，先研究莎士比亚的戏剧）。他的这种一丝不苟的精神，连他的劲敌、瓦格纳的信徒沃尔夫（Hugo wolf）都表示赞赏。汉斯立克知识渊博，文笔生动，他的文章经常既是评论性的，又是传记性的，其中不乏独一无二的原始资料。1861年（36岁）晋升为副教授，这时汉斯立克的薪金加上评论的稿酬足够维持生活，他便辞去了教育部的政府公职。他常以评委或官方代表身份出入各国进行音乐旅行（如1855年德国，1857年瑞士，1860和1867年法国，1862年英国）。1862年开始与布拉姆斯的友谊，并研究音高标准化问题（1885年国际会议主题）。1870年正式成为音乐史和音乐美学正教授。1876年与年青的歌唱家苏菲·沃尔穆特（Sophie Wohlmuth）结婚。曾任1867、1878年巴黎博览会及1873、1892年维也纳博览会评审员。汉斯立克重视音乐实践活动，不仅定期参加钢琴演奏，还创作过乐曲《青春之歌》（1882年因勃拉姆斯的推荐由斯姆若克Simrock出版）。1895年满载荣誉退职。

汉斯立克一生中结识了那个时代大多数音乐家和作家，有着广阔的社会关系。他曾将自己的音乐老师托马舍克比喻为音乐界的"达赖喇嘛"，人们说这个称号倒适合他自己。他在维也纳、在整个讲德语的国家及其它地方都享有显赫的地位。

他的重要著作有：《论音乐的美——音乐美学的修改刍议》（1854，他生前出到第十版，大多进行了修改或补充，英译本1891，中译本1978）；《卢布克与汉斯立克谈理查德·瓦格纳》（1869，与W·Lubke合著）；《维也纳音乐会史》共2册（1.《维也纳》1869，2.《来自音乐厅：最近二十年（1848—1868）的维也纳音乐生活评述》1870）；《德国作曲家画廊》（1872）；《近代歌剧》共9册（各册的题名分别是：1.《批评与研究》1875，2.《音乐电台》1880，3.《当前的歌剧生活》1884，4.《音乐随笔》1888，5.《音乐与文学》1889，6.《音乐家日记》1892，7.《五年中的音乐》1896，8.《本世纪末：1895—1899》

1899，9.《近代与现代》1900）；《贝多芬在维也纳》（1880）；《维也纳歌剧院休息室的14幅画》（1880）；《组曲：音乐与音乐家论文集》（1885）；《近15年（1870—1885）来的音乐会作曲家和演奏家》（1886）；《我的生涯》（1894）；《谁是音乐天才》（1895，T. Billroth 编辑）；《汉斯立克：维也纳音乐的黄金岁月（1850—1900）》（1950，H. Pleasants 编译）。

第二节　音乐美学思想

《论音乐的美》是汉斯立克最著名的音乐著作，人们经常引用这本著作中的观点来说明他的音乐美学思想。

一、音乐的美

"音乐美是一种独特的只为音乐所特有的美。这是一种不依附、不需要外来内容的美，它存在于乐音以及乐音的艺术组合中。优美悦耳的音响之间的巧妙关系，它们之间的协调和对抗、追逐和遇合、飞跃和消逝，——这些东西以自由的形式呈现在我们的心灵面前，并且使我们感到美的愉快。"（49页[①]）

二、音乐的内容

"音乐的内容就是乐音的运动形式。"（50页）或者说："音乐的内容就是鸣响地被运动着的形式。"（50页注1）或者说：

[①] 除另行注明外，这里的页码（下同）均为1980年人民音乐出版社出版的汉斯立克《论音乐的美》中译本（杨业治译）的页码。

"鸣响地被运动着的形式是音乐唯一的和仅有的内容和对象。"①

三、音乐不表现情感

汉斯立克坚决否定音乐能够表现情感。他说：

"表现确定的情感或激情完全不是音乐的职能"。(28页) 并说："音乐不描写任何情感，既不描写确定的情感，也不描写不确定的情感。"(41页)

"我们说音乐不可能表现感情，我们更坚决地反对下列意见，即认为情感的表现能提供音乐美学原则。"(42页)

音乐既不能表现也不能描写情感，那么音乐能表现什么呢？汉斯立克指出："有一类观念可以用音乐的固有方式充分地表现出来。那就是一切与接受音乐的器官有关的，听觉可以觉察到的那些力量、运动和比例方面的变化，即增长和消逝、急行和迟疑、错综复杂和单纯前进等一类观念。——此外，一首音乐作品的审美表情，可以用优美、温柔、激烈、刚强、纤丽、清新等言词来形容，这些观念都可以在乐音的组合中找到相应的感性表现。因此我们可以直接利用这些形容词来描写音乐的形象，而不需要联想到这些词对人类内心生活所具有的伦理上的意义，这种伦理意义被人们通过习惯的观念联系不假思索地运用到音乐上去，甚至时常与纯音乐的属性私下混淆起来。"(29页)

但是汉斯立克承认自己并非反对一切情感，他说："我完全同意，美的最后价值永远是以情感的直接验证为根据。但同样我也坚持这个观点，即我们不能从一般普通的感情的申诉中引出什么音乐的规律来。"他声明本书的否定方面的命题主要地是"反对那种广泛流行的说音乐是'表现情感'的看法。我不明白，为

---

① 蒋一民《音乐美学》，81页，根据《论音乐的美》1854年德文版译出。

什么从这个命题能得出我'要求音乐绝对不许有情感'的结论来。玫瑰发出芳香,但它不是以'芳香的表现'为它的内容的;森林散布阴凉,但它并不'表现荫凉'。我特别反对'表现'(Darstellen)这概念……音乐美学中最重大的错误是从这个概念产生的。'表现'什么东西总是包含着两个各别的、不同事物的观念,其中之一通过我们的特殊行为才能与另一事物联系起来"。(13页)

四、只有在一定的条件下才可以谈论音乐的内容与形式的问题

汉斯立克认为:"音乐的内容问题跟音乐与自然美的关系有着密切的联系。音乐家在任何地方找不着他的艺术的范本(Vorbild),这样的范本保证其他艺术的内容具有明确性和可认性。一种在自然美中没有范本的艺术,可以说真是无形体的。我们在任何地方都没遇见过音乐现象的原型(Urbild),因此在我们所有的概念范围内,也不存在这样的概念。没有这种概念来重复某一已知的名称的东西,因此音乐对于我们的固定在明确概念中的思维说,是不具有任何能用语言表达的内容的。"

"只有在内容与形式对比的条件下,才能真正谈到一件艺术作品的内容。"并说:"'内容'和'形式'这两个概念相互依存,互相补充。如果形式在我们的思维中不能与内容分别开来的话,那就无所谓独立的内容了。但在音乐中我们见到内容与形式、素材(Stoff)与造形(Gestaltung)、形象(Bild)与观念(Idee),混然融合为不可分离的一体。音乐艺术的内容与形式分不开的这个特点同诗歌和造型艺术形成鲜明的对比,后二者能把同一思想、同一事件用不同的形式来表现。……音乐艺术却没有与形式相对立的内容,因为它没有独立于内容之外的形式。"(112页)

五、音乐与"精神内涵"有关

虽然，汉斯立克认为音乐不表现情感也没有与形式相对立的内容，但他认为音乐与某种精神内涵有关。他说："我们一再着重音乐的美，但并不因此排斥精神上的内涵，相反地我们把它看为必然的条件。因为没有任何精神的参加，也就没有美。我们把音乐的美基本上放在形式中，同时也已指出：乐音形式与精神内涵是有着最密切的关系的。"（51页）

《论音乐的美》中还有这样一段话："我们责备这种音乐听法，但这不等于反对朴素的听众从任何艺术的单纯感性方面所得到的愉快，而理想的内涵只是为有教养的人所理解和认识。这种非艺术性的乐曲欣赏不是吸收了真正的感性部分，即变化纷繁的乐音系列，而是吸收了抽象的、只作为情感来感受的总的观念部分。通过这件事情可以看出音乐的精神内涵对形式和内容这两个范畴说是处于一种非常特殊的地位。人们通常把贯彻一首乐曲的情感看为它的内容、思想或精神内涵；而把艺术性地创造出来的、明确的乐音排列看作只是形式或形象，或上述超感性东西的感性外衣。但正是这一'音乐特质'部分是艺术精神的创造物，而观照的精神却理解并结合着这个创造的精神。作品的精神内涵正是显示在具体的乐音形象中，而不是在抽象情感的总的模糊印象中。"（87-88页）

那么，这种精神内涵是什么呢？在1980年中译本中很难找到直接的回答，但在1854年的版本中有这样一段话："这是一种最高的境界，正是既针对形式范畴又针对内容范畴的那个精神内涵居于音乐的这一境界，人们习惯于把充溢于乐曲中的情感看成内容，看成理式，看成精神内涵本身，反倒把艺术家所创作的一定的乐音排列组合看成纯粹的形式，看成外观的现象，看成那超越事物的感性外套。可是恰恰唯有'特有的音乐的'部分才是艺术家的精神的创造,而直观着的精神则与艺术家的精神心会神交。"①

六、幻想力是音乐的根源和推动力

汉斯立克多次将幻想力与自由创造活动的问题相联系。他说:"由于乐音结合组成音乐美的就是乐音的结合关系——不是机械地排列着,而是通过幻想力的自由创造活动而产生的,因此,产生的作品也就带上了某一幻想力的精神活力和特点所给与的个性"。(53页)显然,这种幻想力就是音乐创作的根源。他还说:"有一种原始神秘的力量在作曲家的心灵中唤起了一个主题、一个动机,我们永远无法看见这个原始力量是怎样工作的。我们不能追究这第一粒种子是怎样产生的,只能作为简单的一件事实来承认它。艺术家的幻想力中播下这粒种子后,创作就开始,他从这一主要主题出发,又总是回到这一主题,并且企图在它的各种关系中有目的地来表现它。"(同上)

在另一处,他说:"艺术首先是应该表现美的事物。接纳美的机能不是情感,而是幻想力(Phantasie),即一种纯观照(Schauen)的活动。"又说:"乐曲诞生于艺术家的幻想力,诉诸听众的幻想力。当然,面临着美的事物时,幻想力不仅在观照,而是有理智的观照,它兼有表象(Vorstellen)和判断(Urteilen),当然这个判断活动进行得非常迅速,以致我们没有意识到它的逐个的细节,而产生了一种幻觉,好像这是直接地一下发生的事情,其实中间有多种精神的活动作为媒介。……在这个活动中幻想力并不是一个封闭的领域:正如它从感性的知觉中接

---

① 1854年版72页,转引自蒋一民《音乐美学》,88页。

受了生命的火花,同样它也把光迅速地辐射到理智和情感的活动领域。但对美的真正领会来说,理智和情感仅是一些边缘的地区。"(18-19页)

总之,汉斯立克非常强调幻想力在音乐创作中的作用,它既是创作的根源、推动力,又在创作以及音乐的观照活动中起表象和判断的作用。而这种幻想力又是一种神秘的与生俱来的力。

七、关于形式的概念

汉斯立克认为没有与内容对立的形式,但他对形式有着自己的理解:"形式这个概念在音乐中的体现是非常特殊的。以乐音组成的形式不是空洞的,而是充实的;不是真空的界限,而是变成形象的内在精神。"(52页)按照蒋一民的译文则是:"形式这个概念在音乐中的体现是极为独特的。由音乐(乐音)构成的形式不是空洞的,而是充满了的,不是仅仅某个真空的线条划分,而是由内向外抒发的精神。"[1] 不仅如此,汉斯立克还将形式与理式相联系。他说:"至于要问,这些材料用来表达什么呢?回答是乐思(Musiklische Ideen)。"又说:"一个完整无遗地表现出来的乐思已是独立的美,本身就是目的,而不是什么用来表现情感和思想的手段或原料。"(49页)。另一种译文则是:"假如要问,这些乐音材料用来表现什么?回答是音乐的理式。"[2]

汉斯立克还认为:"作曲家所表现的观念(Idee),首先和主要的是纯音乐性的观念。在他的幻想中出现一支明确的、优美的旋律。这旋律只代表它自己,不代表别的东西。但是,正如任何

---

[1] 1854年版34页,转引自蒋一民《音乐美学》,87页。
[2] 1854年版32页,转引自蒋一民《音乐美学》,88页。

一个具体现象那样，总是指向较高一级的属类概念，指向最先充实这个现象的观念，并且愈来愈高地一直达到绝对理念，同样地音乐的观念也是这样。"（29页）另一种译文是："正如任何一个具体现象那样，总是朝上指向较高一级的属类概念，朝上指向最先充实这个现象的理式，并且就这样一步步愈来愈高地一直到达绝对理念，同样地，音乐的理念也是这样。"①

八、运动的相似性和乐音的象征性是音乐达到"目的"的仅有的手段

音乐"只能表现感情的力度（das Dynamische）。音乐能模仿物理运动的下列方面：快、慢、强、弱、升、降。但运动只是情感的一种属性，一个方面，而不是情感本身。……只有观念，即活的概念，是艺术体现的内容，这是显然的。但像爱情、愤怒、恐惧等一类观念也不能在器乐作品中体现出来，因为这些观念与优美的乐音组合间没有必然联系。那末这些观念的哪一方面是音乐实际上能有效地掌握的呢？是运动的一面（当然是广义的运动，它包括各个乐音或和弦的强弱变化方面）。这个运动是音乐和情感状态的共有因素，音乐能创造性地以无数的差别和对比来塑造这个因素。"

"此外，音乐似乎在描画某些内心状态时，它具有象征性的意义。

像颜色一样，各个单独存在的乐音本身原来就有象征性的意义，它独立于任何艺术企图，并且在任何艺术企图之前，这个象征意义即已存在着。……

同样地，音乐的原始材料：如调性、和弦、音色等本身也各

---

① 1854年版32页，转引自蒋一民《音乐美学》，88页。

具有自己的特性。……可是这些要素（乐音、颜色）在应用到艺术上时完全遵照别的规律，而不是看它们孤立出现时的效果。正如在一幅历史画上，并不是红色总是表示欢乐，白色总是表示纯洁，同样地在交响乐中不是所有的降 A 大调都能引起狂热的情调，也不是所有的 b 小调都能引起愤世嫉俗的情调，也不能说三和弦总是表示惬意，减七和弦总是表示绝望。在美感的园地里这种原始的独立性在更高法则的共同性下中和化了。这种天然关系绝不能说有'表达'或'表现'的功能。我们说它有'象征性的意义'，因为它不能直接表现内容，它始终是一种与内容根本不同的形式。如果我们在黄色中看见嫉妒，在 G 大调中看见愉快，在扁柏中看到哀悼的话，那么这种解释只是因为跟这种情感的某些方面有着生理和心理上的联系，但这种联系只存在于我们的解释中，而不存在于颜色、乐音、植物本身。因此我们既不能就和弦本身说，它表现某一情感，更不能说在艺术作品的组合体中某一和弦表现某一情感了。

除了运动的相似性和乐音的象征性外，音乐没有别的手段来达到它所谓的目的。"（30－32 页）

九、一切音乐作品总是包含一些使它早晚要消亡的成分

"'真正的美'（关于这个属性谁有裁判权呢？）无论经过多长的时间，永远不会消失它的魅力，这句名言，就音乐而论，只是辞藻而已。音乐跟大自然一样，每当秋季来临，繁荣的花卉世界变为腐朽，从腐朽中又长出新的花朵。一切音乐作品是人的创作，是一定个性、一定时代、一定文化的产物，因此总是包含一些使它早晚要消亡的成分。……时代真可说是一种精神，它总在创造它的外形。……观众和艺术家理所当然地对音乐中的新事物感到爱好，要是批评界只是欣赏旧的东西，而没有承认新事物的

勇气，那创造会受到阻碍。"（63页注，引自《近代歌剧》序言）

汉斯立克称《论音乐的美》这本书只是"作为论争性的开端"，他打算写一本系统的音乐美学。但他后来的研究使他改变了主意，他认为"真正有成果的音乐美学只能在深入的历史认识的基础上产生。"因此他后来更多地从文化史方面去考察音乐。

第三节 争论情况

汉斯立克的《论音乐的美》发表以后，立即引起了广泛的注意。曾经得到像洛采（Hermann Lotzte，哲学家）、菲舍尔（Friedrich Vischer，美学家）、戴维·施特劳斯（David F. Strauss，传记作家）、霍普特曼（Moritz Hauptmann，音乐理论家）、赫姆霍尔兹（Hermann Helmholtz，科学家）等学者们的支持，但也引起了很多反对意见，形成长期而激烈的争论。他的论敌来自四面八方。争论的问题是多方面的，但总是与汉斯立克对音乐的美的独立性与绝对性的看法有关。

一、内容美学与形式美学之争

德国哲学家黑格尔（1770—1883）曾经提出内容与形式对立统一的命题，认为"没有无形式的内容，一如没有无形式的质料……内容之为内容即由于它包括有成熟的形式在内"。也就是说，从理论上，人们可以把事物分为形式和内容两个方面。内容是它的内在方面，形式是它的外在方面。形式是外表，内容是质料；形式是容器，内容是装在容器中的东西。但是，决定形式的是内容、是质料，而不是相反。当内容发生变化时，形式也发生变化。这些思想对19世纪的浪漫主义音乐家们影响很大。最突出的例子莫过于李斯特。他在文章中大段引用黑格尔的话。他说："我们确信，艺术家比爱好者更加要求'容器'，换言之，即形式具有丰富的感情内容。只有在这个'容器'充满了感情内容时，它对于艺术家来说才是有意义的。"(《柏辽兹与他的哈罗尔德交响曲》[①])舒曼在其著作中指出："形式是精神的容器。形式愈大，用来填满这个形式的精神也就愈要充沛。"(《舒曼论音乐与音乐家》27页)

那么，音乐的内容是什么呢？是情感。浪漫主义音乐家们把情感强调到了极端。李斯特说："在纯音乐中感情的体现，并不通过思想，并不像在大多数其他艺术——尤其是文字艺术中一样，必须通过思想，如果说音乐表现感情比用其他方法优越，通过音乐人可以传达自己心灵所体验的印象。那末，音乐的这种优越性主要是因为它有一种最高的性能——它能够不求助于任何推理的形式，而复制出任何内心运动来；——音乐却能同时既表达了感情的内容，又表达了感情的强度；它是具体化的，可以感觉到的我们心灵的实质。""感情在音乐中独立存在，放射光芒，既不凭借'比喻'的外壳，也不依靠情节和思想的媒介。在这里感情已不再是泉源、起因、动力或起指导和鼓舞作用的基本原则，而是不通过任何媒介的坦率无间的、极其完整的倾述！"(《柏辽兹与他的哈罗尔德交响曲》[②])

值得注意的是这篇文章的初稿完成于1850年，本来拟在法国发表，因柏辽兹当时在法国尚未出名，1855年才在莱比锡《新音乐报》连载。它与汉斯立克1854年发表的《论音乐的美》几乎同时。李斯特和舒曼等音乐家如此强调内容，强调情感，在历

[①] 《李斯特论柏辽兹与舒曼》，人民音乐出版社，42页。

[②] 同上，26-27页。

史上被称为"内容美学"或"情感美学"。与此相对,人们把以汉斯立克为代表的理论称作"形式美学"。这两派的争论持续了将近一个多世纪。

二、标题音乐与绝对音乐之争

标题音乐(Programmusik)自古就有,但在19世纪浪漫主义音乐蓬勃兴起的过程中,柏辽兹于1829年创作的《幻想交响乐,一个艺术家的生活片段》演出以后,引起了轩然大波。李斯特为保护和支持柏辽兹的创造性和他律论的美学原则,与对方展开了长期论战。而标题音乐这个概念在音乐史和音乐美学史上也就有了特指性。即指19世纪那些浪漫主义作曲家自觉地要表现(Ausdruck)一切经"自我"过滤的,从"自我"那里流淌出来的景色、感觉、故事乃至思想。他们不但离开了古典主义的传统,大胆创新,改造了传统的音乐形式,还创造了交响诗、音画等体裁,并且具有一个共同的特点,即:他们的大多数作品都加有标题。

显然,标题音乐的美学思想就是内容美学在具体音乐作品中的体现。在实践中,柏辽兹的《幻想交响曲》独树一帜。他不仅使用了标题而且还创造了"固定乐思"的做法。同样,李斯特不仅发明了交响诗这种体裁,而且还使用"主题变形",使其贯穿在整首乐曲之中。瓦格纳在他的音乐中更是大量地运用了"主导动机"的手法。所有这些,无非是使音乐与音乐以外的因素相结合,以便扩大音乐的表现力,同时也使音乐容易被听众所接受,但却遭到"绝对音乐"论者的强烈反对。后者显然是以汉斯立克为代表。

汉斯立克在《论音乐的美》第十版的前言中指出:"我准备着第二版时,恰好又出现了李斯特的标题交响乐,这些交响乐前所未有地更完全把音乐的独立意义取消,它把音乐仅仅作为一种唤起形象的药剂让听众饮服。"他认为李斯特和瓦格纳的作品以及他们的理论使他不得不在书中继续让否定的命题占了上风。他还批评道:"器乐作者并没有想要表现某一内容。如果他想这样做,那他就站在错误的立场上,他没有置身音乐中,而是置身音乐外。他的音乐变成从标题到乐音的翻译,如果没有标题,乐曲也就很费解。在这里要提到柏辽兹的名字,我们当然不否认也不低估他绝妙的才华。步其后尘的有李斯特的差得很远的'交响诗'"。(57页)

三、歌剧问题的争论

汉斯立克在歌剧问题上评论的主要对象是瓦格纳。他不仅在歌剧的基本理论、音乐与戏剧的关系问题上反对瓦格纳的看法,也对瓦格纳的具体歌剧作品提出很多尖锐的批评。这就引起了瓦格纳音乐崇拜者们的反击。由此引起的这场激烈的争论,从音乐美学角度来看,实际上还是内容美学与形式美学之争的继续。鉴于本书第十六章"以瓦格纳为中心的第三次歌剧之争"已有具体说明,这里就不重复了。

四、汉斯立克的论敌及追随者

据里曼在《音乐辞典》(1967年版)中所说,汉斯立克的著作,由于它的论战性,必然引起争论。汉斯立克反对瓦格纳流派的总倾向引起以豪斯艾格尔(F. Hausegger)为代表的"新德意志派"的反击;汉斯立克抨击威尔第的作品得罪了威尔第的崇拜者们;甚至因为汉斯立克说贝多芬的第九交响曲是"精神世界分水岭之一,它耸立云霄,不可逾越地架在相反的思想潮流之间"

而使古典派的拥护者感到不满。里曼认为从罗勒（J. Lobe）的书评（1855）一开始就误解了汉斯立克。接着，安勃若斯（A. Ambros）写了《音乐与诗歌的界线》（1856）反对他的朋友汉斯立克。黑格尔学派的劳任津（1859）完全地误解了汉斯立克。里曼认为第一个试图认真客观地从敌对的观点来与汉斯立克辩论的是史塔德（1869）。豪斯汀斯基（1877）虽然相当同意汉斯立克的观点，但也在很大程度上误解了他。爱·封·哈特曼（E. v. Hartmann，1886）指出了汉斯立克的一些矛盾，但没有对他做出公正的评价。尽管这场争论持续了数十年，汉斯立克所奠定的有关音乐的美的研究方向仍然由普菲兹纳、哈尔姆、克瑞其麻、里曼、阿倍尔特、爱·库尔特等人继续下来，并在音乐学的方法论中得到广泛的运用。（130页）

五、对汉斯立克关于"形式"概念的不同理解

迄今为止，有关汉斯立克音乐美学思想的争论经常围绕着一个中心，那就是他的理论实质是什么的问题。许多理论家认为他是形式主义的，而以德国著名音乐学家卡尔·达尔豪斯（Carl Dahlhaus，1918—1989）为首的一些音乐学家则另有看法。他们认为汉斯立克关于"形式"的概念不是黑格尔所谓的"内容与形式"的概念中的形式的概念，而是指"形而上学本体论"中的"绝对理念"。达尔豪斯从研究《论音乐的美》一书的版本入手，认为汉斯立克的初衷在其初版中写得很清楚："对试图通过形而上学的本体论接近美的本质和揭示其奥秘的美学作哲学的探讨，是新时代对美学的要求"。"因为产生和感受一切艺术美的官能不是情感，而是作为纯粹观照活动的幻想力，所以音乐的艺术作品体现一种独特的、不以我们的感觉为前提的审美产物，这一审美产物必须脱离它在发生时和效果上所伴随的心理学附加因素，把

科学的观察纳入它的内在本性。"①《论音乐的美》到 80 年代已达 20 多个版本，当作者在世时已出十版，几乎每版都有改动，尤以第二、三版改动最大。达尔豪斯指出：在以上引文中，除了第二处"所以……"之前半句保留了之外，其他均在后来版本中删去。而且在后来的版本中还加上了要抛弃思辨的形而上学的话（当然还没有据此对此书作大的修改）。所以达尔豪斯认为"汉斯立克对形而上学的抛弃既不彻底，亦不可能"。但是"汉斯立克由于时代精神（指 19 世纪在自然科学突破性进展的影响下，社会科学纷纷借鉴自然科学的方法和思维）的干扰，尽管最终没有违反自己的美学信仰，但却违反了其美学信仰的前提。在《论音乐的美》后来的诸版本中删去了把美学跟心理学彼此分离的那些句段，'形而上学'这个词为'自然科学'所代替"。② 据此，国内也有学者（如蒋一民）认为，我们应当从形而上学的传统哲学，而主要不是从黑格尔的形式概念，去理解汉斯立克。③

蒋一民解释道："形而上学的本体论哲学所认为的'形式'，不是一个跟'内容'对立的概念。形式是'理式'（Idee），是总揽万物的'精神'（Geist），是生命的本质及其显现。形式是充满生命力的形式，是人的生命力能在其中'自由游戏'的形式。"④那么，如何解释汉斯立克关于"鸣响地被运动着的形式是音乐唯一的和仅有的内容和对象"这句话呢？蒋一民说：这句话是一个悖论，因为他用不属于自己思想范畴的概念，用异己的东西来解释自己的东西。若用黑格尔的概念去解释，那么在这里当然就只能解释为形式＝内容。他同意达尔豪斯的看法，认为汉斯立克的

---

① 汉斯立克《论音乐的美》1845 年莱比锡第一版，52 页。
② 《古典的与浪漫主义的音乐美学》，291 页，转引自蒋一民《音乐美学》，178 页。
③ 蒋一民《音乐美学》，84 页。
④ 同上。

"形式"概念既不是心理的也不是乐理的。这二者基于黑格尔的形式概念,是"一个哲学命题",它与形而上学的本体论相关联,而与黑格尔逻辑学的形式概念无关。①

蒋一民依据达尔豪斯的意见,认为这里所说的"形式"是与德国古典美学关于美的形而上学的思想相联系的,也就是说是与莱辛、康德、席勒等的美学思想相联系的。他说:自莱辛在《拉奥孔》中提出"想象力的自由游戏"这一命题之后,康德进一步提出"想象力的自由游戏"就是要让"心灵之力"去创造一种无目的、无对象、无概念而又"普遍可传达的快乐"。而这种无内容的(但又和内容的最高的本质相联系的)、无功利的(但又和功利的最高目的相适合的)形式,并非那种数理的、逻辑的、外在的形式,而是康德所谓的"那种能使想象力自动地合目的地游戏的东西,却使我们感到时时新颖,对它流连不疲"。(《判断力批判》)这里,蒋一民的意思是指上述"形式"就是康德所说的那种"东西"。之后,他又把这种看法与席勒关于人的生存冲动相联系,认为两种冲动(生存冲动分为感性冲动和形式冲动)之一的"形式冲动"亦即"游戏冲动",它把富有生命力的想象力纳入形式,使形式具有一种"充实的无限性"。② 他总结说:从贯穿在《论音乐的美》中的这种关于美的形而上学的思想,可以找到解答汉斯立克关于"音乐的形式就是音乐的内容"这个悖论的前提,即"形式既不是具体的内容,也不是那个'内容'的外壳;它是从具体的感性抽象出去、升华上去从而体现生命本身的特殊审美活动,而想象力则意味着生命本身对于形式的'游戏'能力、'玩味'能力、'品索'能力"。③

---

① 蒋一民《音乐美学》,82-83页。
② 《美育书简》,76页,转引自蒋一民《音乐美学》,85页。
③ 同上,86页。

第四节 音乐美学思想的渊源

关于汉斯立克美学思想的渊源问题说法不一。

一种说法是认为他的看法来自奈格利。普林茨（F. Printz）就认为汉斯立克的思想不是来源于赫尔巴特的形式美学，而是渊源于奈格利。

奈格利是瑞士音乐学家（H. G. Nageli, 1773—1836），他在1826年发表的《为音乐爱好者所作的音乐讲座》中就说："音乐中没有内容，没有人们通常认为的那种内容。它只有形式，只有乐音及乐音序列按照规则组合起来的一个完整世界"。"音乐的本质除了游戏以外，什么也不是。"并说："音乐用它的形式游戏来抵制任何一种用色彩、图形和形象把心灵置于感情之中的可能做法。它竭力在游戏中挣脱感情。"[①] 不仅如此，奈格利关于幻想力的论述也与汉斯立克的很相似。他说："音乐与精神与充满创造力的精神最紧密地联结在一起；她简直就是精神的催产士；她深深地激动着艺术家的心底，她用幻想力引导艺术家进行艺术活动。"又说："如果一个用音符来表演的产品显得非常有生气，如果它不受现成的艺术规则和艺术形式的束缚，那么就有理由称其为幻想力（Phantasie）。也就是说，在我们这儿，幻想力这个词已经变成了一个艺术用词，它——指出这一点是非常重要的——不仅是许许多多艺术用词中的一个，那些艺术用词只是分别表示自己单独的艺术形式，而且君临一切单独的艺术用词，它标志着形式的最高自由和最高理想。"[②]

---

① 奈格利《为音乐爱好者所作的音乐讲座》，33页，转引自蒋一民《音乐美学》，86页。

② 同上，87页。

另一种看法认为汉斯立克深受齐默尔曼（Robert Zimmermann）的影响，而后者是形式主义哲学家赫尔巴特（J. F. Herbart）的学生，而赫尔巴特又是康德的学生，于是就形成这样的渊源关系：康德—赫尔巴特—齐默尔曼—汉斯立克。

前苏联音乐学家亚·米哈伊洛夫认为这种看法至少是不准确的。他认为汉斯立克的理论是直接受其在布拉格大学时的哲学老师艾克斯涅尔和好友齐默尔曼的影响。艾克斯涅尔曾经被汉斯立克在《我的生涯》中作了精彩的描绘。艾克斯涅尔虽然赞同官方承认的赫尔巴特的哲学，但他私下里却是被教会和国家赶出官方讲台的哲学家贝纳德·包尔查诺（B. Bolzano）的私塾弟子。而齐默尔曼正是包尔查诺的学生，他的著作很受他老师的影响，后来成为汉斯立克所说的"奥地利十九世纪后半叶最有影响的哲学家。"[①]《论音乐的美》就是题献给他的。齐默尔曼于1854年也发表了一本与汉斯立克的著作同名的书《论音乐的美》。之后又于1865年发表了《美学》一书。其中提出了不少与汉斯立克相同的观点。例如，他认为：音乐仅仅是声音的形式，除了形成它的声音外，并无重要内容或其它表现可言；它既不能传达明确的思想，也不能表现具体的情感。歌曲的内容是文字，而不是音乐；至于标题音乐，它除了标题以外，还应该给人留下一个清晰而独立的印象。[②]

米哈伊洛夫认为齐默尔曼对汉斯立克的影响主要表现在一种逻辑唯理论的影响。这种逻辑唯理论把超历史的逻辑思想方法运用到音乐中来。"在《论音乐的美》第一版中，音乐的创造——象征精神方面与它的逻辑性的、所谓它的内在的形式－素材精神

---

① 米哈伊洛夫《汉斯立克与他的美学渊源》（张洪模译），《中国音乐学》1992年第1期，126页。

② 《来自音乐厅》126页，转引自《新格罗夫音乐与音乐家辞典》第8卷，152页。

方面，在'客体'——音乐本身中形成两极化的紧张：音响素材不是模糊一片无定形的，而是渴望组织化和准备吸收精神和内涵，同时音乐家-创作者却又不是结构的工程师，而是思想的、精神（亦即表现在结构性本身中的精神）的载体。音乐的这样两极化的紧张性（在某种程度上被汉斯立克抓住了）是艺术本身的特性，更重要的是，这种特性决不容许作同义的解决或一定要作出决择：不是素材的精神性，就是创作者的精神性。对于事物的片面的逻辑观点感觉兴趣的是确定音乐'对象'本身是什么？它怎样在自身内部构造出来的？所有矛盾的东西像所有'非音乐的'东西一样，对问题的本质都是不相关的东西。"①

该文作者还认为齐默尔曼和包尔查诺都很不容易承认矛盾的客体的存在，而汉斯立克对精神遗传的掌握更为模糊，所以"不难对齐默尔曼做出让步"。事实上，汉斯立克在其著作的以后几版中就有把音乐逻辑化的倾向，即把音乐变成一种特殊的形式——逻辑的对象。这就使得他对音乐与人、音乐与现实、音乐与心理的个性等问题都漠不关心。汉斯立克与齐默尔曼都热衷于研究"审美自身"、"审美客体自身"、"音乐作品本身"等概念，而这些都是受包尔查诺关于"自律的真理"的理论的影响。齐默尔曼就把艺术包括音乐完全客观化，割断了审美过程中的任何主观性，而这也是"汉斯立克的美学分析有时变成一种对音乐和听众无情的审理的原因"。加之汉斯立克对于19世纪中叶流行的世界感知的心理主义和19与20世纪之交产生的"精神科学"的心理主义都不理解，感到格格不入，因此，"音乐的精神内涵、音乐思想在汉斯立克的理论中都形成音乐流动的美了，完全、几乎完全没有主观——心理的中介的东西：'我们一再着重音乐的美，

---

① 米哈依洛夫《汉斯立克与他的美学渊源》（张洪模译），《中国音乐学》1992年第1期，132页。

但并不因此排斥精神上的内涵,相反地我们把它看为必要的条件'。这句话恐怕是唯理智论的文化传统遗留给汉斯立克的最概括的总结。"

米哈依洛夫还认为汉斯立克的理论与他所处的时代也就是"庸人自得"的文化时期很有关系。所谓"庸人自得"派,最先是指人们对家具和实用艺术所追求的一种风格。这种风格显示出人们力求使家具和物品美观、舒适,与人协调、和谐。后来这种追求扩展到整个文化生活领域成为一种时代风尚,学术界把它称之为"庸人自得"时代(Biedermeierzeit)。这个时代的心理特征就是与现实妥协,对它抱绝对肯定的态度。它反映了资产阶级意识形态中虚假的乐观情绪。"庸人自得派"导致艺术上的无忧无虑和明朗快活,他们具有把悲观失望变成笑的能耐。而维也纳已经成为"庸人自得"的典范,同新教地区即中德和北德相比,它在文化发展上是落后的。米哈依洛夫认为:"严格地讲,汉斯立克的书中的一切都是由布拉格和维也纳的垂死的'庸人自得'派的气氛决定的"。①

在我国,于润洋教授指出了汉斯立克的思想与康德的渊源关系。他说:在康德看来,无标题的纯音乐属于纯粹美的范畴,它同花卉、图案一样,"本身并无意义:它们并不表示什么,不是在一定的概念下的客体",而只是"一个对象的符合目的性的形式"。(《判断力批判》)康德"将纯音乐中的内容因素完全排除了,形式就是它的一切。从这里我们可以找到汉斯立克自律美学的直接渊源"。② 在谈论音乐的社会功能问题时,于润洋教授也持同样观点。他认为:汉斯立克关于"有些人声言音乐在人类精神

---

① 米哈依洛夫《汉斯立克与他的美学渊源》(张洪模译),《中国音乐学》1992年第1期,130页。
② 于润洋《对一种自律论音乐美学的剖析——评汉斯立克的"论音乐的美"》,《音乐美学史学论稿》,人民音乐出版社1986年,18页。

的启示中占一个卓越位置，可是音乐没有这个作用，也永远不会有这个作用。"以及有关"为了教育、政治和其他目的而使用的手段，它什么都是，但就不是独立的艺术"等观点，"直接来源仍然是康德的美学"。他指出："康德……得出结论：'根据理性来评定，音乐比其他的诸艺术有较少的价值。……如果人们把诸艺术的价值按照着它们对人们的心情所提供的修养来评量，那么，音乐就将在诸艺术中居最低的位置，因它只用诸感觉游戏着。'（《判断力批判》）在我们看来，康德、汉斯立克在音乐的社会功能……这个问题上的错误的根源显然是在于他们对音乐本质所作的具有强烈形式论倾向的自律性的解释"。[①]

从目前的资料来看，汉斯立克接受的思想影响是多方面的，其中也有来自德国早期浪漫主义代表人物的论述，而且可能更为直接。早在音乐史上所谓的浪漫主义音乐到来之前，一批热爱音乐的诗人、作家们就已针对着让他们着迷的"曼海姆乐派"和"维也纳乐派"大师们的器乐音乐发表议论，自由地探索音乐"最本质"的东西。音乐美学史上把他们的理论称之为"器乐形而上学"。他们中最有代表性的人物是：保尔、瓦肯罗德、梯克和霍夫曼。

保尔（Jean Paul，1763—1825）在其长篇小说《赫斯佩鲁斯》中，借评论曼海姆乐派后期代表人物卡尔·斯塔米兹指挥的交响音乐会时试图描绘音乐的"超验"意义。他说："人有一个伟大的但从未实现的希望：这希望没有名称，它寻求它的对象，但是一切你说得出来的东西和一切快乐都不是它的对象；只有当你在夏夜眺望北方，眺望远山，或者当月光普照大地，天空繁星闪烁，或者当你非常幸运之时，这希望才能再度来临。这个伟大

[①] 于润洋《对一种自律论音乐美学的剖析——评汉斯立克的"论音乐的美"》，《音乐美学史学论稿》，人民音乐出版社1986年，46页。

的无限的希望把我们的精神向上超升,然而连着痛苦:哦!我们从尘世被抛向凌虚,宛如得了癫痫病一般。但是这个无可名状的希望,我们的心弦和音乐都称它为人的精神。"① 这里绝对音乐就代表着那"无可名状的希望"。他还说这种"超越尘世的回声,它回答了人们看不见也听不见的本质","在这些声音的下面和后面,不再存在言词……无言之心贯注了自在的声音,并把外在的声音看作内在(内心)的声音。"② 1803年,他在长篇小说《放浪年华》中又指出:"如果你把眼泪和情绪拌杂入音乐,那么音乐就只是它们的女仆,而不是创造自己的女神。……在所有艺术门类中,只有音乐是纯粹最富人性的,最能涵盖一切。"③

瓦肯罗德(Wilhelm Heinrich Wackenroder,1773—1798,德国浪漫主义散文作家和思想家)在《关于艺术的幻想》文集的一篇文章《音乐的神奇》中,把音乐描绘成好像"祭坛上香烟袅袅,在空气中扶摇登遐"。音乐如同"我们生命的画卷",它意味着"质本无来还无去"。④ 他把音乐想象成类似某种宗教。为超凡出世,人们可以"埋首于那神圣的、凉爽的乐音之泉中",可以"皈依那音乐的国度,也就是那信仰的国度"。"在这个国度里,我们的种种疑惑和苦难都涤除在乐音的海洋里,我们把人类的纷繁吵嚷忘得干干净净,没有语词和言语的喋喋不休,没有种种字母拼写和象形文字的芜杂,来搅得我们昏头胀脑。"

然而,音乐中这种"魔力"从何而来呢?回答是:"我们所不认识的一种精神本质",这种精神本质所引起的愉快非同寻常。"这是一种纯洁的、亲切的愉快,一种由乐音、由纯粹的乐音引

---

① 达尔豪斯与齐默尔曼合编:《携音乐入语言——三个世纪来的音乐美学史料读本》1984年,176页。
② 同上,178页。
③ 加茨《音乐美学的主要流派》(1929),德文版,331–332页。
④ 瓦肯罗德《诗歌、文论、书简》,转引自蒋一民《音乐美学》,45页。

起的快乐！一种童贞般纯洁的快活！"① 从以上论述，可以看出瓦肯罗德这个并非僧侣的文人如何给音乐的超验论涂上一层宗教色彩，又是如何企图通过音乐来追求或通向纯粹美。

梯克（Ludwig Tieck，1773—1853，德国诗人、戏剧家）进一步发挥了瓦肯罗德的思想，在《交响乐》和《音乐》两篇文章中，不仅把音乐说成是"整个自然的世界精神"，并且首次把音乐与形式等同。他写道："你没在乐音中看见火花闪烁？是的，那是甜美的天使之歌，在形式中，在格式塔中，你的视线向那里投去……"不久，又把造型艺术和描写艺术归入"内容艺术"，认为它们的形式被内容捆绑住而没有自由，只有音乐才摆脱了物质性，如果它有内容，那就是形式。②

这种看法不难在其他浪漫主义者的论述中找到，例如施莱格尔（August Wilhelm Schlegel）表述得更为明确。他说："音乐的最天然的形式就是乐音的纯粹的连续，只有在这纯粹的连续之中，而不是在它之外，生命世界的丰富多彩才能被感受到。"③ 不仅如此，浪漫主义者一方面将诗与诗意区分开来，一方面又把器乐看成真正的独立的音乐，"在器乐中，艺术是自由的，它只遵守自己的法律，它游戏着，无目的地去幻想"。而"器乐的最高凯旋、最美的赞颂就是交响乐"。④ 只有音乐中的器乐特别是交响乐，才最能体现诗意，而诗意却代表那种从具象中抽象出来并得到升华的更为纯粹的东西。梯克说："器乐不关注歌词，不关注被谱写的诗歌，它自为地创作，用诗意来评论自己"。"交响乐能够体现一种五彩缤纷的、丰富多彩的、朦胧不清的、按照美的原

---

① 瓦肯罗德《诗歌、文论、书简》，转引自蒋一民《音乐美学》，46页。
② 《音乐》，瓦肯罗德《诗歌、文论、书简》，转引自蒋一民《音乐美学》，49 - 50页。
③ 加茨《音乐美学的主要流派》，79页。
④ 同上，353页。

则发展的戏剧,这种戏剧是诗人决不能提供给我们的;因为交响乐用谜语来揭示谜语,它不依靠概率的法则来推出谜底,它不需要跟故事和性格联在一起,它只耽于它纯粹诗意的世界。"①

由此出发,梯克进一步论述了人们在音乐审美活动中所欣赏的诗意形态乃是一种超验的"思维能力"。他说:"我们的心从它的尘世域界里升华向上","进入静穆的信仰之国,进入艺术自己的领域"。"这种最美的满足……不需要判断和推理,不必通过一系列费劲的归纳思考,我们就能达到它"。"人们即使要思考,也不用走语词那条费劲的弯路,在这里是情感,幻想力和某种思维之力"。② 这里可以看出,在浪漫主义那里,情感、幻想力和"某种思维之力"是同一范畴的东西。

所有这些思想在他们的同时代的著名文学家、作曲家和音乐批评家霍夫曼(Ernst T. A. Hoffmann, 1776—1822)所写的《路德维希·凡·贝多芬的c小调第五交响乐评论》中加以系统化了。他说:"若要说到音乐作为一种自立的艺术,那永远是指器乐,它鄙视另一种艺术的任何帮助、任何混杂,而纯粹表达自己固有的、仅仅由它所代表的艺术的本质。"认为音乐是所有艺术门类中最浪漫者、是唯一纯粹的浪漫。"正因为贝多芬纯粹是一个浪漫主义的作曲家,因而也才可能是一个真正的音乐的作曲家。"海顿、莫扎特和贝多芬各代表浪漫主义精神的三个等级。"海顿给人类生命中的人性体现以浪漫主义的理解,他的作品具有更高程度的公约性。""莫扎特却追求那驻于内在精神之中的超人的、神奇的东西。"而贝多芬的作品则更"唤起那种无限的渴望,这就是浪漫主义的本质"。③ 霍夫曼还说:"奥菲欧的诗琴打开了冥界之门,音乐则向人敞开了一片未知域界,这片域界若依

---

① 《交响乐》,瓦肯罗德《诗歌、文论、书简》,转引自蒋一民《音乐美学》,51页。
② 转引自蒋一民《音乐美学》,52页。
③ 参见《霍夫曼音乐文集》(1977),转引自蒋一民《音乐美学》,59页。

靠包围着人的感性世界,那是什么也不可名状的,人把一切以概念来规定的情感遗留在这个感性世界里,以便使全身心沉浸于不可言传之中。"可惜能认识到音乐这种本质的作曲家很少,他们"只知道去描述那些确定的感情,或者竟是确定的高兴故事",这样"等于是以形象的方式去对待这种本来跟形象绝然对立的艺术"。[①]

以上这些关于"绝对音乐"或者说关于"器乐形而上学"的早期浪漫主义美学的论述,后来在汉斯立克的著作中得到大大的发挥,几乎成为他的指导思想。当然,指出这个关于浪漫主义音乐美学思想早于音乐史上和实际音乐生活中的浪漫主义音乐现象,是卡尔·达尔豪斯的功绩。

第五节 小 结

一、关于形式与内容的问题

这个问题是汉斯立克在《论音乐的美》一书中论述的重点,但是他的观点是矛盾的,概念也有混乱。不可否认,他既在好几处地方论述了"形式"是一种"精神"、一种"理念"、一种与"想象力"相关联的东西。但是,他也确实运用了人们所说的黑格尔逻辑学上那种与"内容"相对立统一的"形式"的概念。而且,正是在论述音乐的内容与形式的问题时使用的,与此同时,他并未作任何有关使用概念方面的说明。因此,人们把他关于"音乐的内容就是乐音的运动形式"以及"音乐的内容就是鸣响地被运动着的形式"等著名论述看作形式主义是有道理的。再说,即便像有的人那样,把汉斯立克的"形式"概念理解为形而上学本体

[①] 转引自蒋一民《音乐美学》,59页。

论的"理念"或"精神",我们也仍然不能完全同意他的观点。

从汉斯立克发表《论音乐的美》以来,将近一个半世纪当中,不少音乐美学家进行了许多专门的研究。关于音乐的内容与形式的问题实际上就是音乐的"意义"的问题。20世纪一些音乐美学家,例如美国音乐美学家伦纳德·迈尔就认为汉斯立克与他律论者都有些走极端。他主张音乐具有两种意义:绝对意义与参照意义。前者与汉斯立克所说乐音的运动形式有关,后者与他律论者的主张有关。从无数的音乐作品所存在的情况可以证实这一点。另一种理论,如俄罗斯音乐分析学家霍洛波娃就认为,哲学上如黑格尔有关内容与形式的二元论已经不适于解释音乐的问题。她说:音乐的形式本身就有内容,音乐中内容与形式不可分离,内容完全融合在形式之中,就像洋葱一样,每一层既是内容又是形式。这种理论还认为:确切地说,关于音乐的形式与内容的问题,最好是运用三分法,即音乐中存在着:材料、形式和内容。霍洛波娃还对形式进行了多层次的分析。这些对于研究音乐的内容与形式的问题无疑是很有参考价值的。

二、关于音乐与情感的关系问题

汉斯立克关于音乐与情感的关系问题也是矛盾的。他曾经理直气壮地说:"表现确定的情感或激情完全不是音乐的职能"。(28页)"音乐不描写任何情感,既不描写确定的情感,也不描写不确定的情感。"(41页)但是在他的论述过程中几乎处处都能看到他并不能摆脱情感,尽管他几乎处处自相矛盾。

(一)从他有关作曲、演奏和欣赏过程的论述来看

他说:"没有内心热情就不能完成人生的一切伟大或优美的事物,作曲家跟任何诗人一样,有着丰富的情感,但情感不是他

创作的因素。""即使他充满了强烈、明确的激情（Pathos），这将是产生不少艺术作品的起因和使作品庄严圣洁的原因，但是激情不是作品的对象。"（71页）又说："让我们看一下作曲家吧。在创作的过程中他充满了一种兴奋的情调，没有这种情调而要从幻想力的深渊中释放出美的事物来，这是几乎不能想象的。……在这里清醒的理智跟激昂的情绪至少起着同样的作用。"（69页）并认为在这一点上作曲家与一般的艺术家没有两样。那么作曲的特殊性在那里呢？汉斯立克说："它是一种不停的造形过程，一种用乐音关系来塑造形式的过程。"作曲家"必须客观地把他的（音乐的）理想呈现出来，把它造为纯粹的形式"。（69－70页）这里，尽管作者强调作曲作为造形过程完全是客观性的，但是他还是承认："具有无限表现力的精神性的乐音材料，使音乐造形者的主观特点能在塑造的方式中表现出来。因为各个音乐要素已经有各自特殊的表现力，作曲者性格上的显著特点：如多情善感、强劲、愉快等，可以很好地通过贯彻选用某些调性、节奏和过渡，就音乐所能再现的一般因素，表达出来。"（71页）当然汉斯立克又怕否定了自己的基本观点，他立即强调："一旦这些性格特点为艺术品所吸收，那么它们只是作为音乐素质，作为乐曲的、而不是作曲家的特性受到注意。多情善感的作曲家、才思丰富的作曲家、优雅或崇高的作曲家，所给予我们的首先和首要的是音乐，是客观的形体。"不过他也不可否认："这些作曲家的作品有着各自判然分明的特点，作为完整形象又反映着创作者的人格。"但他马上补充说："但所有作品无论哪一件，都是作为独立的美的事物，为本身目的而纯音乐地创造的。"（71页）

在论及乐曲对听众的感染力时，汉斯立克还是担心人们会据他上述看法推论出：听众也因此被乐曲中所反映的作曲家的人格、性格或情感的特点所感染，他立即指出："不是作曲家实际上的情感、作为单独主观的激动，唤起了听众中间同样的情调。

如果我们承认音乐有这样一种强制的力量，那就得承认这种力量的根源在音乐中客观存在的东西，因为就一切美的事物说，只有客观存在的东西才有强制力。在这里所说客观存在的东西即乐曲的音乐素质。从严格的审美观点看，我们只能说某一主题有着高傲或暗澹的声调。但不能说，他表达了作曲家的高傲或暗澹的情感。"（71—72页）不管他怎样翻来覆去地既摆脱不了情感的参与又往往在"但是"之后坚守他的防线，但是他不得不承认"主题具有某一音乐表情，是正巧选择了某些音乐因素的必然结果；如果作者的选择是由于他的心理状态或当时的历史文化原因，那么人们必须从作品（而不仅从年代诞生地）来证明此事，如果人们证明这种联系是存在的，尽管它非常有趣，那首先也仅只是一种历史的或作曲家生平的事实而已。审美研究不能以存在于作品外的任何情况为依据"。（72页）他还说："因此在写作一首乐曲时，作曲家自己的个人激情的表露，只限于主要是客观的造形活动所允许的范围内。"（73页）

总之，以上可以看出：

第一，汉斯立克不得不承认作曲家在创作时满怀激情或情趣，他所创作的乐曲不仅反映着作曲家本人的人格特征、主观特点，而且乐曲的主题还具有音乐表情，只不过作曲家的个人激情的表露必须限制在乐曲客观的造型活动所允许的范围之内罢了。

第二，一谈到音乐与情感的关系，汉斯立克立即就会强调乐曲就是乐曲，它是作曲家客观地创作出来的纯形式；即使乐音材料本身具有无限的精神性，但它究竟是音乐素质而不是作曲家情感的再现。因此可以说某乐曲是高傲的、暗澹的，而不能说该乐曲是表现了高傲的或暗澹的情感。这里看出汉斯立克不得不退到承认乐曲是情感性的，因为他正是用情感性的形容词来说明乐曲的特性的。

第三，汉斯立克最后一道防线是：不管怎么说，音乐或乐曲作为独立的美的事物，它与情感的任何联系哪怕是背后的或远关系的联系都不能作为音乐审美的基础。关于演奏，汉斯立克的论述则是另一回事了。他说："不是乐曲的创造，而是乐曲的再现，即演奏，才是使情感能直接流露在乐音中的行为。""演奏者能够通过他的乐器把当时正控制着自己的情感直接表露出来，在他的演奏中注入他内心的狂风暴雨、炽热的渴望、活泼的力量和欢乐的情调。""亲切的体内感觉"通过演奏"使我的情调能够在演奏中按照个人最独特的方式倾吐出来。主观精神在这里直接化为乐音，产生音响的效果，而不是默然地用乐音来塑造形式"。"'演奏者只是在推测和显示作曲者的精神'——也许是这样，但在再创造的顷刻演奏者把乐曲化为己有，正是这个化为己有是演奏者的精神。"（73页）这种观点简直与他律论者的观点一模一样。我们不禁要问：假如像汉斯立克所主张的那样，即乐曲不表现任何情感，也就是说乐曲不是任何情感的载体，那怕是暗含的，那么，演奏者又如何能把自己的情感倾注到乐曲里面去呢？演奏者既然能将其情感注入乐曲，那么为什么作曲者不能呢？反之，乐曲既然能经过演奏将演奏家的情感表达出来，为什么不能将作曲家的情感表现出来呢？

再说欣赏的问题，汉斯立克承认音乐在欣赏者情感上的影响，但他认为这是一种病理的接受音乐的结果，也就是说是一种由生理反应而来的影响。他说："我们看到的情况是，音乐产生非常强烈的印象时，其中大量地杂有听者自己生理上的激动。"之所以如此，因为"就音乐本身说，这种对神经系统的猛烈侵袭不是由于音乐的艺术因素——这是由精神中来并且到精神中去的因素——宁可说由于音乐的材料，这种材料天然地具有不可究诘的生理上的亲和能力。正是音乐的原始素质，即声音和运动，使许多音乐爱好者无抵抗的情感套上了锁链，他们甚至津津乐道这种锁链"。汉斯立克也知道尽管说上述情况是病理性的欣赏，也仍然否定不了音乐与情感在欣赏过程中的联系。他只好再加限制说:"我们丝毫不想剥夺情感对音乐的权利。但这种确实或多或少地与纯粹观照相配合的情感,只能在它始终不渝地意识到它自己的审美来源,即某一美物,并且正是这一美物给了他愉快时,这种情感才能算是艺术性的"。(85页)

(二)从他有关音乐与情感的肯定方面来看

汉斯立克认为音乐能够表现以下因素:"有一类观念可以用音乐的固有方式充分地表现出来。那就是一切与接受音乐的器官有关的,听觉可以觉察到的那些力量、运动和比例方面的变化,即增长和消逝、急行和迟疑、错综复杂和单纯前进等一类观念。"(29页)又说音乐"只能表现情感的力度(das Dynamische)。音乐能模仿物理运动的下列方面:快、慢、强、弱、升、降。但运动只是情感的一种属性、一个方面,而不是情感本身。……只有观念,即活的概念,是艺术体现的内容,这是显然的。但像爱情、愤怒、恐惧等一类观念也不能在器乐作品中体现出来,因为这些观念与优美的乐音组合间没有必然联系。那末这些观念的哪一方面是音乐实际上能有效地掌握的呢?是运动的一面(当然是广义的运动,它包括各个乐音或和弦的强弱变化方面)。这个运动是音乐和情感状态的共有因素,音乐能创造性地以无数的差别和对比来塑造这个因素"。(30-31页)

以上看法我们是同意的。从心理学角度看,情感具有它自己的属性,其中之一就是它的运动性,而音乐的突出特点之一也是运动。音乐和情感都是在时间中伸展变化的。从格式塔原理来看,它们在运动形态上都存在着高低的起伏、力度的强弱、节奏的紧张与松弛等等。这种在运动的结构和形态上的相似性,就是一种"同构"关系。当然,汉斯立克坚决反对说由于这种共同性,音乐因此就能表现情感。理由是:运动只是情感的一种属性而不是情感本身。

这个问题值得研究。一些他律论者，特别是与汉斯立克同时代的他律论者，的确有人主张音乐能够直接表现感情本身。我们同意索菲亚·丽莎（Zofia Lissa，1908—1980）的见解，即："音结构可以反映现实中的两种现象：听觉和视觉可以把握的，也即感官可以体察得到的实际运动过程和感官不能直接体察到的人类感情。"并指出："这后一种现象可以用间接方式，通过对伴随这种感情的表情运动的反映而反映出来。"她还指出："这些表情运动中最重要的一个种类就是具有音调特征的人类口语。因此，这种音调在音乐中起着重大的作用。"① 也就是说，我们并不认为音乐能够直接表现情感本身，作为无歌词和无标题的纯器乐作品来说，它只能通过间接的方式来反映情感。

汉斯立克承认音乐能够表现情感的运动和力度的变化，这是应当肯定的。

另外，汉斯立克还说过："具有无限表现力的精神性的乐音材料，使音乐造形者的主观特点能在塑造的方式中表现出来。因为各个音乐要素已经有各自特殊的表现力，作曲者性格上的显著特点：如多情善感、强劲、愉快等，可以很好地通过贯彻选用某些调性、节奏和过渡，就音乐所能再现的一般因素，表达出来。"（71页）这一点我们也应当同意。因为在具体的作曲过程中，作曲家选用什么调性、节奏或过渡等等，这些属于音结构的因素的确是与作曲家的性格、当时的情感状态，特别是他力求用音结构所要表现的情感直接相关的。可是，汉斯立克几次提到作曲家的性格能够或多或少地体现在乐曲之中，却不直接承认情感的体现问题。事实上，他所列举的性格如多情善感、强劲和愉快，那一个不是与情感密切相关？像愉快本身就是一种情绪类型。即便是

---

① 《论音乐的特殊性》，31-32页。

性格,从心理学上说,一个人性格的形成与他的认识、情绪和意志也是密切相关的。

关于情感与语言、概念、观念和理性思维等的关系问题,汉斯立克也有他自己的主张。他说:"是什么使情感成为某一特定的情感?使它成为渴慕、希望、爱情呢?也许只是内心波动的强弱么?不是的。不同的情感可以有同一的强度;同一情感,可以因人、因时,而强弱不同。只有在一系列的想象(Vorstellungen)和判断的基础上——这些想象和判断在强烈感受的顷刻也许没有被意识到——我们的内心状态才可能凝结为某一特定的情感。……不单是心灵的波动形式,而是这种波动所具有的概念核心,它的真实的、历史的内容才能使它成为爱情。""情感并不是孤立地存在于心灵中,好像可以用一种艺术把它从心灵里提取出来,而这种艺术却无法表现其他的精神活动。相反地,情感是以生理和病理状态为其先决条件。它是以观念和判断,即理智和理性思维的全部领域,也就是被人们看作是情感的对立面的那个领域为依据的。"(28页)他明确表示音乐不能表现确定的情感的理由是:"一种确定的情感(热情、激情)从来也不会没有真实的历史内容而存在着的,而历史的内容只有通过概念才能予以说明。显然音乐作为'不确定的语言'是不能重现概念的——那么音乐不能表达特定的情感这一推论在心理学上岂不是无法否认么?而情感的明确性恰恰正是由于它的概念的核心。"(29页)他的推论就是:一种确定的情感必定要有真实的历史内容,否则不会存在,而历史的内容只有通过概念才能予以说明,而音乐作为"不确定的语言",不能重现概念,因此音乐不能表达特定的感情。在另一处,汉斯立克否认音乐具有与形式相对立的内容,因为音乐"不具有任何能用语言表达的内容"等等。可以说这是汉斯立克认为音乐不能表现感情的主要论据之一。

从以上看出汉斯立克强调情感与观念判断、理性思维,也就是与语言、概念的关系，并明确指出特定的情感必须具有一定的历史内容等等，都是有道理的。正因为如此，我们并不赞成情感论者或者更确切地说唯情论者否定这种关系的主张。我们认为情感的生成的确与理性的判断、与理性的思维有不可否认的关系。但是情感与理智或者说与理性思维终究属于两个范畴，它们是可以分开的，它们各自具有自己的特性。

首先，情感作为人们对待事物的一种态度，它的产生的确离不开人们的理性判断，可是当情感一旦产生，它就不一定总是伴随着以概念为形式的理性思维，以至只要表现情感就必须连带着把概念或者产生这种情感的原因一并说出来。其次，特定的情感本身也有其形式与内容。正如黑格尔所说：情感既是内容又是形式。它的内容与产生情感的精神因素相联系，包括与特定的历史内容、观念判断、理性思维等相联系。它的形式则与情感的强度、力度、起伏的幅度等相联系。而这些强度、力度、幅度等等又是某种与心理运动相联系的因素。

第三，我们说音乐表现情感，并不是说音乐能够直接表达情感本身，而是说情感中上述那些与运动相关的因素可以为作曲家提供一种将它们与音乐所具有的运动性相联系起来的可能，即，使两种运动因素产生某种同构关系，从而为音乐表现、象征、描述感情的波动提供某种可能。

第四，音乐是需要表演的艺术，是需要听众直接感受的艺术。演奏家在尽可能正确理解乐曲的基础上，倾注自己与乐曲紧密相关的情感体验在其演奏之中。这种演奏是有感染力的。听众在听音乐的过程中，一方面受到感染，一方面又情不自禁地从自己的情感体验来感受音乐，而其所感受的途径和方式不可避免地是从乐曲自身运动着的音结构通过听觉感受到的。在这个过程中，乐曲所表现情感的精神内容是不可能直接传达给听众的。听众只有再通过自己对该乐曲及作曲家连同他所处时代的了解等等，才可以说对乐曲的精神内容亦即乐曲所表现的情感的内容能够有所了解。当然，这个过程中，听众自身的情感特征、性格爱好以及其文化艺术及音乐方面的修养等都会起作用的。

汉斯立克在这里将情感与理性判断——必须通过语言概念——的关系看得过于简单，几乎把它们等同了。理性判断在特定情感所产生的过程中起作用，而且深深蕴含在情感的内容之中。情感、特定情感也不是非以概念来表现不可。音乐、音结构正是适合于非语义化方式，这里牵涉到情感的存在方式问题。

第五，音乐在自然美中无原型、无范本、无形体的问题。汉斯立克认为由于这个原因，所以音乐在思维中无相应的概念，因而无明确而可认的语言表达的内容。问题是音乐的内容是否一定能够用语言来表达，固定在以明确概念为特征的逻辑思维中，并在自然美中有其原型或范本的呢？也就是说音乐的内容是否一定是可以言传的，在理性思维中有明确的概念与之相对应的自然美的原型的呢？在音乐作品中是否有不可言传的、不能以明确的概念来确认的、非理性的或逻辑思维所能推论的，但可感受的、无名的、在自然美中没有原型的乐曲呢？如有，可否称之为有内容的音乐呢？这里的内容可否称之为那种"可感"的内容（亦即所谓"形象思维"所说的那种内容）呢？

如果说音乐的内容的定义是前者，那么汉斯立克至少对了一半，因为纯粹的器乐作品中，的确有不少乐曲的"内容"是不可名状的，或不能用概念来言传的，在自然美中也确实找不到它的原型或范本。但如果"内容"的含义更宽泛，而纯器乐作品的内容更带感受性、意会性，那么是否仍可以说音乐是具有内容的，只不过这种内容是独特的。实际上，即使诗歌与造型艺术也不能说它们的内容就百分之百地有自然美的原型或范本，并可以用明确的概念言传，可以用理性思维来穷尽它的。

附　录

西方音乐美学史教学大纲

一、课程性质和目的

西方音乐美学史系一门史论课，要求学生学习了解西方各个历史时期音乐美学思想的演变及其基本特征，尤其是对其中的代表性人物，如毕达格拉斯、柏拉图、亚里斯多德、卢梭、黑格尔、李斯特以及汉斯立克等人的音乐美学思想有较深入的理解。

二、教学原则

强调阅读原著，史论结合，注意吸收国内外科研成果。

三、教学方式与考核

课堂讲授与课堂讨论相结合。事先向学生指定必读文献，讲课时尽力做到提纲挈领，通过学生讨论，教师进行总结与补充。配合讲课，适当播放有关录像、录音资料，帮助学生理解课程内容。

考核方式分两种：课堂上有准备的发言占成绩的三分之一；期终考试占成绩的三分之二。

四、教学内容与进度

本课程时限为 1 学期,每周 2 学时,教学内容与进度安排如下:

第一周　绪论:西方音乐美学史的学科性质、对象、意义与方法;课程安排、学习要求与考核方式等。

第二周　古希腊时期:时代特征,文艺概况。
毕达哥拉斯的生平及有关音乐的论述(音乐的和谐,音乐的宇宙意义,音乐的净化作用,音乐与数的关系,结语)。

第三周　柏拉图的生平及哲学、美学与音乐美学思想("美是美的理念",艺术模仿论,和谐论,灵感说,音乐调式表情论,"理想国"关于音乐的限制,结语)。

第四周　亚里斯多德的生平及哲学、美学与音乐美学思想(美的存在方式,艺术模仿论,音乐的教育与娱乐功能,音乐的运动特征,结语)。

第五周　课堂讨论。

第六周　中世纪时期:时代特征,基督教文化状况。
圣·奥古斯丁的生平及美学与音乐美学思想(美的根源在于上帝,美在于和谐与适宜,音乐能激起情感,音乐与时间,音乐的审美方式,结语)。
卡西奥多尔的生平及有关音乐的论述(音乐与宇宙法则,音乐与上帝,音乐的和谐,结语)。
鲍埃修的生平及音乐美学思想(音乐与灵魂的和谐,音乐与理性,天地间存在三种音乐,结语)。

第七周　文艺复兴时期:时代特征,人文主义思潮的兴起。
伽利略的生平及关于歌剧的论述。

第八周　廷克托里斯的生平及有关音乐的论述（音乐的现实性，音乐的分类，音乐术语解释，结语）。

扎尔林诺的生平及音乐美学思想（小宇宙与音乐的和谐，听觉使音乐居于艺术首位，旋律与歌词的统一，作曲家的修养，结语）。

第九周　启蒙运动时期：时代特征，理性至上思潮的兴起。

卢梭的生平及音乐美学思想（音乐应表现平民精神世界的美，音乐的情感模仿论，音乐中旋律居于首位，结语）。

马泰松的生平及音乐美学思想（音乐处于数学之上，音乐只是自然的女仆，音乐主情论，旋律的特征及在音乐中的地位，结语）。

第十周　黑格尔的生平及哲学、美学与音乐美学思想（美是"理念的感性显现"，音乐内容的特殊性，音乐感性材料的特殊性，音乐表现手段与方式的特殊性，音乐的效果，结语）。

第十一周　黑格尔（续）。

第十二周　19世纪：时代特征，浪漫主义音乐思潮的兴起与发展。

李斯特的生平及有关音乐的论述（音乐的情感论，标题音乐，结语）。

柏辽兹的生平及有关标题音乐的论述。

第十三周　舒曼的生平及音乐美学思想（音乐是时代的诗，音乐的表现力，音乐创作的继承性，音乐活动中视觉与听觉相配合，结语）。

第十四周　瓦格纳的生平及歌剧改革思想。

西方音乐美学史上三次歌剧争论。

第十五周　课堂讨论。

第十六周　汉斯立克的生平及《论音乐的美》一书的主要内容（音乐的内容与形式，音乐与情感，音乐的幻想力，音乐的美，结语）。

第十七周　汉斯立克（续）。

第十八周　课堂讨论。

1994 年 9 月 1 日

整理者后记

1984年起，何乾三在中央音乐学院开设了一门课程《西方音乐美学史》，先后为不同班级共讲了七遍。1994年她从美国考察回来，正准备利用在那里新收集到的资料，对她过去的讲稿进行充实、整理的时候，不幸身患重病，于1996年去世。

她遗留下来的只是一份她自己在课堂上使用的不很完整的讲稿。

1999年，经我院于润洋教授提议，委托何乾三当时的研究生修子建，对讲稿按原样进行整理，并且加上何乾三的另外十篇文章，以《何乾三音乐美学文稿》为书名，由中央音乐学院学报社内部出版。

考虑到读者的需要，我院新成立的音乐出版社负责人俞人豪教授建议把何乾三的讲稿再作一次整理后单独正式出版。我遵照他的意见，把背景部分，即非音乐美学史部分作了一些删减，把讲稿中原来由于讲课需要反复强调而变成文字后显得重复的地方作了一些删减，这样，原来讲稿的字数约35万就压缩成了约25万。

对照何乾三自己的教学大纲（见附录），现在的讲稿至少还缺19世纪的柏辽兹、舒曼、瓦格纳和汉斯立克几章，可惜未能在她的遗稿中发现。有不少她摘录的卡片，却无法串连成文。其中，关于汉斯立克，她写过一篇文章，虽然不是全面介绍，但论述了其美学思想中一个不可回避的重要方面，所以作为附录，供读者参考。

尽管这次又作了整理，原稿中的缺陷依然存在。正如于润洋教授在为《何乾三音乐美学文稿》作的"序言"中所说：这份讲稿"涵盖和梳理了从公元前5世纪的古代希腊直到19世纪浪漫主义各个历史时期的西方美学思潮。令人遗憾的是，疾病夺去了作者的宝贵生命，未能给我们留下一份更完整、更规范的讲义。由于这只是一部供作者自己上课时用的讲稿，其中有的部分很详尽，有的部分则比较简略，有的引文精确，有的则因出处不详，难以查对。但作为一份学术遗产留存下来，虽然它不够理想，但这已经是很难得的了，它为我国西方音乐美学史的研究打下了一个很好的基础。"

作为何乾三的丈夫和伴侣，我要感谢上面提到的于润洋、修子建、俞人豪诸位先生，没有他们其中任何一位的努力，就不会有现在这本书的出版。我还要感谢曾为《何乾三音乐美学文稿》出版热情资助的美籍华裔学者欧阳美伦女士。显然，没有当初的《文稿》，也就很难会有今天的《史稿》。何乾三在备课和写作过程中，曾经得到过很多人的帮助，特别是音乐美学教研室的同事们、有关的翻译同志们，和音乐美学学会的同行们。何乾三生前经常提到他们对自己的鼓励和支持，我愿在这里代她向大家致意。最后，我要感谢责任编辑徐冬，她逐字逐句地对本书进行校订，使本书读起来更为顺畅。

何乾三走了已经7年半了。在这期间，还有那么多人在为她的这份讲稿忙碌着，我想，这对九泉之下的她是个很大的安慰。不过，我相信，如果这份讲稿由她自己来整理的话，一定会比现在这个样子好得多。

钟子林
2004年3月北京

修订本说明

何乾三编写的《西方音乐美学史稿》修订本与2004年第一版的不同在于：

1. 在有限的范围内，对原稿做了进一步的整理，如统一译名，为有些汉译人名加上原文，改错等等。2. 把新找到的有关汉斯立克的一篇讲稿（单独保存在软盘里而没在她的遗稿中，完成于1993年9月18日）放了进来，经整理后，成为本书第五编中的第十七章，同时，抽去了原来作为附录的那篇文章《音乐的感情初探——再读汉斯立克的〈论音乐的美〉》。

这样，对照何乾三自己的教学大纲（见附录），关于瓦格纳，虽然没有单列一章，但在"第三次歌剧之争"中已有了对他生平和歌剧改革情况的介绍，现在加上了汉斯立克以后，她的这本从古希腊到19世纪的《西方音乐美学史稿》所欠缺的就只有柏辽兹和舒曼了。希望以后能够补上。

需要再次说明的是，这只是作者生前自己在课堂上用的一份讲稿，虽然作了整理，但为了尊重作者的原作，没有进行更多的补充和改动，因此有些不够规范的地方，敬请读者谅解。

钟子林

2006年8月北京